江苏高校品牌专业建设资助项目（TAPP）

Top-notch Academic Programs Project of Jiangsu Higer Education Institutions

数字电子技术项目教程

（第二版）

SHUZI DIANZI JISHU XIANGMU JIAOCHENG

主　编　朱丽霞　李　君　周　晴
副主编　杨　萍　谈雪梅

新形态
教材

中国教育出版传媒集团

高等教育出版社·北京

内容提要

本书是江苏高校品牌专业建设资助项目(TAPP)成果之一,是在传统电类专业基础课的教学改革与实践基础上,依据高等职业教育人才培养目标和高等职业院校对专业基础课程教学的基本要求编写而成的。

本书以数字电子技术中的典型项目为载体,将教学内容按项目模块编写,由数值比较器的制作与测试、简易表决器的制作与测试、抢答器的制作与测试、彩灯控制电路的制作与测试、汽车流量计数器的制作与测试、救护车电子鸣笛电路的制作与测试、数字温度仪的制作与测试共 7 个基础项目及 1 个综合训练项目组成。每个基础项目均引入相关的知识链接、知识拓展和任务训练等,综合训练项目是课程完成后的综合性练习,可作为课程配套的实训周练习或课程设计。

本书为新形态教材,配套微视频、文本、互动练习等,以二维码的形式在教材的相关知识点中呈现,方便学生利用移动设备随扫随学,其他教学资源可通过服务指南页中的联系方式获取。

本书可作为高等职业院校的机电一体化、电气自动化、电子信息、智能控制技术等专业的"数字电子技术"课程教材,也可供相关工程技术人员自学参考。

图书在版编目(CIP)数据

数字电子技术项目教程 / 朱丽霞,李君,周晴主编.
2 版. -- 北京：高等教育出版社,2024. 12. -- ISBN
978-7-04-063369-6

Ⅰ. TN79

中国国家版本馆 CIP 数据核字第 2024J4R284 号

策划编辑 谢永铭	**责任编辑** 谢永铭 田一彤		**封面设计** 张文豪	**责任印制** 高忠富	

出版发行	高等教育出版社	**网　址**	http://www.hep.edu.cn
社　址	北京市西城区德外大街 4 号		http://www.hep.com.cn
邮政编码	100120	**网上订购**	http://www.hepmall.com.cn
印　刷	浙江天地海印刷有限公司		http://www.hepmall.com
开　本	787mm×1092mm　1/16		http://www.hepmall.cn
印　张	13.5	**版　次**	2018 年 4 月第 1 版
字　数	318 千字		2024 年 12 月第 2 版
购书热线	010-58581118	**印　次**	2024 年 12 月第 1 次印刷
咨询电话	400-810-0598	**定　价**	33.00 元

配套学习资源及教学服务指南

🎯 二维码链接资源

    本书配套微视频、文本等学习资源，在书中以二维码链接形式呈现。使用手机扫描书中的二维码即可查看，可随时随地获取学习内容，享受学习新体验。

打开书中附有二维码的页面　　　　**扫描二维码**　　　　**查看相应资源**

🎯 在 线 自 测

    本书提供在线交互自测，在书中以二维码链接形式呈现。使用手机扫描书中对应的二维码即可进行自测，根据提示选填答案，完成自测确认提交后即可获得参考答案，自测可重复进行。

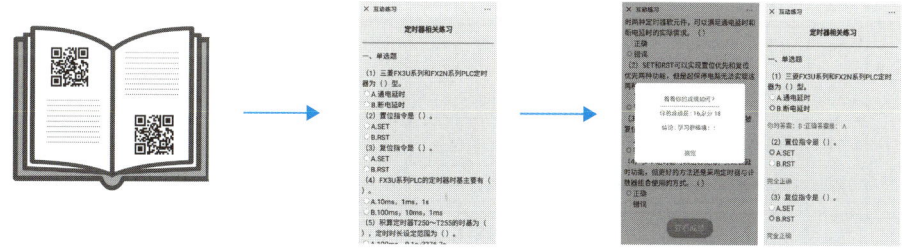

打开书中附有二维码的页面　　**扫描二维码开始答题**　　**提交后查看自测结果**

🎯 教师教学资源索取

    本书配有与课程相关的教学资源，例如，教学课件、参考答案等。选用教材的教师，可扫描以下二维码，关注微信公众号"高职智能制造教学研究"，点击"教学服务"中的"资源下载"，或在电脑端访问网址（101.35.126.6），注册认证后下载相关资源。

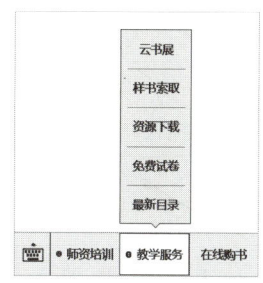

★如您有任何问题，可加入工科类教学研究中心QQ群：240616551。

二维码资源列表

章节	页码	资源名称	章节	页码	资源名称
项目1	3	微视频：1位数值比较器的仿真	项目4	88	文本：项目3自测题答案
	3	微视频：模拟电路和数字电路	项目4	92	微视频：基本RS触发器
	6	微视频：不同数制的相互转换		98	微视频：JK触发器
	9	文本：其他常用代码		100	微视频：D触发器
	10	微视频：逻辑与和与门		102	微视频：触发器的相互转换
	12	微视频：或门和非门		110	文本：项目4自测题答案
	14	微视频：逻辑函数的表示方法和相互转换	项目5	115	微视频：时序逻辑电路的分析
	18	微视频：TTL门电路		117	微视频：同步二进制减法计数器
	21	微视频：OC门结构及其应用		119	微视频：同步计数器74LS161
	23	微视频：74LS00与74LS10引脚说明		123	文本：同步计数器74LS160
	29	互动练习：逻辑门电路		126	微视频：异步计数器74LS290
	32	微视频：常用集成门电路功能测试		128	互动练习：时序逻辑电路与计数器
	35	文本：项目1自测题答案		128	文本：异步计数器74LS390
项目2	38	微视频：简易三人表决器的仿真		134	微视频：双向移位寄存器74LS194
	41	微视频：逻辑函数的公式化简法		138	互动练习：寄存器
	46	微视频：应用卡诺图化简逻辑函数		144	文本：项目5自测题答案
	51	文本：与非门转换成其他门电路电路图	项目6	147	微视频：救护车鸣笛电路的调试
	51	微视频：门电路功能转换		147	文本：救护车鸣笛电路的制作
	51	微视频：组合逻辑电路分析		147	微视频：555定时器
	52	微视频：组合逻辑电路设计		150	微视频：多谐振荡器仿真
	57	微视频：组合逻辑电路的设计与测试		154	微视频：单稳态触发器仿真
	58	文本：项目2自测题答案		157	微视频：施密特触发器
项目3	63	微视频：集成优先编码器74LS148		159	微视频：施密特触发器仿真
	67	微视频：集成3线-8线译码器74LS138		160	文本：555定时器应用举例
	72	微视频：七段显示译码器74LS48		160	互动练习：555定时器
	73	微视频：七段显示译码器CC4511		162	文本：项目6自测题答案
	75	微视频：编码、译码、显示综合测试	项目7	187	文本：项目7自测题答案
	77	微视频：数据选择器	项目8	189	微视频：分、秒计数译码显示电路的仿真
	85	文本：集成数值比较器74LS85		198	微视频：汽车尾灯控制器电路的仿真

前言
PREFACE

本书是江苏高校品牌专业建设资助项目(Top-notch Academic Programs Project of Jiangsu Higher Education Institutions,英文简称 TAPP)成果之一,是在传统电类专业基础课的教学改革与实践基础上,依据高等职业教育人才培养目标和高等职业院校对专业基础课程教学的基本要求,对数字电子技术部分的理论内容和实践项目进行梳理后编写而成的。

本书在编写过程中贯彻落实习近平新时代中国特色社会主义思想和党的二十大精神进教材,融入思政元素,以项目为载体,突出项目的实用性、可行性和科学性,让学生在做中学、学中做。本书共分为 7 个基础项目和 1 个综合训练项目,每个项目以项目描述为引导,在知识链接中详述了项目所涉及的理论知识点,并结合理论知识点设计了相关的知识拓展、任务训练、自测题和习题,可辅助教学并随时检测学生对该理论知识点的掌握情况。最后的综合训练项目是课程完成后的综合性练习。本书从选材到内容编排都力求做到由易到难,循序渐进,便于学生自主学习;并且突出了数字电子技术的应用性,注重学生职业素养的培育。

本书层次分明、内容通俗易懂且贴合实际应用,具有如下几个特点。

1. 本书教学资源丰富,助力教学目标的达成。配套文本、微视频、互动练习等,以二维码的形式在教材的相关知识点中呈现,方便学生利用移动设备随扫随学,其他教学资源可通过服务指南页中的联系方式获取。

2. 本书将实际项目与理论阐述结合,体现学以致用的理念。每个项目前均设定知识目标、能力目标和素养目标,可使学生明确本项目的学习目的;项目中的知识链接使学生在掌握理论知识的基础上进一步掌握项目相关电路的工作原理、制作与调试方法。

3. 本书将理论知识与实践操作结合,突出基本技能和职业素养的培养。在本书的项目1~项目7中都安排了任务训练,可巩固并检验学生掌握及应用理论知识的情况;项目 8 为综合训练,可作为与课程配套的实训周练习或课程设计的内容。

本书共 8 个项目,前 7 个基础项目以导入理论知识为主,综合训练项目以整合和应用所学知识为主,建议安排 60 学时左右,可单独安排一个实训周,教师在实际教学中可结合具体情况取舍。

本书由常州工业职业技术学院朱丽霞、李君和北京市工贸技师学院周晴担任主编,由常州工业职业技术学院杨萍和谈雪梅担任副主编。项目1、项目2、项目5和附录由朱丽霞编写,项目3和项目 4 由杨萍编写,项目 6 和项目 8 由李君编写,项目 7 由谈雪梅编写,多媒体资源由周晴负责制作。全书的最后修改和统稿工作由朱丽霞和周晴完成。在本书编写过程中,承蒙常州工业职业技术学院陆淑伟老师的认真审阅,在此表示衷心的感谢。

由于编者水平所限,书中难免存在错漏,恳请读者批评指正(读者意见反馈邮箱:1009097661@qq.com)。

编　者

目录
CONTENTS

项目1 数值比较器的制作与测试 ·· （ 1 ）

项目描述 ··· （ 1 ）

知识链接 1.1 数字电子技术的基础知识 ····························· （ 3 ）

知识链接 1.2 逻辑门电路 ··· （ 16 ）

　知识拓展 不同类型集成门电路的接口 ····························· （ 27 ）

　任务训练 常用集成门电路功能测试 ······························· （ 29 ）

项目小结 ··· （ 32 ）

自测题 ··· （ 32 ）

习题 ··· （ 35 ）

项目2 简易表决器的制作与测试 ·· （ 37 ）

项目描述 ··· （ 37 ）

知识链接 2.1 逻辑函数的化简方法 ································· （ 39 ）

　任务训练 门电路功能转换 ······································· （ 49 ）

知识链接 2.2 组合逻辑电路的分析与设计 ··························· （ 51 ）

　知识拓展 组合逻辑电路中的冒险与竞争现象 ······················· （ 53 ）

　任务训练 组合逻辑电路的设计与测试 ····························· （ 55 ）

项目小结 ··· （ 57 ）

自测题 ··· （ 57 ）

习题 ··· （ 58 ）

项目3 抢答器的制作与测试 ·· （ 60 ）

项目描述 ··· （ 60 ）

知识链接 3.1 编码器 ··· （ 62 ）

知识链接 3.2 译码器 ··· （ 66 ）

　知识拓展 七段显示译码器 CC4511 ································· （ 73 ）

　任务训练 编码、译码、显示综合测试 ····························· （ 74 ）

知识链接 3.3 数据分配器和数据选择器 ····························· （ 76 ）

　　　任务训练　数据选择器的功能测试与应用 ···································· (80)

　　知识链接　3.4　加法器 ··· (81)

　　　任务训练　加法器、比较器功能测试及应用 ································ (84)

　　项目小结 ·· (86)

　　自测题 ··· (87)

　　习题 ·· (88)

项目 4　彩灯控制电路的制作与测试 ·· (90)

　　项目描述 ·· (90)

　　知识链接　4.1　RS 触发器 ··· (91)

　　　任务训练　基本 RS 触发器的功能测试 ···································· (96)

　　知识链接　4.2　边沿触发器 ·· (97)

　　　知识拓展　CMOS 触发器 ·· (104)

　　　任务训练　集成触发器逻辑功能测试 ·· (105)

　　项目小结 ·· (107)

　　自测题 ··· (108)

　　习题 ·· (110)

项目 5　汽车流量计数器的制作与测试 ·· (112)

　　项目描述 ·· (112)

　　知识链接　5.1　时序逻辑电路 ·· (114)

　　知识链接　5.2　计数器 ·· (117)

　　　知识拓展　十进制计数器 74LS160 ·· (123)

　　　任务训练　六十进制计数器的组装与测试 ································· (128)

　　知识链接　5.3　寄存器 ·· (131)

　　　知识拓展　半导体存储器 ··· (138)

　　　任务训练　移位寄存器逻辑功能测试 ·· (139)

　　项目小结 ·· (142)

　　自测题 ··· (143)

　　习题 ·· (144)

项目 6　救护车电子鸣笛电路的制作与测试 ··· (146)

　　项目描述 ·· (146)

　　知识链接　6.1　脉冲信号的产生 ·· (147)

　　　知识拓展　石英晶体多谐振荡器 ··· (152)

　　　任务训练　555 定时器功能测试 ·· (153)

知识链接　6.2　脉冲信号的整形与变换 ·· (154)
　　任务训练　555 定时器的应用 ··· (159)
项目小结 ··· (160)
自测题 ··· (161)
习题 ··· (162)

项目 7　数字温度仪的制作与测试 ·· (165)
项目描述 ··· (165)
知识链接　7.1　数/模转换器 ··· (168)
　　任务训练　数/模转换器功能测试 ·· (174)
知识链接　7.2　模/数转换器 ··· (175)
　　知识拓展　3 位半集成模/数转换器 MC14433 ···································· (182)
　　任务训练　模/数转换器功能测试 ·· (184)
项目小结 ··· (186)
自测题 ··· (186)
习题 ··· (187)

项目 8　综合训练 ··· (188)
项目描述 ··· (188)
综合训练　8.1　数字电子钟的分析与制作 ·· (189)
综合训练　8.2　汽车尾灯控制器的设计与制作 ·· (194)
项目小结 ··· (198)
习题 ··· (199)

附录 ··· (200)
附录 A　常用门电路的新、旧国标符号与国外流行符号对照表 ··················· (200)
附录 B　常用 74 系列数字集成电路一览表 ·· (200)
附录 C　常用 CMOS4000 系列与 4500 系列数字集成电路一览表 ··············· (202)

主要参考文献 ··· (205)

项目 **1** 数值比较器的制作与测试

【知识目标】

❖ 掌握常用数制与码制的表示方法及相互转换。

❖ 掌握基本逻辑门电路和复合逻辑门电路的逻辑功能。

❖ 了解门电路的工作原理及主要特性和功能。

❖ 了解集成门电路的使用常识。

❖ 熟悉比较器电路的工作原理。

【能力目标】

❖ 能通过文献资料、网络等查询手段,查阅数字电路手册。

❖ 会使用实验设备进行数字电路搭建。

❖ 会使用仪器仪表进行基本门电路的逻辑功能测试。

❖ 能完成数值比较器电路的安装及测试。

【素养目标】

❖ 通过了解集成电路发展和国产芯片现状,激发民族自信,培养责任感和使命感。

❖ 通过数值比较器的制作与测试,强化工程实践能力和创新能力。

 项目描述

在数字电路中,特别是数字电子计算中,经常需要对两个二进制数进行大小的判断,然后根据判断的结果转向执行某种操作。用来完成两个二进制数的大小比较逻辑电路称为数值比较器。

1. 电路说明

1 位数值比较器如图 1-1 所示,它能对输入的两个 1 位二进制数 A、B 进行比较,判断其大小后输出比较结果。比较结果有三种: $A > B$ 时,红灯亮;$A = B$ 时,

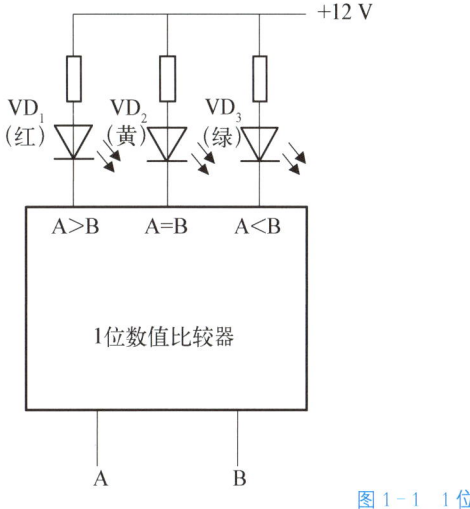

图 1-1 1 位数值比较器

1

黄灯亮；$A < B$ 时，绿灯亮。1 位数值比较器数值的大小由开关来模拟：开关闭合，输入数据 **0**；开关断开，输入数据 **1**。1 位数值比较器原理图如图 1-2 所示，整个电路由输入电路、基本门电路、复合门电路、驱动电路和指示电路这几个部分构成。输入电路由开关 S_1、S_2 控制：开关闭合，门电路 G_1 和 G_2 输入端得到低电平 **0**，开关断开，门电路 G_1 和 G_2 输入端得到高电平 **1**；基本门电路实现为 $Y_1 = A \cdot \overline{B}$，$Y_2 = \overline{A} \cdot B$ 的逻辑关系；复合门电路实现 $Y_3 = \overline{Y_1 + Y_2}$ 的逻辑关系；驱动电路由电阻和 OC 门组成，OC 门输出低电平，点亮相应的发光二极管。

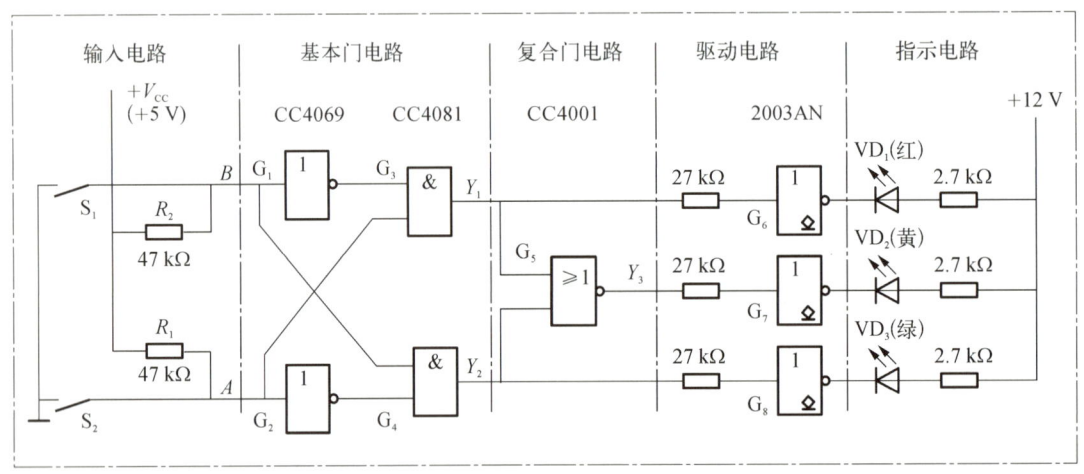

图 1-2 1 位数值比较器原理图

输入端开关 A、B 用 **0** 表示开关闭合，用 **1** 表示开关断开，输出端 Y 用 **0**、**1** 分别表示低电平、高电平，可得出 1 位数值比较器真值表，见表 1-1。

表 1-1 1 位数值比较器真值表

A	B	Y_1	Y_2	Y_3
0	0	0	0	1
0	1	0	1	0
1	0	1	0	0
1	1	0	0	1

2. 设备与器件

CC4081 四 2 输入与门电路、CC4069 六反相器、CC4001 四 2 输入**或非门**电路、2003AN 集电极开路输出的六反向器各一片，发光二极管、电阻、开关、导线若干，万能板(亦可选用面包板或自制 PCB)一块，直流稳压电源一台。

3. 主要步骤

(1) 按照正确方法插好 IC 芯片，参照如图 1-2 所示接线。电路可以焊接在万能板或自制 PCB 上，也可以是在面包板上插接。

（2）电路制作完成后，接通电源，按表1-2进行操作，观察对应指示灯，验证电路功能。

表1-2　1位数值比较器功能验证表

输　　入		输　　出		
A(开关)	B(开关)	VD_1(红)	VD_2(黄)	VD_3(绿)
闭合	闭合	灭	亮	灭
闭合	断开	灭	灭	亮
断开	闭合	亮	灭	灭
断开	断开	灭	亮	灭

微视频：1位数值比较器的仿真

4. 注意事项

由于采用的元器件是CMOS集成电路，注意多余输入端的正确处理；焊接时注意防止静电破坏；注意集成电路的引脚。

知识链接

1.1　数字电子技术的基础知识

数字电子技术已经广泛地应用于通信、电子计算机、自动控制、航空航天等各个领域。随着集成电路技术的发展，进一步提高了电子系统的可靠性，缩小了设备体积，更是提高了系统的自动化和智能化程度，使得全世界进入了数字化信息时代。

1.1.1　数字电路的认识

现代生活中，数字电路有着广泛应用，其高度发展标志着现代电子技术的水准，电子计算机、数字式仪表、数字化通信以及各类数字控制装置等方面都是以数字电路为基础的。

1. 数字信号与数字电路

自然界中，存在着许多的物理量，例如：时间、温度、速度、压力等物理量在时间和数值上都具有连续变化的特点，这种连续变化的物理量，常称为模拟量。表示模拟量的信号叫作模拟信号，如图1-3a所示，工作在模拟信号下的电子电路叫作模拟电路。还有一种物理量在时间上和数量上是不连续的，是离散的，变化总是发生在一系列离散的瞬间，这一类物理量叫作数字量，表示数字量的信号叫作数字信号，如图1-3b所示，工作在数字信号下的电子电路叫作数字电路。

（1）数字信号

数字信号又称为脉冲信号，脉冲信号波形的种类很多，常见的有矩形波、

微视频：模拟电路和数字电路

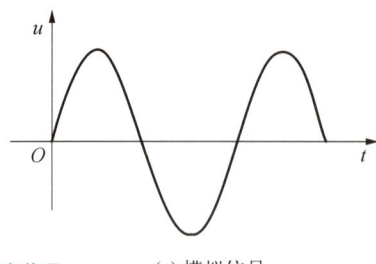

图 1-3　模拟信号和数字信号　　　　(a) 模拟信号　　　　　　　　　　　　　　　　　　(b) 数字信号

尖峰波、锯齿波、阶梯波等,如图 1-4 所示为矩形波和尖峰波的理想波形。现以如图 1-5 所示的实际矩形波的波形为例,介绍脉冲信号波形的主要参数。

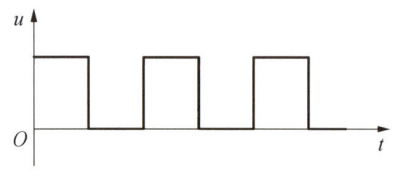
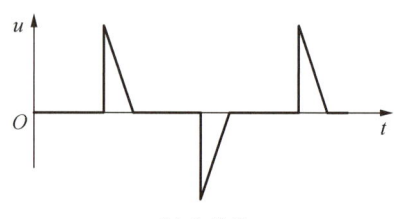

图 1-4　矩形波和尖峰波的理想波形　　(a) 矩形波　　　　　　　　　　　　　　　　　(b) 尖峰波

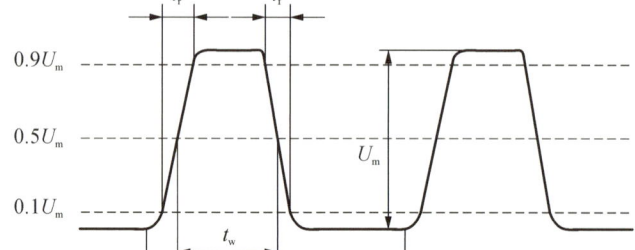

图 1-5　实际矩形波的波形

① 脉冲幅度 U_m:脉冲电压的最大变化幅度。若脉冲信号跃变后的值比初始值高,称为正脉冲;反之,称为负脉冲。

② 脉冲前沿 t_r:脉冲从 $0.1U_m$ 上升到 $0.9U_m$ 所需的时间。

③ 脉冲后沿 t_f:脉冲从 $0.9U_m$ 下降到 $0.1U_m$ 所需的时间。

④ 脉冲宽度 t_w:脉冲前沿 $0.5U_m$ 与脉冲后沿 $0.5U_m$ 处的时间间隔。

⑤ 脉冲周期 T:在周期性脉冲信号中,两个相邻脉冲间的时间间隔。单位时间内脉冲变化的次数为脉冲频率 f,脉冲频率与脉冲周期的关系为 $f = \dfrac{1}{T}$。

⑥ 占空比 q:指脉冲宽度与脉冲周期的比值,即 $q = \dfrac{t_w}{T}$。

（2）数字电路的特点

在数字电路中,采用只有 **0**、**1** 两种数字组成的数字信号,具有处理能力强,抗干扰能力强,可靠保密性高,精度高,集成度高等特点。数字电路主要研究的是电路的逻辑功能,即输入信号的状态和输出信号的状态之间的关系;解决的是逻辑电路分析与设计问题;工具是逻辑代数等。

2. 常用数制

数制是计数进位制的简称,即计数的方法。在日常生活中最常用的数制是十进制,而在数字电路和计算机中广泛使用的数制是二进制、八进制和十六进制。

（1）十进制

在十进制数中,采用了 0、1、2、3、4、5、6、7、8、9 十个不同的数码,十进制的计数规则是“逢十进一”。在十进制数中,数码所处的位置不同,其所代表的数值是不同的,例如：

$$(325)_{10} = 3 \times 10^2 + 2 \times 10^1 + 5 \times 10^0$$

10 称为十进制数的“基数”。该表达式等号右边的表示形式,称为十进制数的多项式表示法,也叫按权展开式。对于任意一个十进制数,都可以按位权展开为

$$(N)_{10} = a_{n-1} \times 10^{n-1} + a_{n-2} \times 10^{n-2} + \cdots + a_1 \times 10^1 + a_0 \times 10^0$$
$$+ a_{-1} \times 10^{-1} + a_{-2} \times 10^{-2} + \cdots + a_{-m} \times 10^{-m}$$
$$= \sum_{i=-m}^{n-1} a_i \times 10^i$$

式中,m、n 为正整数,m 为小数部分位数,n 为整数部分位数;a_i 为十进制数的任意一个数码,10^i 为 a_i 的位权值。

根据十进制数的特点,可以归纳出数制包含两个基本要素：基数和位权。

（2）二进制

二进制数的基数是 2,只有 **0** 和 **1** 两个数码,计数规则是“逢二进一”。各位的权为 2^0、2^1、2^2、$\cdots$。任何一个二进制数都可以表示成以基数 2 为底的幂的求和式,即按权展开式。例如：二进制数 **1101.01** 可表示为

$$(1101.01)_2 = 1 \times 2^3 + 1 \times 2^2 + 0 \times 2^1 + 1 \times 2^0 + 0 \times 2^{-1} + 1 \times 2^{-2}$$

（3）八进制

八进制数的基数是 8,采用了 0、1、2、3、4、5、6、7 八个数码。计数规则是“逢八进一”,各位的权为 8 的幂。例如：八进制数 237.54 可表示为

$$(237.54)_8 = 2 \times 8^2 + 3 \times 8^1 + 7 \times 8^0 + 5 \times 8^{-1} + 4 \times 8^{-2}$$

（4）十六进制

十六进制数的基数是 16,采用了 0、1、2、3、4、5、6、7、8、9、A、B、C、D、E、F

十六个数码。其中，A～F 表示 10～15。计数规则是"逢十六进一"。各位的权为 16 的幂,十六进制数也可以表示为以基数 16 为底的幂的求和式。例如：

$$(4C3.5A)_{16} = 4 \times 16^2 + 12 \times 16^1 + 3 \times 16^0 + 5 \times 16^{-1} + 10 \times 16^{-2}$$

在计算机应用系统中,二进制主要用于机器内部数据的处理,八进制和十六进制主要用于书写程序,十进制主要用于运算最终结果的输出。

3. 不同数制的相互转换

（1）二进制数、八进制数、十六进制数转换为十进制数

将其他数制的数转换成十进制数时,只要将它们按权展开,求出相加的和,便得到相应进制数对应的十进制数。例如：

微视频：不同数制的相互转换

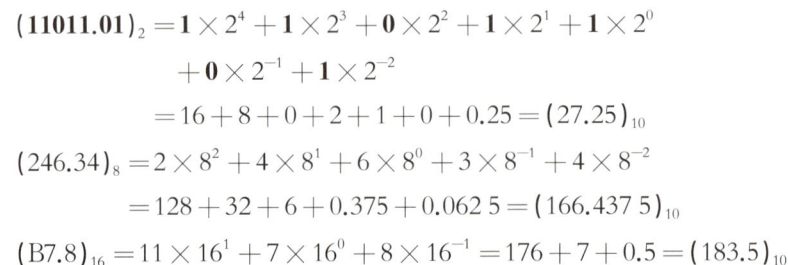

$$
\begin{aligned}
(11011.01)_2 &= 1 \times 2^4 + 1 \times 2^3 + 0 \times 2^2 + 1 \times 2^1 + 1 \times 2^0 \\
&\quad + 0 \times 2^{-1} + 1 \times 2^{-2} \\
&= 16 + 8 + 0 + 2 + 1 + 0 + 0.25 = (27.25)_{10} \\
(246.34)_8 &= 2 \times 8^2 + 4 \times 8^1 + 6 \times 8^0 + 3 \times 8^{-1} + 4 \times 8^{-2} \\
&= 128 + 32 + 6 + 0.375 + 0.062\,5 = (166.437\,5)_{10} \\
(B7.8)_{16} &= 11 \times 16^1 + 7 \times 16^0 + 8 \times 16^{-1} = 176 + 7 + 0.5 = (183.5)_{10}
\end{aligned}
$$

（2）十进制数转换为二进制数、八进制数、十六进制数

将十进制数转换为其他数制的数时,需将十进制数分成整数部分和小数部分,然后分别进行转换,整数部分采用"除基数取余"法,直至商为 0,所得余数自下而上排列起来;小数部分采用"乘基数取整"法,直至小数为 0 或按要求保留位数,所得整数自上而下排列起来;最后将整数部分和小数部分合并到一起,即该十进制数转换的结果。

例 1‑1 将$(37.375)_{10}$转换为二进制数。

解 整数部分 37 用"除 2 取余"法,小数部分 0.375 用"乘 2 取整"法。

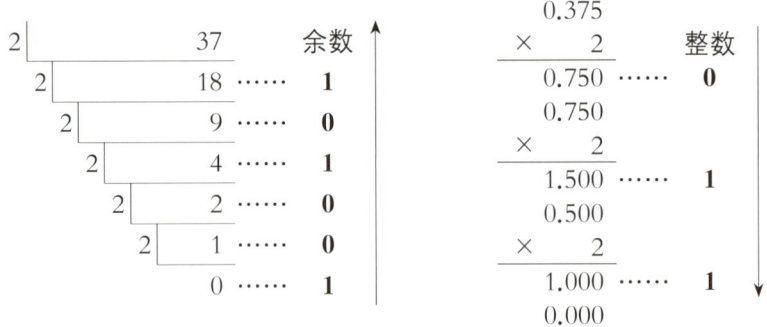

所以,$(37.375)_{10} = (100101.011)_2$。

例 1‑2 将十进制数$(62)_{10}$转换为八进制数。

解 由于八进制数的基数为 8,对$(62)_{10}$逐次除以 8 取余数：

$$\begin{array}{r|ll} 8 & \quad 62 & \text{余数} \\ \hline & 8\;\overline{\quad\quad} & \\ & \quad 7\cdots\cdots & 6 \\ & \quad 0\cdots\cdots & 7 \end{array}$$

所以，$(62)_{10}=(76)_8$。

（3）二进制数与八进制数、十六进制数的相互转换

由于二进制数和八进制数、十六进制数之间正好满足 2^3、2^4 关系，因此转换时将二进制数整数部分从低位开始，每 3 位（转换为八进制数）或每 4 位（转换为十六进制数）一组，最后不足 3(4) 位时，则在高位加 **0** 补足一组；小数部分从高位开始，每 3(4) 位二进制数为一组，最后不足 3(4) 位的，则在低位加 **0** 补足一组，然后按每组二进制数转换为相应的八进制数或十六进制数。

八进制数（十六进制数）转换为二进制数，只要将 1 位八进制数（十六进制数）用 3 位（4 位）二进制数表示即可。

🔒 **例 1－3**　完成下列数制的相互转换：

（1）将二进制数 $(101101010011.1101011)_2$ 分别转换成八进制数和十六进制数。

（2）将八进制数 $(314.57)_8$ 和十六进制数 $(A16.5E)_{16}$ 转换成二进制数。

解　（1）二进制数　　**101 101 010 011.110 101 100**

　　　　八进制数　　　 5　 5　 2　 3.　6　 5　 4

　　　　二进制数　　**1011 0101 0011.1101 0110**

　　　　十六进制数　　 B　 5　 3.　D　 6

所以，$(101101010011.1101011)_2=(5523.654)_8=(B53.D6)_{16}$。

（2）八进制数　　　3　 1　 4.　5　 7

　　二进制数　　**011 001 100.101 111**

　　十六进制数　　 A　 1　 6.　5　 E

　　二进制数　　**1010 0001 0110.0101 1110**

所以，$(314.57)_8=(11001100.101111)_2$，

　　　　$(A16.5E)_{16}=(101000010110.0101111)_2$。

4. 码制

在数字电路中，常用二进制码 **0** 和 **1** 来表示文字、图形、符号等信息，这种特定的二进制码称为二进制代码。建立二进制代码与信息一一对应关系的过程称为编码。在编码的过程中总要遵循一定的规则，这些规则称为码制。下面介绍一些常用的码制。

（1）BCD 码

二-十进制码就是用 4 位二进制数来表示 1 位十进制数中 0～9 这 10 个数码的编码过程，简称 BCD 码（Binary Coded Decimal）。4 位二进制数有 16 种

不同的组合方式,即 16 种代码,根据不同的规则从中选择 10 种来表示十进制数的 10 个数码,其编码方式很多,常用的 BCD 码分为有权码和无权码两类。

有权码是用代码的权值命名的,如 8421 码,是最常用的一种 BCD 码,其编码中每位的值都是固定数,称为位权,权值分别为 8、4、2、1,除 8421 码外,有权码还有 2421 码和 5421 码。

无权码中每位无确定的权值,不能使用按权展开式,但各有其特点和用途。例如余 3BCD 码,是在每个 8421BCD 代码上加恒定常数 3,即 $(0011)_2$。几种常用的 BCD 码见表 1-3。

表 1-3　几种常用的 BCD 码

十进制数	有 权 码			无 权 码
	8421 码	2421 码	5421 码	余 3 码
0	0000	0000	0000	0011
1	0001	0001	0001	0100
2	0010	0010	0010	0101
3	0011	0011	0011	0110
4	0100	0100	0100	0111
5	0101	1011	1000	1000
6	0110	1100	1001	1001
7	0111	1101	1010	1010
8	1000	1110	1011	1011
9	1001	1111	1100	1100

🔒 **例 1-4**　完成下列转换 $(348)_{10} = ($　$)_{8421BCD}$,$(10010110)_{8421BCD} = ($　$)_{10}$。

解　用 BCD 码表示十进制数时,只要将每 1 位十进制数分别用相应的 BCD 码取代即可。

$$(348)_{10} = (0011\ 0100\ 1000)_{8421BCD}$$

将 BCD 码转换为相应的十进制数时,是以小数点为起点向左、向右各以 4 位二进制数为一组,然后写出每组代码所代表的十进制数,按原序排列即可。

$$(10010110)_{8421BCD} = (96)_{10}$$

(2) 格雷码

格雷码(Gray Code)又称为循环码或反射码,采用的是绝对编码方式。自然二进制数与格雷码的对照表见表 1-4,从中不难得出格雷码的以下特性:

① 逻辑相邻性。格雷码中任意两个相邻代码都具有逻辑相邻性,即所有相邻的格雷码中只有一个数位不同。

表 1-4　自然二进制数与格雷码的对照表

十进制数	自然二进制数	格雷码	十进制数	自然二进制数	格雷码
0	0000	0000	8	1000	1100
1	0001	0001	9	1001	1101
2	0010	0011	10	1010	1111
3	0011	0010	11	1011	1110
4	0100	0110	12	1100	1010
5	0101	0111	13	1101	1011
6	0110	0101	14	1110	1001
7	0111	0100	15	1111	1000

② 循环性。格雷码的最大数和最小数之间只有一位不同,具有循环性,因此格雷码也称为循环码。

③ 发射性。4 位格雷码中以 7 和 8 为中间轴进行分析,会发现 7 和 8,6 和 9,…,0 和 15 是逻辑相邻的。

1 位格雷码与 1 位二进制数码相同,是 **0** 和 **1**。由 1 位格雷码得到 2 位格雷码的方法是将第一位的 **0**、**1** 以虚线为轴折叠,反射出 **1**、**0**,然后在虚线上方的数字前面加 **0**,虚线下方数字前面加 **1**,便得到了两位格雷码 **00**、**01**、**11**、**10**,分别表示十进制数 0~3。同样的方法可以得到 3 位、4 位格雷码。格雷码的编码规则如图 1-6 所示。

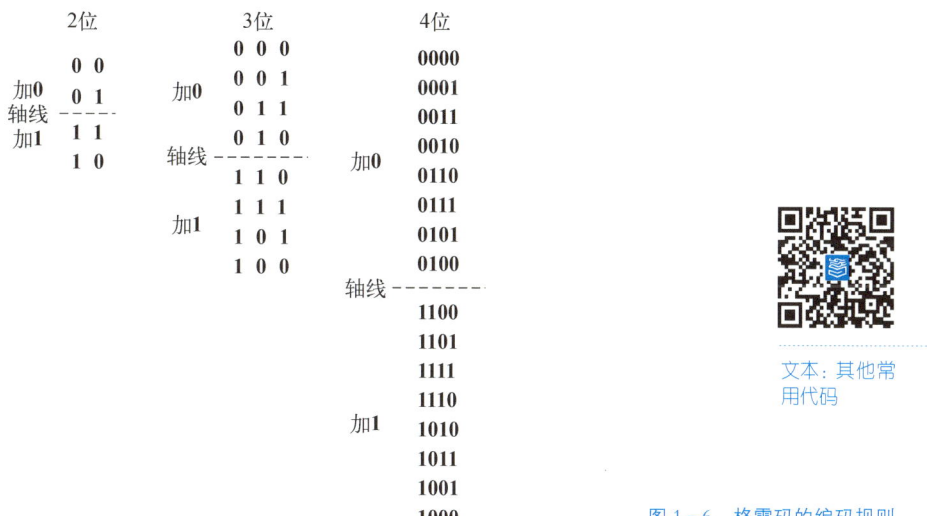

图 1-6　格雷码的编码规则

文本:其他常用代码

1.1.2　逻辑代数的基础知识

在数字电路中,输入信号是"条件",输出信号是"结果",因此输入、输出之间存在一定的因果关系,可用逻辑函数来描述,因此数字电路也称逻辑电路。逻辑代数,也称为布尔代数,是用于描述客观事物逻辑关系的数学方法。变量与函数的取值只有 1 和 0 两种可能,而 1 和 0 并不表示具体的数值大小,只是表示两种完全对立的逻辑状态,如电灯的亮和灭,电动机的旋转与停止等。逻辑代数所表示的是逻辑关系,不是数量关系。

逻辑代数有三种基本的逻辑关系(或称为逻辑运算):与运算、或运算和非运算。

1. 三种基本运算

(1) 与运算

只有当决定事件发生的所有条件全部具备时,结果才会发生,这种逻辑

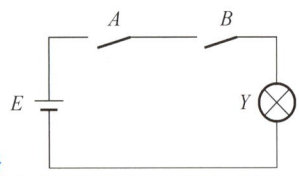

图 1-7
说明与逻辑的开关电路

关系称为与逻辑(又称与运算)。如图 1-7 所示为说明与逻辑的开关电路,A、B 是两个串联的开关,Y 是灯,从图中可知,只有当两个开关全都闭合时,灯才会亮,因此它们满足与逻辑的关系。

如果用 0 和 1 来表示开关和灯的状态,设开关断开和灯灭均用 0 表示,而开关闭合和灯亮均用 1 表示,其对应关系见表 1-5。这种将逻辑电路所有可能的输入变量和输出变量之间的逻辑关系列成表格,称为逻辑电路的真值表。若用逻辑函数表达式来描述,则可写为

$$Y = A \cdot B$$

式中的"$\cdot$"表示与运算,也称为逻辑乘,通常可省略。

微视频:逻辑与和与门

表 1-5　与逻辑真值表

输　　入		输　出	输　　入		输　出
A	B	Y	A	B	Y
0	0	0	1	0	0
0	1	0	1	1	1

由表 1-5 可得与逻辑的基本运算规则为 $0 \cdot 0 = 0, 0 \cdot 1 = 0, 1 \cdot 0 = 0,$ $1 \cdot 1 = 1$。即"有 0 出 0,全 1 出 1"。

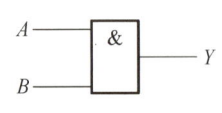

图 1-8
与门逻辑符号

把能实现与逻辑的电路称为与门电路,简称与门。与门逻辑符号如图 1-8 所示,与逻辑波形图如图 1-9 所示。对于多变量的与逻辑可写成

$$Y = A \cdot B \cdot C \cdots$$

(2) 或运算

当决定事件发生的几个条件中,只要有一个或一个以上条件得到满足,结

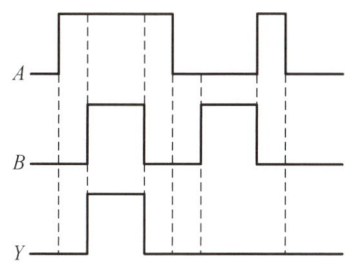

图 1-9　与逻辑波形图

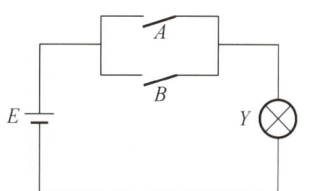

图 1-10　说明或逻辑的开关电路

果就会发生,这种逻辑关系称为**或逻辑**(又称**或运算**)。如图 1-10 所示为说明**或逻辑**的开关电路,A、B 是两个并联的开关,Y 是灯,从图中可知,开关 A、B 只要有一个闭合或两者均闭合,灯就会亮;而当 A、B 均断开时,则灯灭,因此它们满足**或逻辑**的关系。仿照前述,可以得出用 **0、1** 表示的**或逻辑**真值表,见表 1-6。若用逻辑函数表达式来描述,则可写为

$$Y = A + B$$

式中的"+"表示**或运算**,也称为逻辑加。

表 1-6　或逻辑真值表

输　　入		输　出	输　　入		输　出
A	B	Y	A	B	Y
0	**0**	**0**	**1**	**0**	**1**
0	**1**	**1**	**1**	**1**	**1**

由表 1-6 可得**或逻辑**的运算规则为 **0＋0＝0,0＋1＝1,1＋0＝1,1＋1＝1**。即"**有 1 出 1,全 0 出 0**"。

把能实现**或逻辑**的电路称为**或门**电路,简称**或门**。或门逻辑符号如图 1-11 所示,或逻辑波形图如图 1-12 所示。对于多变量的逻辑加可写成

$$Y = A + B + C + \cdots$$

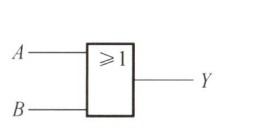

图 1-11　或门逻辑符号

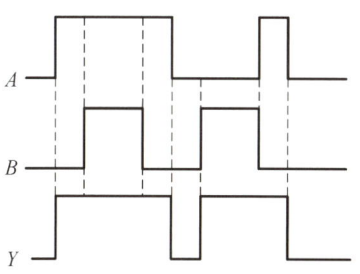

图 1-12　或逻辑波形图

（3）非运算

在某一事件中，若结果总是和条件呈相反状态，则这种逻辑关系称为非逻辑（又称非运算）。说明非逻辑的开关电路如图1-13所示，开关与灯并联，当开关闭合时灯不亮，当开关断开时灯亮。非逻辑真值表见表1-7。若用逻辑函数表达式来描述，则

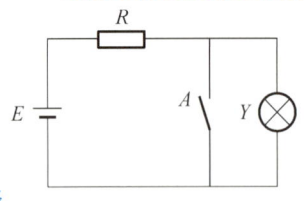

图1-13
说明非逻辑的开关电路

$$Y = \overline{A}$$

微视频：或门
和非门

$\overline{A}$ 读作"A 非"或"A 反"，在逻辑运算中，通常将 A 称为原变量，而将 $\overline{A}$ 称为反变量或非变量。

由表1-7可得非逻辑的运算规则为 $\overline{0} = 1，\overline{1} = 0$。即"0的非为1，1的非为0"。

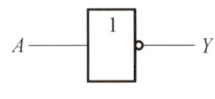

图1-14 非门逻辑符号

表1-7 非逻辑真值表

A	Y
0	**1**
1	**0**

把能实现非逻辑的电路称为非门，也可以称反相器。非门逻辑符号如图1-14所示。

2. 复合运算

与、或、非运算是逻辑代数中最基本的三种运算。在实际应用中常常将与门、或门和非门组合起来，形成常用的复合门，如**与非门**、**或非门**、**与或非门**、**异或门**以及**同或门**等。

（1）与非逻辑

与非逻辑是与逻辑和非逻辑运算的复合，是将输入变量先进行与运算，然后再进行非运算。其逻辑函数表达为

$$Y = \overline{A \cdot B}$$

与非逻辑的真值表和逻辑符号见表1-8。由真值表可见，其逻辑功能是："有0出1，全1出0"。

（2）或非逻辑

或非逻辑是或逻辑和非逻辑运算的复合，是将输入变量先进行或运算，然后再进行非运算。其逻辑函数表达式为

$$Y = \overline{A + B}$$

或非逻辑的真值表和逻辑符号见表1-8。由真值表可见，其逻辑功能是："有1出0，全0出1"。

表 1-8   常见的复合逻辑关系

逻辑名称	与非			或非			与或非			异或			同或		
逻辑函数表达式	$Y=\overline{AB}$			$Y=\overline{A+B}$			$Y=\overline{AB+CD}$			$Y=A\oplus B$			$Y=A\odot B$		
逻辑符号															
真值表	$A\ \ B$		Y	$A\ \ B$		Y	$A\ B\ C\ D$		Y	$A\ \ B$		Y	$A\ \ B$		Y
	0 0		1	0 0		1	0 0 0 0		1	0 0		0	0 0		1
	0 1		1	0 1		0	0 0 0 1		1	0 1		1	0 1		0
	1 0		1	1 0		0	…		…	1 0		1	1 0		0
	1 1		0	1 1		0	1 1 1 1		0	1 1		0	1 1		1
逻辑规律	有0出1,全1出0			有1出0,全0出1			任一组与项全1出0,其余情况出1			输入不同,输出为1;输入相同,输出为0			输入相同,输出为1;输入不同,输出为0		

(3) 与或非逻辑

与或非逻辑是与逻辑和或非逻辑运算的复合,是将输入变量 A、B 及 C、D 进行与运算,然后再进行或非运算。其逻辑函数表达式为

$$Y=\overline{A\cdot B+C\cdot D}$$

与或非逻辑的真值表见表 1-9。由真值表可见,只要与项中有一组输入全为 1,输出就为 0;只要每组与项中有 0 输入,输出就为 1。其逻辑符号见表 1-8。

表 1-9   四输入变量与或非逻辑真值表

输 入	输 出	输 入	输 出
$A\ B\ C\ D$	Y	$A\ B\ C\ D$	Y
0 0 0 0	1	1 0 0 0	1
0 0 0 1	1	1 0 0 1	1
0 0 1 0	1	1 0 1 0	1
0 0 1 1	0	1 0 1 1	0
0 1 0 0	1	1 1 0 0	0
0 1 0 1	1	1 1 0 1	0
0 1 1 0	1	1 1 1 0	0
0 1 1 1	0	1 1 1 1	0

(4) 异或逻辑和同或逻辑

异或逻辑是两输入变量的逻辑运算,只有当两个输入变量 A 和 B 的取值相异时,输出 Y 才为 1,否则 Y 为 0。其表达式为

$$Y=\overline{A}B+A\overline{B}=A\oplus B$$

"⊕"为**异或**运算符号,**异或**逻辑的真值表和逻辑符号见表 1 – 8。

同或逻辑的两个输入变量 A 和 B 的取值相同时,输出 Y 为 **1**,否则 Y 为 **0**。其逻辑函数表达式为

$$Y = \overline{A}\,\overline{B} + AB = A \odot B$$

"⊙"为**同或**运算符号,**同或**逻辑的真值表和逻辑符号见表 1 – 8。

由真值表可看出,**异或**逻辑和**同或**逻辑正好相反,即

$$A \oplus B = \overline{A \odot B}, \text{即} \overline{A}B + A\overline{B} = \overline{\overline{A}\,\overline{B} + AB}$$

$$A \odot B = \overline{A \oplus B}, \text{即} \overline{A}\,\overline{B} + AB = \overline{\overline{A}B + A\overline{B}}$$

因此,**异或**逻辑亦可称为**同或非**逻辑。

另外,在混合运算中,运算符号的优先顺序是**非**→**与**→**或**,即单变量的非运算优先级别最高,**或**运算的优先级别最低。有括号的部分优先于无括号的部分。含两个变量以上的非号(称长非号)的优先级别与括号相同。

微视频:逻辑函数的表示方法和相互转换

1.1.3　逻辑函数的表示方法及相互转换

在实际的逻辑电路中,经常遇到几种运算的组合,而逻辑函数是以这些基本运算构成各种复杂程度不一的逻辑关系来描述各种逻辑问题。

1. 逻辑函数

在前面讨论的逻辑关系中可以知道,逻辑变量分为两种:输入变量和输出变量,当输入变量的取值确定之后,输出变量的取值也就被相应地确定了,输出变量与输入变量之间存在一定的对应关系,一般将这种对应关系称为逻辑函数。由于逻辑变量是只取 **0** 或 **1** 的二值变量,因此逻辑函数也称二值逻辑函数。

当输入逻辑变量 A,B,C,…的取值确定之后,输出变量 Y 的值也就唯一确定了。逻辑函数的一般表达式可以写为

$$Y = F(A, B, C, \cdots)$$

2. 逻辑函数的表示方法

逻辑函数的表示方法有逻辑函数表达式、真值表、逻辑图、波形图和卡诺图等。

逻辑函数表达式是用**与**、**或**、**非**等运算组合起来,表示逻辑函数与逻辑变量之间关系的逻辑代数式。

真值表是以表格的形式反映输入逻辑变量所有可能的取值组合与函数值之间的对应关系。

逻辑图是由各种逻辑符号及它们之间的连线构成的图形,表示逻辑函数

中各变量之间的逻辑关系。

波形图是用输入端在不同逻辑信号作用下所对应的输出信号的波形来表示电路的逻辑关系。

卡诺图是由表示逻辑变量所有取值组合的小方格所构成的平面图形,是图形化的真值表。它是一种用图形描述逻辑函数的方法,详细介绍见项目 2。

3. 各种表示方法间的互相转换

下面通过举例说明逻辑函数各种表示方法之间的转换。

🔒 **例 1-5**　已知函数的逻辑函数表达式 $Y = AB + \overline{B}C + \overline{A}C$。要求:列出相应的真值表;已知输入波形,画出输出波形;画出逻辑图。

解　(1) 将 A, B, C 的所有组合代入逻辑函数表达式中进行计算,得到其真值表,见表 1-10。

表 1-10　例 1-5 真值表

A　B　C	Y	A　B　C	Y
0　0　0	0	1　0　0	0
0　0　1	1	1　0　1	0
0　1　0	1	1　1　0	1
0　1　1	1	1　1　1	1

(2) 根据真值表和已知的输入波形,画出输出波形,波形图如图 1-15 所示。

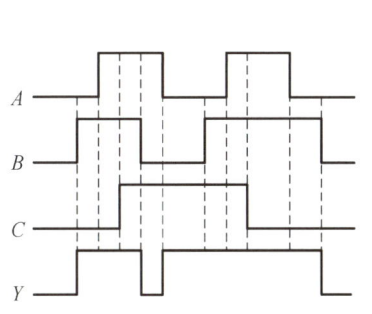

图 1-15　例 1-5 波形图

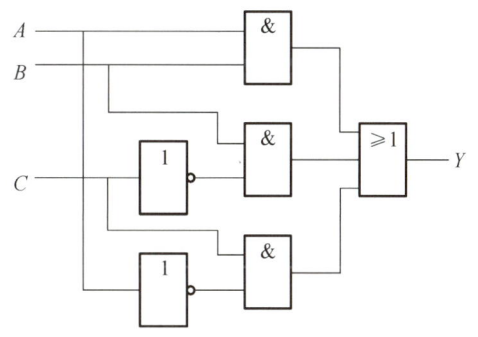

图 1-16　例 1-5 逻辑图

(3) 根据逻辑函数表达式可画出逻辑图,如图 1-16 所示,该图由两个非门,三个与门,和一个或门组成。

🔒 **例 1-6**　已知函数 Y 的逻辑图如图 1-17 所示,写出函数 Y

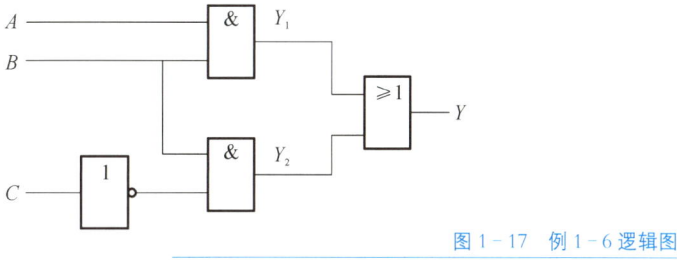

图 1-17　例 1-6 逻辑图

的逻辑函数表达式。

解　根据逻辑图从输入端到输出端,逐级写出每个逻辑符号对应的逻辑关系,即得到对应的逻辑函数表达式为

$Y_1 = AB$,$Y_2 = B\overline{C}$,最后得到函数 Y 的逻辑函数表达式为 $Y = Y_1 + Y_2 = AB + B\overline{C}$。

🔒 **例 1-7**　已知逻辑函数的真值表,见表 1-11,根据真值表写出逻辑函数表达式。

表 1-11　例 1-7 的真值表

$A\ B\ C$	Y	$A\ B\ C$	Y
0 0 0	0	1 0 0	1
0 0 1	1	1 0 1	0
0 1 0	1	1 1 0	0
0 1 1	0	1 1 1	1

解　根据真值表写逻辑函数表达式的方法是将真值表中 Y 为 **1** 的输入变量相与,取值为 **1** 用原变量表示,取值为 **0** 用反变量表示,将这些与项相**或**,就得到逻辑函数表达式。

根据此方法可写出逻辑函数表达式为

$$Y = \overline{A}\ \overline{B}C + \overline{A}B\overline{C} + A\overline{B}\ \overline{C} + ABC$$

知识链接

1.2　逻辑门电路

门电路是数字电路的基本单元,目前各种数字电路广泛采用集成门电路实现信号的传输和变换,用来实现基本逻辑关系的电子电路亦称为逻辑门电路。

集成门电路按内部有源器件的不同可分为两大类:一类为双极型晶体管集成门电路,典型的有 TTL 集成门电路;另一类是单极型 MOS 集成门电路,典型的有 CMOS 集成门电路。

1.2.1　基本逻辑门电路

逻辑代数三种最基本的逻辑关系是与、或、非,实现上述逻辑关系的电路叫基本逻辑门电路,简称门电路。

1. 高低电平与逻辑赋值的概念

在数字电路中,习惯用高、低电平来描述电位的高低,高电平和低电平这两个状态各自表示一定的电压范围。例如,TTL 电路中,高电平通常为 3.5 V

左右,2~5 V 都属于高电平的范围;低电平通常为 0.3 V 左右,0~0.8 V 都属于低电平的范围。

此外,在数字电路中常用逻辑 **0** 和逻辑 **1** 来表示电平的低和高。这种用逻辑 **0** 和逻辑 **1** 表示输入输出电平高低的关系,称为逻辑赋值。若用逻辑 **1** 代表高电平、逻辑 **0** 代表低电平,称为正逻辑;若用逻辑 **1** 代表低电平、逻辑 **0** 代表高电平,则称为负逻辑。同一个门电路,对正、负逻辑而言,其逻辑功能是不同的。在无特殊说明的情况下,本书都将采用正逻辑。

2. 二极管与门电路

二输入二极管与门电路如图 1‑18a 所示,图 1‑18b 为其逻辑符号。设输入信号高电平 $U_{IH} = 3\ \text{V}$,低电平 $U_{IL} = 0\ \text{V}$,二极管正向导通压降 $U_D = 0.7\ \text{V}$,该电路的逻辑功能如下:

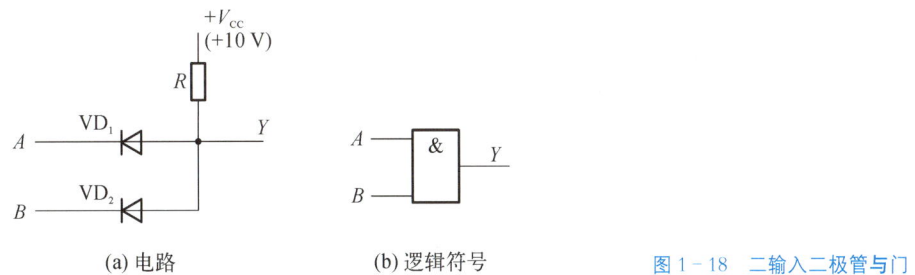

(a) 电路　　　　　　　(b) 逻辑符号　　　　　　　图 1‑18　二输入二极管与门

当 $u_A = u_B = 0\ \text{V}$ 时,VD_1、VD_2 都导通,输出 $u_Y = 0.7\ \text{V}$,为低电平。

当 $u_A = 0\ \text{V}$,$u_B = 3\ \text{V}$ 时,二极管 VD_1 先导通,输出 $u_Y = 0.7\ \text{V}$,为低电平,使二极管 VD_2 反向偏置而截止;同理 $u_A = 3\ \text{V}$,$u_B = 0\ \text{V}$ 时,二极管 VD_2 导通,VD_1 截止,输出 $u_Y = 0.7\ \text{V}$,为低电平。

当 $u_A = u_B = 3\ \text{V}$ 时,VD_1、VD_2 同时导通,输出 $u_Y = 3.7\ \text{V}$,为高电平。

从以上分析的输入输出逻辑电平关系可以看出:当输入 A、B 都为高电平时,输出 Y 才为高电平,满足与逻辑关系,即 $Y = AB$。

3. 二极管或门电路

二输入二极管或门电路如图 1‑19a 所示,图 1‑19b 为其逻辑符号。

设输入信号高电平 $U_{IH} = 3\ \text{V}$,低电平 $U_{IL} = 0\ \text{V}$,二极管正向导通压降

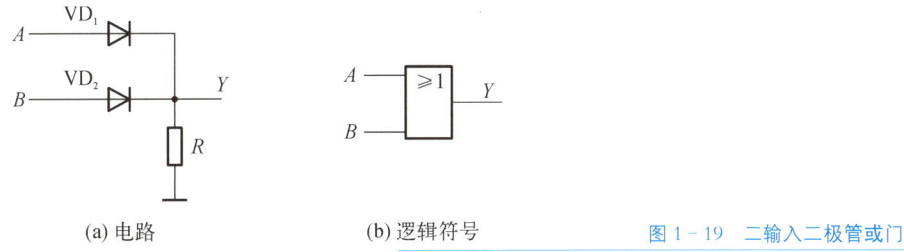

(a) 电路　　　　　　　(b) 逻辑符号　　　　　　　图 1‑19　二输入二极管或门

$U_D=0.7\ \mathrm{V}$，该电路的逻辑功能如下：

当 $u_A=u_B=0\ \mathrm{V}$ 时，二极管 VD_1、VD_2 均截止，输出 $u_Y=0\ \mathrm{V}$，为低电平；

当 $u_A=0\ \mathrm{V}$，$u_B=3\ \mathrm{V}$ 时，二极管 VD_2 导通，输出 $u_Y=2.3\ \mathrm{V}$，为高电平，使二极管 VD_1 反向偏置截止；同理，当 $u_A=3\ \mathrm{V}$，$u_B=0\ \mathrm{V}$ 时，二极管 VD_1 导通，VD_2 反向偏置截止，输出 $u_Y=2.3\ \mathrm{V}$，为高电平。

当 $u_A=u_B=3\ \mathrm{V}$ 时，VD_1、VD_2 同时导通，输出 $u_Y=2.3\ \mathrm{V}$，为高电平。

从以上分析的输入输出逻辑电平关系可以看出：当输入 A、B 只要其中一个为高电平，输出 Y 为高电平，满足**或**逻辑关系，即 $Y=A+B$。

4. 三极管非门电路

三极管非门电路如图 1‑20a 所示，图 1‑20b 为其逻辑符号。当输入 A 为低电平 **0** 时，三极管基极‑发射极间电压 $u_{BE}<0\ \mathrm{V}$，三极管截止，输出 Y 为高电平 **1**；当输入 A 为高电平 **1** 时，合理选择 R_{B1} 和 R_{B2} 的大小，使三极管工作在饱和状态，输出 Y 为低电平 **0**。

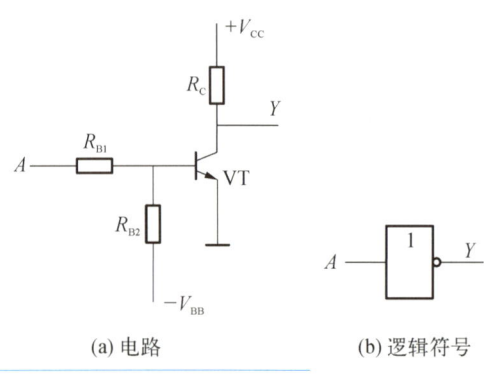

图 1‑20　三极管非门　　　　　　(a) 电路　　　　　　(b) 逻辑符号

从以上分析的输入输出逻辑电平关系可以看出：输入 A 与输出 Y 满足非逻辑关系，即 $Y=\overline{A}$。

微视频：TTL 门电路

1.2.2　TTL 集成门电路

TTL 集成门电路是双极型集成电路的典型代表，它的特点是开关速度较快，抗静电能力强，缺点是集成度低，功耗较大。

1. TTL 与非门

如图 1‑21 所示为 TTL 与非门集成电路结构图及逻辑符号。该电路由三

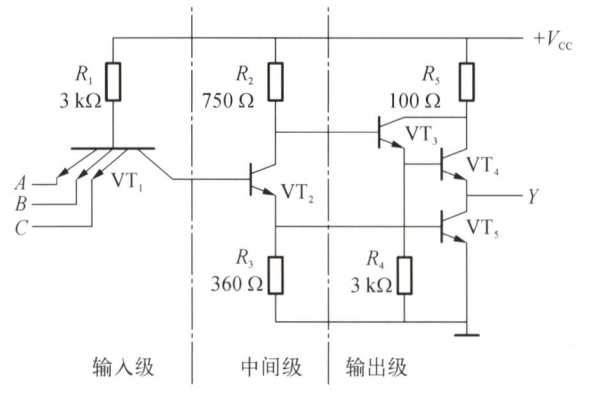

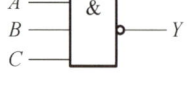

图 1‑21
TTL 与非门集成电路结构图及逻辑符号　　　　(a) 电路结构图　　　　(b) 逻辑符号

部分组成,第一部分是由多发射极晶体管 VT_1 构成的输入级,其作用是对输入变量 A、B、C 实现逻辑与,相当于一个与门,多发射极晶体管及其等效形式如图1‑22所示;第二部分是由 VT_2 构成的反相放大器;第三部分是由 VT_3、VT_4、VT_5 组成的推拉式输出电路,用以提高输出的负载能力和抗干扰能力。

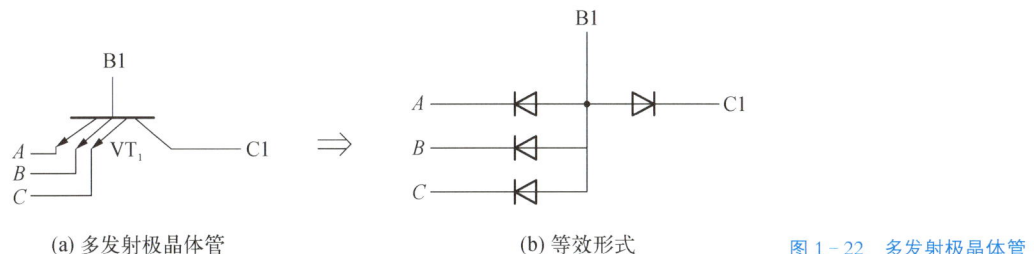

(a) 多发射极晶体管　　　　　　　　　(b) 等效形式　　　图 1‑22　多发射极晶体管

(1) TTL 与非门的工作原理

当输入至少有一个为低电平时,即 $u_I = U_{IL} = 0.3$ V 时,VT_1 的发射结将正向偏置而导通,其基极电压为 $u_{B1} = 1$ V,该电压作用于 VT_1 的集电结和 VT_2、VT_5 的发射结上,所以 VT_2、VT_5 都截止,而 VT_3、VT_4 导通,输出为高电平,$u_O = U_{OH} \approx V_{CC} - U_{BE3} - U_{BE4} = 3.6$ V。

当全部输入端为高电平时,即 $u_I = U_{IH} = 3.6$ V 时,$+V_{CC}$ 通过 R_1 和 VT_1 的集电结向 VT_2、VT_5 提供基极电流,使 VT_2、VT_5 饱和导通,此时 $u_{B1} = U_{BC1} + U_{BE2} + U_{BE5} = 2.1$ V,使 VT_1 的发射结反向偏置,而集电结正向偏置,所以 VT_1 处于发射结和集电结倒置的放大状态。由于 VT_2 和 VT_5 饱和,使 $u_{C2} = U_{CES2} + U_{BE5} = 1$ V。该电压作用于 VT_3、VT_4 两个发射结上,显然 VT_3 和 VT_4 均截止。VT_3 和 VT_4 截止,且 VT_5 饱和导通,使输出为低电平,$u_O = U_{OL} = U_{CES} \approx 0.3$ V。

综上所述,当输入全为高电平时,输出为低电平,这时 VT_5 饱和,电路处于开门状态;当输入端至少有一个为低电平时,输出为高电平,这时 VT_5 截止,电路处于关门状态。即输入全为 **1** 时,输出为 **0**;输入有 **0** 时,输出为 **1**。由此可见,电路的输出与输入之间满足与非逻辑关系,即 $Y = \overline{ABC}$。

(2) TTL 与非门的电压传输特性

电压传输特性是指输出电压 u_O 随输入电压 u_I 变化的特性。TTL 与非门的电压传输特性如图 1‑23 所示。

① 在传输特性曲线的 AB 段,$u_I \leqslant 0.6$ V 时,VT_1 深度饱和,VT_2、VT_5 截止,VT_3、VT_4 导通,电路输出高电平 $u_O = U_{OH} = 3.6$ V。该段称为截止区,门电路处于关门状态。

② 当 u_I 增加至 BC 段,0.6 V $< u_I \leqslant 1.3$ V 时,VT_2 开始导通,VT_5 仍未导通,VT_3、VT_4 处于发射极输出状态。随 u_I 的增加,u_{B2} 增加,u_{C2} 下降,并通过

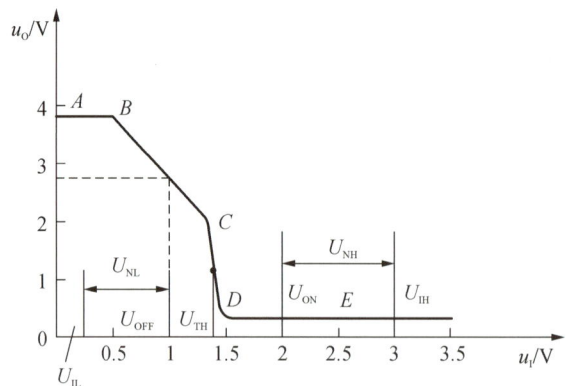

图 1-23　TTL 与非门的电压传输特性

VT_3、VT_4 使 u_O 也下降。因为 u_O 基本上随 u_I 的增加而线性减小,故 BC 段称为线性区。

③ 当 u_I 继续增加至 CD 段,$1.3\,V < u_I \leqslant 1.4\,V$ 时,VT_5 开始导通,并随 u_I 的增加趋于饱和,使输出 u_O 为低电平。所以 CD 段称为转折区或过渡区。

④ 当 u_I 增加至 DE 段,$u_I > 1.4\,V$ 时,VT_2、VT_5 饱和,VT_4 截止,输出为低电平。与非门处于饱和状态。所以 DE 段称为饱和区。

（3）TTL 与非门的主要参数

① 输出高电平 U_{OH} 和输出低电平 U_{OL}

电压传输特性曲线截止区的输出电压为输出高电平 U_{OH},饱和区的输出电压为输出低电平 U_{OL}。一般规定 $U_{OH} \geqslant 2.4\,V$,$U_{OL} < 0.4\,V$。

② 阈值电压 U_{TH}

电压传输特性曲线转折区中点所对应的输入电压为阈值电压 U_{TH},也称门槛电压。一般 TTL 与非门的 $U_{TH} \approx 1.4\,V$。

③ 关门电平 U_{OFF} 和开门电平 U_{ON}

在保证输出电压为标准高电平($\approx 2.7\,V$)时,所允许输入低电平的最大值,称为关门电平 U_{OFF}。在保证输出电压为标准低电平($\approx 0.3\,V$)时,所允许输入高电平的最小值,称为开门电平 U_{ON}。U_{OFF} 和 U_{ON} 是与非门电路的重要参数,表明正常工作情况下输入信号电平变化的极限值,同时也反映了电路的抗干扰能力。一般要求 $U_{OFF} \geqslant 0.8\,V$,$U_{ON} \leqslant 1.8\,V$。

④ 噪声容限 U_{NL}、U_{NH}

低电平噪声容限 U_{NL} 是指在保证输出为高电平的前提下,允许叠加在输入低电平 U_{IL} 上的最大正向干扰(或噪声)电压,由图 1-23 可知,$U_{NL} = U_{OFF} - U_{IL}$。高电平噪声容限 U_{NH} 是指在保证输出为低电平的前提下,允许叠加在输入高电平 U_{IH} 上的最大负向干扰(或噪声)电压,$U_{NH} = U_{IH} - U_{ON}$。

⑤ 输入短路电流 I_{IS}

当输入端有一个接地时,流经这个输入端的电流。

⑥ 输入漏电流 I_{IH}

当 $u_I > U_{TH}$ 时,流经输入端的电流称为输入漏电流 I_{IH},即 VT_1 倒置工作时的反向漏电流。其值很小,约为 $10\ \mu A$。

⑦ 扇出系数 N

扇出系数是指一个与非门能够驱动同一型号与非门的最大数目,通常 $N \geqslant 8$。

⑧ 平均传输延迟时间 t_{pd}

平均传输延迟时间 t_{pd} 是指输出信号滞后于输入信号的时间,它是表示门电路开关速度的参数。一般,TTL 与非门 t_{pd} 为 $3 \sim 40$ ns。

2. 其他类型的 TTL 门电路

TTL 集成门电路,除了与非门以外,还有其他几种类型的常见门电路。下面简要介绍常见的集电极开路门和三态门。

(1) 集电极开路门(OC 门)

在工程实践中,往往需要将两个门电路的输出端相连以实现两输出相与逻辑的功能,这种连接方式称为**线与**。但是普通门电路的输出端是不允许直接相连的。TTL **与非门**直接**线与**的情况如图 1 - 24 所示,若 Y_1 输出为高电平,Y_2 输出为低电平时,将有一个相当大的电流从 $+V_{CC}$ 经 Y_1 到 Y_2,再到门 2 的 VT_5 管,这个电流不仅会使门 2 的输出电平抬高而破坏电路的逻辑关系,还会因功耗过大而损坏该门电路。

为了使 TTL 集成门电路能够实现**线与**,把输出级改为集电极开路的结构,简称 OC(Open Collector)门,OC 门电路如图 1 - 25 所示。它与普通 TTL **与非门**不同的是:VT_5 的集电极是断开的,必须经外接电阻 R_L 接通电源后,电路才能实现**与非逻辑**及**线与**功能。三个 OC 门并联使用的情况如图 1 - 25c 所示,其逻辑函数表达式为 $Y = \overline{AB} \cdot \overline{CD} \cdot \overline{EF}$。

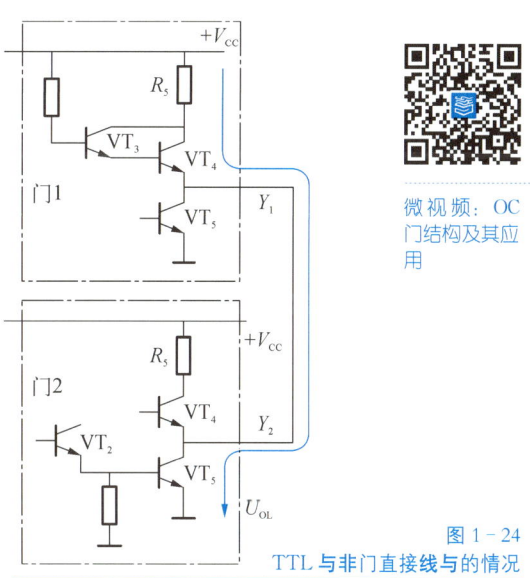

微视频:OC 门结构及其应用

图 1 - 24 TTL 与非门直接线与的情况

此外,OC 门可用于驱动显示电路;能实现逻辑电平的转换,用作接口电路;还能实现总线传输,在计算机电路中有着广泛的应用。

(2) 三态门(TSL 门)

三态门是在普通门电路的基础上,增加控制端和控制电路构成的,其电路和逻辑符号如图 1 - 26 所示。三态门的输出除有高、低电平两种状态外,还有第三种状态——高阻状态(或称为禁止状态),简称 TSL(Tristate Logic)门。其电路组成是在 TTL **与非门**的输入级和中间级之间多了一个控制元器件

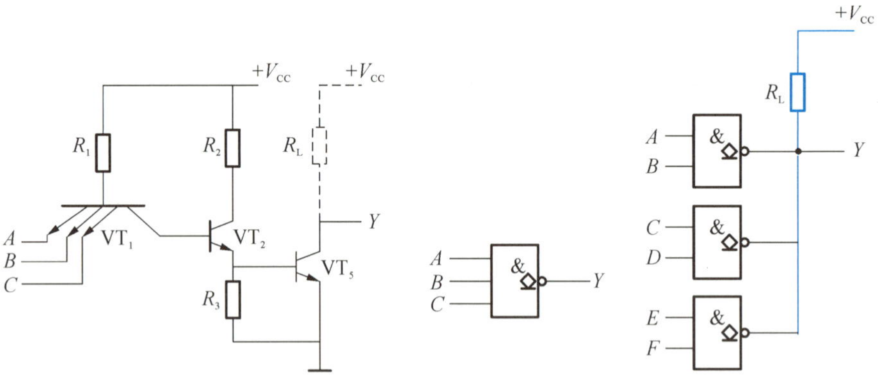

图 1－25　OC 门电路　　　　　　　　　　(a) 电路结构　　　　　　　　　　(b) 逻辑符号　　　　　(c) 应用电路

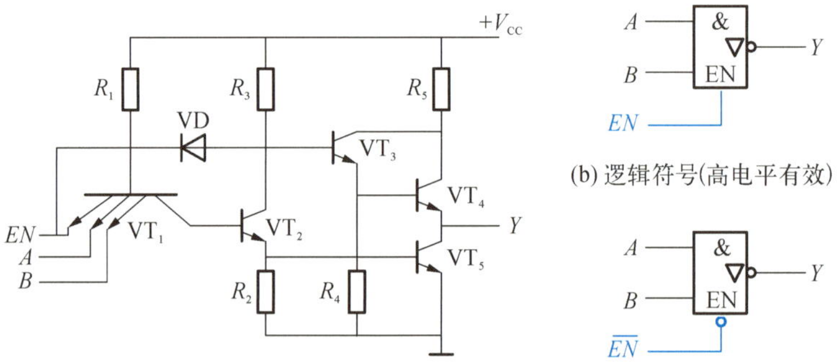

图 1－26　三态门电路和逻辑符号　　　　　(a) 电路结构　　　　　　　　(b) 逻辑符号(高电平有效)　(c) 逻辑符号(低电平有效)

VD,结构如图 1－26a 所示。

图 1－26 中 EN 为控制端,在 EN 的控制下,Y 有三种可能的输出状态:高阻态、输出高电平、输出低电平。因此,EN 又称为三态使能端。当 $EN=1$(高电平)时,二极管 VD 截止,电路实现正常与非功能,输出 $Y=\overline{AB}$;当 $EN=0$(低电平)时,VT_4 和 VT_5 均截止,输出呈现高阻态。EN 为高电平有效时的三态门逻辑符号如图 1－26b 所示。在如图 1－26a 所示电路的控制端加一个非门,则电路在三态使能端为 **0** 时为正常工作状态,即当 $\overline{EN}=0$ 时,电路实现正常与非功能;当 $\overline{EN}=1$ 时,输出呈现高阻态。$\overline{EN}$ 为低电平有效时的三态门逻辑符号如图 1－26c 所示。

三态门电路主要用于总线传输,例如计算机或微处理系统。总线传输结构如图 1－27 所示,任何时刻只有一个三态门电路被使能,该电路的信号被传送到总线上,而其他的三态门电路处于高阻状态,这样就可以按一定顺序将信号分时送到总线上传输。

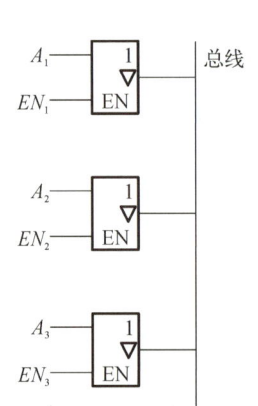

图 1－27
总线传输结构

3. 常用 TTL 集成电路简介

常用的 TTL 集成电路系列有：74、74H、74S、74AS、74LS、74ALS、74FAS 等。

TTL 集成电路的型号由五部分组成，TTL 集成电路型号组成的符号及意义见表 1–12。

表 1–12　TTL 集成电路型号组成的符号及意义

第 1 部分		第 2 部分		第 3 部分		第 4 部分		第 5 部分	
型号前级		工作温度范围		器件系列		器件品种		封装形式	
符号	意义	符号	意义	符号	意义	符号	意义	符号	意义
CT SN	中国制造的 TTL 集成电路 美国 TI 公司制造的 TTL 集成电路	54 74	$-55 \sim +125℃$ $0 \sim +70℃$	— H S LS AS ALS FAS	标准 高速 肖特基 低功耗肖特基 先进肖特基 先进低功耗 肖特基 快捷肖特基	阿拉伯数字	器件功能	W B F D P J	陶瓷扁平 塑封扁平 全密封扁平 陶瓷双列直插 塑料双列直插 黑陶瓷双列直插

例如：

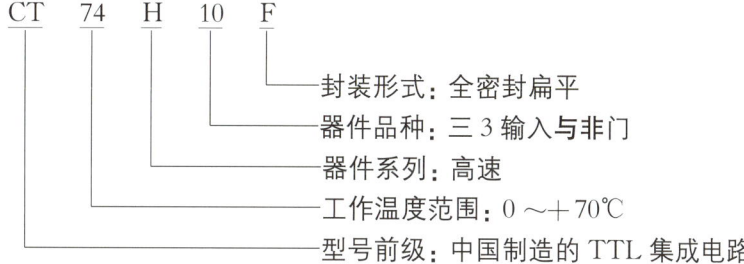

封装形式：全密封扁平
器件品种：三 3 输入与非门
器件系列：高速
工作温度范围：0 ～＋70℃
型号前级：中国制造的 TTL 集成电路

74 系列集成电路的引脚编号方法如图 1–28 所示，半月缺口向左，从下排自左向右顺序编号。常用的基本门电路芯片内部有若干个基本门电路。TTL 系列常用集成电路引脚排列图如图 1–29 所示。

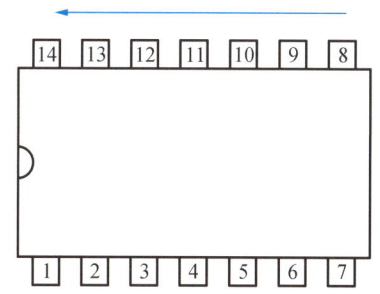

微视频：74LS00 与 74LS10 引脚说明

图 1–28　74 系列集成电路的引脚编号方法

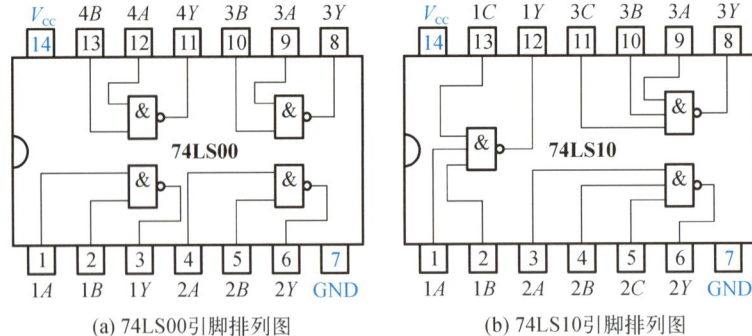

图 1-29
TTL 系列常用集成电路
引脚排列图

(a) 74LS00引脚排列图　　(b) 74LS10引脚排列图

4. TTL 集成门电路使用注意事项

(1) TTL 集成电路的工作电压($+V_{CC}$)应满足在额定值 5 V $\pm$ 0.5 V 的范围内。

(2) TTL 集成电路的输出端所接负载不能超过规定的扇出系数。

(3) TTL 集成电路的输出端不能直接接地或直接与 5 V 电源相连,否则会损坏器件。

(4) TTL 集成电路的输出端不能并联使用(OC 门、TSL 门除外),否则会损坏集成电路。

(5) 注意 TTL 集成电路多余输入端的处理方法。

TTL 与门、与非门电路的多余输入端可以悬空或采用如图 1-30 所示的方法处理:直接或通过 1~3 kΩ 的电阻接电源 $+V_{CC}$,也可以和有用输入端并联。

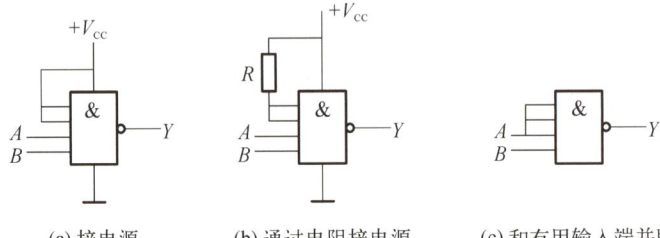

图 1-30
TTL 与门、与非门电路的
多余输入端的处理方法

(a) 接电源　　(b) 通过电阻接电源　　(c) 和有用输入端并联

TTL 或门、或非门电路的多余输入端不可以悬空,但可采用如图 1-31 所示的方法处理:可以直接或通过 $R < 0.9$ kΩ 的电阻接地,也可以和有用输入端并联。

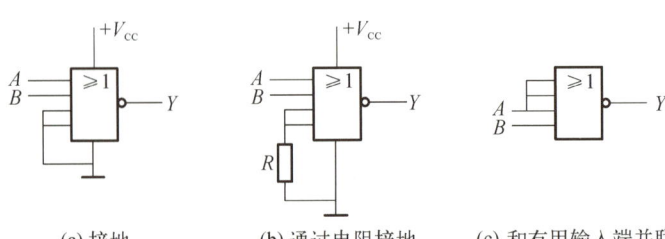

图 1-31
TTL 或门、或非门电路的
多余输入端的处理方法

(a) 接地　　(b) 通过电阻接地　　(c) 和有用输入端并联

1.2.3 CMOS 集成门电路

MOS 集成门电路是在 TTL 电路之后出现的一种广泛应用的数字集成器件。按照器件结构的不同形式,MOS 集成门电路可以分为 NMOS、PMOS 和 CMOS 三种类型。CMOS 电路又称为互补 MOS 电路,由于制造工艺的不断改进,CMOS 电路已成为占主导地位的逻辑器件,其工作速度已经赶上甚至超过 TTL 电路,它的功耗和抗干扰能力则远优于 TTL 电路。

1. CMOS 与非门

两输入 CMOS **与非门**电路如图 1‑32 所示,该电路由四个增强型绝缘栅场效晶体管(MOS 管)组成,VT_1、VT_2 为两个串联的 NMOS 管,VT_3、VT_4 为两个并联的 PMOS 管。当输入端 A、B 中只要有一个为低电平时,NMOS 管(VT_1 或 VT_2)截止,PMOS 管(VT_3 或 VT_4)导通,输出为高电平;仅当 A、B 全为高电平时,NMOS 管(VT_1 和 VT_2)都导通,PMOS 管(VT_3 和 VT_4)都截止,输出低电平。因此,这种电路具有**与非**的逻辑功能,即

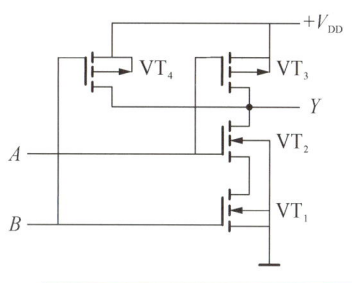

图 1‑32
两输入 CMOS 与非门

$$Y = \overline{A \cdot B}$$

2. CMOS 或非门

两输入 CMOS **或非门**电路如图 1‑33 所示,该电路由四个增强型绝缘栅场效晶体管组成,VT_1、VT_2 为两个并联的 NMOS 管,VT_3、VT_4 为两个串联的 PMOS 管。当输入端 A、B 中只要有一个为高电平时,VT_1 或 VT_2 导通,VT_3 或 VT_4 截止,输出为低电平;仅当 A、B 全为低电平时,VT_1、VT_2 都截止,VT_3、VT_4 都导通,输出为高电平。因此,这种电路具有**或非**的逻辑功能,即

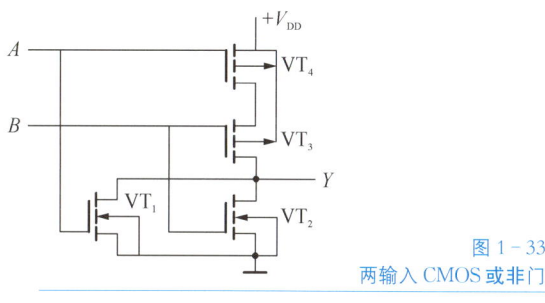

图 1‑33
两输入 CMOS 或非门

$$Y = \overline{A + B}$$

3. CMOS 传输门

CMOS 传输门(TG 门)如图 1‑34 所示,这是一种能够双向传输信号的可控开关,由一个 NMOS 管和一个 PMOS 管并联而成,它们的源极和漏极分别接在一起作为传输门的输入端和输出端。PMOS 管的衬底接正电源 $+V_{DD}$,NMOS 管的衬底接地。两个栅极分别接极性相反、幅度相等的一对控制信号 C 和 $\overline{C}$。

25

当控制端 C 接高电平 $+V_{DD}$，$\overline{C}$ 端接低电平 0 V 时，输入电压 u_1 在 $0 \sim +V_{DD}$ 范围变化，VT_1 和 VT_2 至少一个导通，即传输门为导通状态，相当于开关接通；当控制端 C 接 0 V，$\overline{C}$ 端接高电平 $+V_{DD}$ 时，VT_1、VT_2 都截止，相当于开关断开。

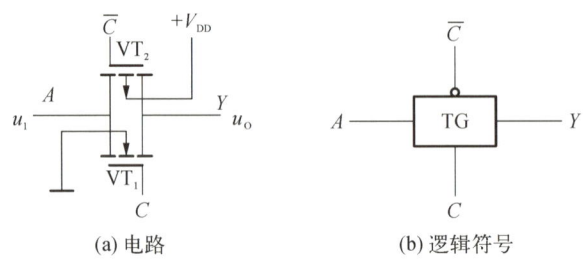

图 1-34 CMOS 传输门(TG 门)　　　　　　　　(a) 电路　　　　　　　　(b) 逻辑符号

由于电路结构对称，漏极、源极可以互换，因此 CMOS 传输门具有双向性，故可称为双向可控开关。CMOS 传输门既可以传输数字信号又可以传输模拟信号。

4. 常用 CMOS 集成电路简介

CMOS 集成电路由于其内在优秀的品质，如：输入阻抗高、低功耗、抗干扰能力强、集成度高等，因而得到广泛应用，并已形成系列和国际标准。

CMOS 集成电路型号组成符号及意义见表 1-13。

表 1-13　CMOS 集成电路型号组成符号及意义

第 1 部分		第 2 部分		第 3 部分		第 4 部分	
产品制造单位		器件系列		器件品种		工作温度范围	
符号	意　义	符号	意义	符号	意义	符号	意　义
CC CD TC	中国制造的 CMOS 集成电路 美国无线电公司产品 日本东芝公司产品	40 45 145	系 列 代 号	阿 拉 伯 数 字	器 件 功 能	C E R M	$0 \sim +70℃$ $-40 \sim +85℃$ $-55 \sim +85℃$ $-55 \sim +125℃$

例如：

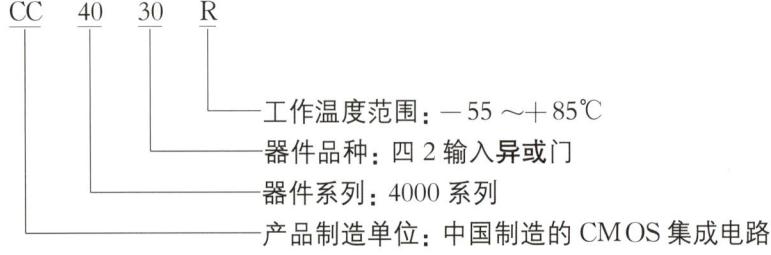

工作温度范围：$-55 \sim +85℃$
器件品种：四 2 输入异或门
器件系列：4000 系列
产品制造单位：中国制造的 CMOS 集成电路

常用 CMOS 系列集成电路引脚排列图如图 1-35 所示。

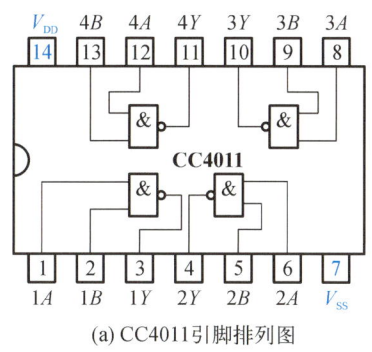

(a) CC4011引脚排列图

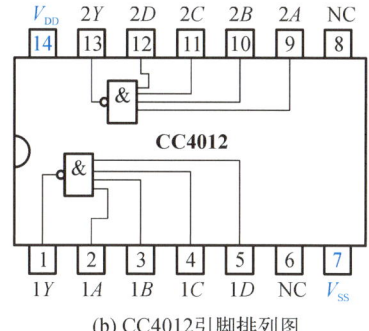

(b) CC4012引脚排列图

图 1-35
常用 CMOS 系列集成
电路引脚排列图

5. CMOS 集成电路使用注意事项

TTL 电路的使用注意事项,一般对 CMOS 电路也适用。因 CMOS 电路容易产生栅极击穿问题,所以要特别注意以下几点:

(1) CMOS 电路工作电压范围较宽(+3~ +18 V),但不允许超过规定的范围。电源极性不能接反。

(2) 避免静电损伤。存放 CMOS 电路不能用塑料袋,要用金属将引脚短接起来或用金属盒屏蔽。工作台应当用金属材料覆盖并应良好接地,焊接时电烙铁壳应接地。

(3) 多余输入端的处理方法。CMOS 电路的输入阻抗高,易受外界干扰的影响,所以 CMOS 电路的多余输入端不允许悬空。多余输入端应根据逻辑要求接电源(与非门、与门),或接地(或非门、或门),或和有用输入端连接。

(4) 输出端不允许直接与电源或地相连,否则将损坏器件。

▌知识拓展▌
不同类型集成门电路的接口

同一个数字系统中使用不同类型的集成门电路时,需考虑门电路之间的连接问题。门电路在连接时,前者为驱动门,后者为负载门。驱动门必须为负载门提供符合要求的高、低电平和足够的输入电流,具体条件是:

驱动门		负载门
U_{OH}	$>$	U_{IH}
U_{OL}	$<$	U_{IL}
I_{OH}	$>$	I_{IH}
I_{OL}	$>$	I_{IL}

两种不同类型的集成门电路,在连接时必须满足上述条件,否则需要通过接口电路进行电平或电流变换后,才能连接。

TTL 和 CMOS 集成电路重要参数比较表见表 1-14。

表 1-14　TTL 和 CMOS 集成电路重要参数比较表

参　数	TTL				CMOS		
	CT74S	CT74LS	CT74AS	CT74ALS	4000	CC74HC	CC74HCT
电源电压/V	5	5	5	5	5	5	5
U_{OH}/V	2.7	2.7	2.7	2.7	4.95	4.9	4.9
U_{OL}/V	0.5	0.5	0.5	0.5	0.05	0.1	0.1
I_{OH}/mA	-1	-0.4	-2	-0.4	-0.51	-4	-4
I_{OL}/mA	20	8	20	8	0.51	4	4
U_{IH}/V	2	2	2	2	3.5	3.5	2
U_{IL}/V	0.8	0.8	0.8	0.8	1.5	1.0	0.8
I_{IH}/mA	50	20	20	20	0.1	0.1	0.1
I_{IL}/mA	-2	-0.4	-0.5	-0.1	-0.1×10^{-3}	-0.1×10^{-3}	-0.1×10^{-3}

1. TTL 集成门电路驱动 CMOS 集成门电路

通过比较表 1-14 有关参数可知,CC74HCT 系列 CMOS 电路与 TTL 电路完全兼容,它们可直接互相连接,而 CC74HC 系列与 TTL 电路不匹配,因为 TTL 电路的 $U_{OH}\geqslant2.7$ V,而 CC74HC 在电源电压为 5 V 时 $U_{IH}\geqslant3.5$ V,两者电压不符合要求,不能直接相接。若电源电压 $+V_{CC}$ 与 $+V_{DD}$ 均为 5 V 时,TTL 电路与 CMOS 电路的连接如图 1-36a 所示,上拉电阻 R 将 TTL 电路的输出电平拉高,实现 TTL 电路与 CMOS 电路的连接。若电源电压 $+V_{CC}$ 与 $+V_{DD}$ 不同时,TTL 电路与 CMOS 电路的连接如图 1-36b 所示。TTL 电路的输出端还可以接一上拉电阻和集电极开路门,或采用专用的 CMOS 电平转移器(如 CC4502、CC40109 等)完成 TTL 电路对 CMOS 电路的接口,如图 1-36c 所示。

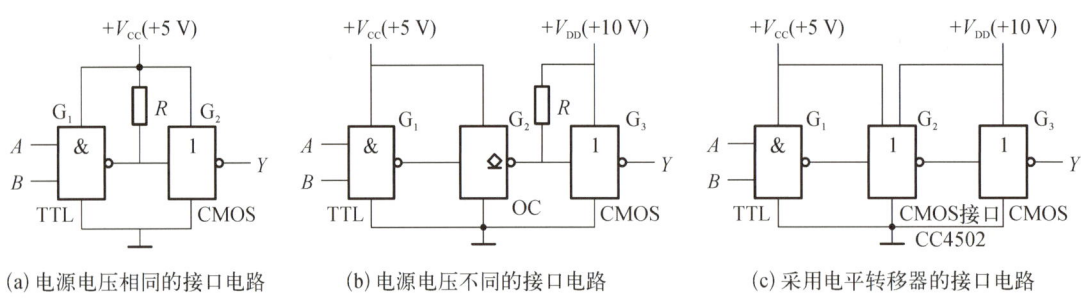

(a) 电源电压相同的接口电路　　(b) 电源电压不同的接口电路　　(c) 采用电平转移器的接口电路

图 1-36　TTL 集成门电路驱动 CMOS 集成门电路

2. CMOS 集成门电路驱动 TTL 集成门电路

当用 CMOS 电路驱动 TTL 电路时,CMOS 电路的输出电流太小,不能满足 TTL 电路输入电流的要求。这种情况下,可以在 CMOS 电路的输出端加反相器做缓冲级,如图 1-37 所示,缓冲级选用 CC4049(六反相缓冲器)。

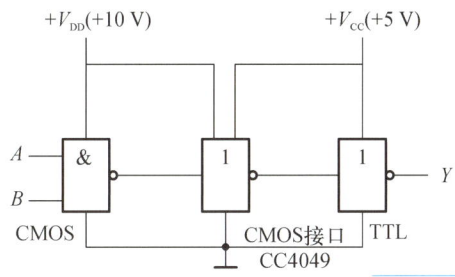

图 1-37
CMOS 集成门电路驱动 TTL 集成门电路

▌ 任务训练 ▌
常用集成门电路功能测试

互动练习: 逻辑门电路

1. 训练目的

(1)掌握常用集成门电路的逻辑功能测试。

(2)了解常用 74 系列集成门电路的引脚排列图及引脚功能。

2. 训练准备

(1)数字电子技术实验装置一台。

(2)74LS08 四 2 输入与门、74LS32 四 2 输入或门、74LS04 六反相器、74LS00 四 2 输入与非门、74LS03 四 2 输入集电极开路与非门各一片、导线若干。

3. 训练内容及步骤

(1)熟悉各集成门电路的引脚排列图

根据芯片识别方法或查找相关资料,熟悉芯片的型号、引脚及使用方法。

(2)与门功能测试

74LS08 是四 2 输入与门集成电路,其引脚排列图如图 1-38a 所示。将其插入 IC 插座中,输入端接逻辑电平开关,输出端接逻辑电平指示灯,14 脚接

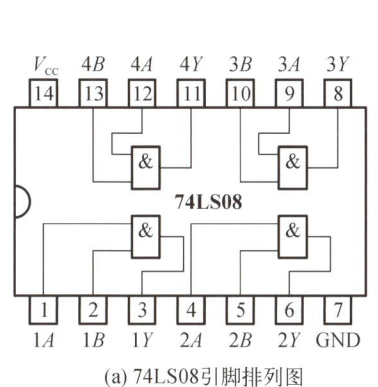

(a) 74LS08引脚排列图

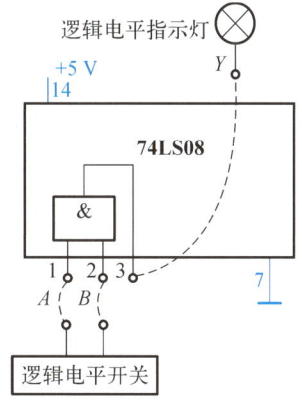

(b) 与门逻辑功能测试接线图

图 1-38
与门功能测试

+5 V电源,7脚接地,先测试第一个门电路的逻辑关系,接线方法如图1-38b所示。将测试结果记录于表1-15,判断是否满足$Y=AB$。

表1-15　门电路逻辑功能测试表

输　入		输　出			
		与门	或门	与非门	非门
A	B	$Y=AB$	$Y=A+B$	$Y=\overline{AB}$	$Y=\overline{A}$
0	**0**				
0	**1**				
1	**0**				
1	**1**				

(3) 或门功能测试

74LS32是四2输入**或门**集成电路,其引脚排列图如图1-39a所示。测试其逻辑功能的接线方法如图1-39b所示,将结果记录于表1-15,判断是否满足$Y=A+B$。

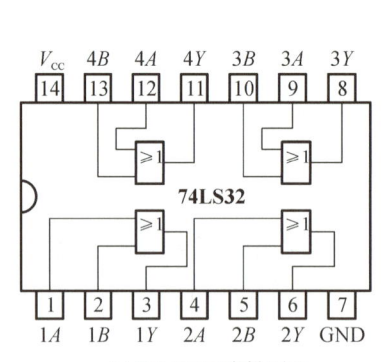

图1-39　或门功能测试　　　　(a) 74LS32引脚排列图　　　　(b) 或门逻辑功能测试接线图

(4) 非门功能测试

74LS04是六反相器,其引脚排列图如图1-40a所示,测试其逻辑功能的接线方法如图1-40b所示,将结果记录于表1-15,判断是否满足$Y=\overline{A}$。

(5) 与非门功能测试

74LS00是四2输入与非门集成电路,其引脚排列图如图1-41a所示,测试其逻辑功能的接线方法如图1-41b所示,将结果记录于表1-15,判断是否满足$Y=\overline{AB}$。

(6) OC门实现线与功能测试

74LS03是四2输入集电极开路(OC门)与非门电路,其引脚排列图如图1-42a所示,测试其逻辑功能的接线方法如图1-42b所示。将结果记录于表1-16,并写出输出Y的逻辑函数表达式。

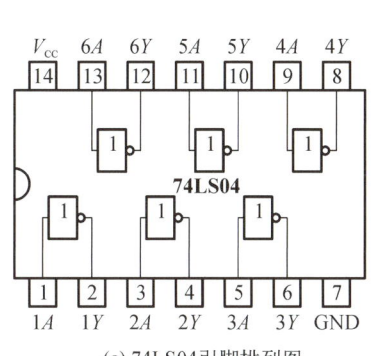

(a) 74LS04引脚排列图

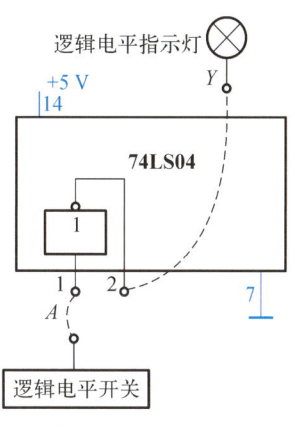

(b) 非门逻辑功能测试接线图

图 1 - 40
非门功能测试

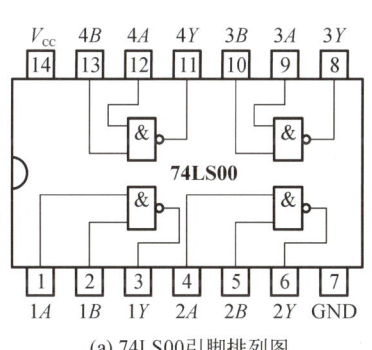

(a) 74LS00引脚排列图

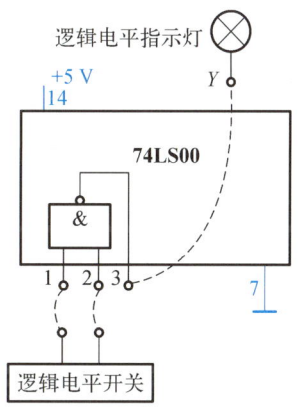

(b) 与非门逻辑功能测试接线图

图 1 - 41
与非门功能测试

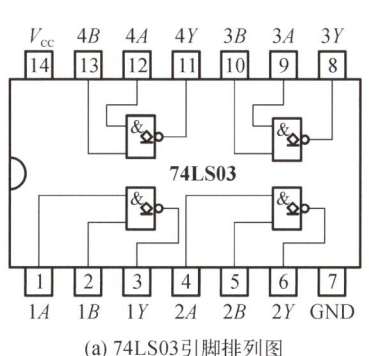

(a) 74LS03引脚排列图

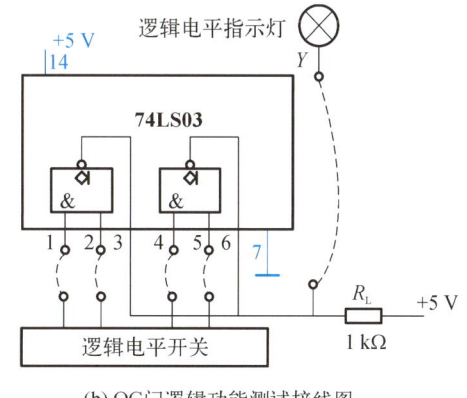

(b) OC门逻辑功能测试接线图

图 1 - 42
OC门实现线
与功能测试

31

表 1-16 与非门(OC 门)功能测试表

输　入				输　出	输　入				输　出
A	B	C	D	Y	A	B	C	D	Y
0	0	0	0		1	0	0	0	
0	0	0	1		1	0	0	1	
0	0	1	0		1	0	1	0	
0	0	1	1		1	0	1	1	
0	1	0	0		1	1	0	0	
0	1	0	1		1	1	0	1	
0	1	1	0		1	1	1	0	
0	1	1	1		1	1	1	1	

微视频：常用
集成门电路功
能测试

由表 1-16 可得出,逻辑函数表达式 $Y = $ _____ 。

4. 总结思考

(1) 归纳与门、或门、与非门分别在什么输入情况下输出低电平? 在什么情况下输出高电平?

(2) OC 门有何用处? 使用 OC 门能否构成总线结构,为什么?

 **项目小结**

1. 数字电路的工作信号是一种突变的离散信号。数字电路中主要采用二进制数。二进制代码还可以表示文字和符号。

2. 逻辑代数是分析和设计逻辑电路的重要工具。逻辑代数有三种基本运算(与、或、非),应熟记逻辑代数的运算规则。

3. 逻辑函数通常有五种表示方法,即真值表、逻辑函数表达式、卡诺图、逻辑图和波形图,知道其中任何一种形式,都能将它转换为其他形式。

4. 在双极型数字集成电路中,TTL **与非门**电路在工业控制上应用最广泛,对该电路要着重了解其电压传输特性和主要参数,以及使用时的注意事项。

5. 在 MOS 数字集成电路中,CMOS 电路是重点。由于 MOS 管具有功耗小、输入阻抗高、集成度高等优点,在数字集成电路中逐渐被广泛采用。

6. 集电极开路门的输出端可并联使用,可在输出端实现**线与**;三态门可用来实现总线传输结构,这时要求三态门实行分时使能。

自测题

1. 填空题

(1) 数字信号的特点是在 _____ 上和 _____ 上都是断续变化的,其高电平和低电平常用_____和_____来表示。

(2) 逻辑电路中,正逻辑规定:_____表示高电平,_____表示低电平。

(3) 数制转换:$(101001)_2 = ($_____$)_{10} = ($_____$)_8$,$(912)_{10} = ($_____$)_{8421BCD}$

(4) 逻辑函数的常用表示方法有_____、_____、_____等。

(5) 最基本的门电路是_____、_____、_____。

(6) 逻辑代数中 $1+1=$_____,二进制数中 $1+1=$_____。

(7) 在数字电路中,最基本的逻辑关系有_____、_____、_____。

(8) 逻辑符号 $\begin{array}{c}A \\ B\end{array} \boxed{\geqslant 1} Y$ 表示_____门,其逻辑函数表达式为_____。

(9) 逻辑函数 $Y = A \oplus 1 =$_____。

(10) TTL 集成门电路的电源电压为_____V。

(11) OC 门的逻辑符号_____,OC 门又称为_____门,多个 OC 门输出端并联到一起可实现_____功能。

(12) 三态门的逻辑符号是_____,输出状态有_____、_____和_____。

(13) 在 TTL 集成门电路的一个输入端与地之间接一个 $10\ \text{k}\Omega$ 电阻,则相当于在该输入端输入_____电平;在 CMOS 集成门电路的输入端与地之间接一个 $10\ \text{k}\Omega$ 电阻,相当于在该输入端输入_____电平。

(14) 传输门的逻辑符号_____,导通条件是_____,传输门不但可以传输_____信号,还可以传输_____信号。

(15) CMOS 电路的多余输入端不允许_____。

(16) TTL 与非门的一个输入端经 $10\ \Omega$ 电阻接地,其余输入端悬空,输出电平 $Y =$_____。

2. 选择题

(1) 以下表达式中符合逻辑运算法则的是(   )。

A. $C \cdot C = C^2$ B. $1 + 1 = 101$

C. $0 < 1$ D. $A + 1 = 1$

(2) 用 8421BCD 码表示十进制数 27,可以写成(   )。

A. $(010111)_{8421BCD}$ B. $(11010)_{8421BCD}$

C. $(27)_{8421BCD}$ D. $(00100111)_{8421BCD}$

(3) 能实现分时传送数据逻辑功能的是(   )。

A. TTL 与非门   B. 三态门

C. 集电极开路门   D. CMOS 或门

(4) 根据真值表(表 1–17)中 A、B 对应的取值,可知 Y 与 A、B 之间的逻辑关系为(　　)。

A. $Y=AB$　　　　　　　　　　B. $Y=\overline{AB}$

C. $Y=A+B$　　　　　　　　　D. $Y=\overline{A+B}$

(5) 由 74LS 系列门电路组成的电路如图 1–43 所示,其逻辑函数表达式为(　　)。

A. $Y=\overline{1+0}$　　B. $Y=\overline{0+0}$　　C. $Y=\overline{1+1}$

表 1–17　选择题(4)真值表

A　B	Y
0　0	0
0　1	0
1　0	0
1　1	1

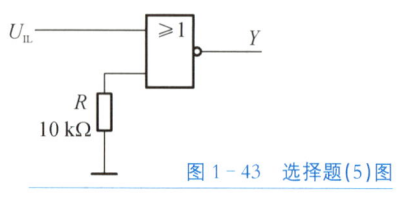

图 1–43　选择题(5)图

(6) 能实现"有 **1** 出 **1**,全 **0** 出 **0**"逻辑功能是(　　)。

A. **与非**门　　　　　　　　　B. **或**门

C. **异或**门　　　　　　　　　D. **与**门

(7) CMOS **与非**门多余输入端的处理方法是(　　)。

A. 悬空　　　　　　　　　　　B. 接地

C. 接低电平　　　　　　　　　D. 接电源 $+V_{DD}$

(8) CMOS **或非**门多余输入端的处理方法是(　　)。

A. 悬空　　　　　　　　　　　B. 接地

C. 接高电平　　　　　　　　　D. 接电源 $+V_{DD}$

(9) 以下电路中可以实现**线与**功能的有(　　)。

A. **与非**门　　B. 三态门　　C. 集电极开路门

3. 判断题

(　　)(1) CMOS 电路比 TTL 电路功耗大。

(　　)(2) TTL **与非**门输入端可以接任意值电阻。

(　　)(3) TTL **与非**门输出端不能并联使用。

(　　)(4) 三态门的输出端可以并联,但三态门的控制端所加的控制信号电平只能使其中一个门处于工作状态,而其他所有的输出端相并联的三态门均处于高阻状态。

(　　)(5) 三态门的三种输出状态分别为:高电平、低电平、不高不低的电压。

(　　)(6) 在数字电路中,高电平、低电平指的是一定的电压范围,而不是一个固定的数值。

（　　）（7）OC 门的输出端允许直接相连，实现**线与**。

习　题

文本：项目 1
自测题答案

1-1　将下列十进制数转换为二进制数、八进制数和十六进制数。

(1) $(43)_{10}$　　　　　(2) $(125)_{10}$　　　　　(3) $(23.25)_{10}$

1-2　将下列二进制数转换为十进制数、八进制数和十六进制数。

(1) $(10110110)_2$　　(2) $(110101)_2$　　(3) $(100110.11)_2$

1-3　将下列八进制数转换成二进制数。

(1) $(426)_8$　　　　　(3) $(174.26)_8$

1-4　将下列十六进制数转换成二进制数。

(1) $(A4.3B)_{16}$　　　(2) $(7D)_{16}$

1-5　将下列的 8421BCD 码和十进制数互相转换。

(1) $(19)_{10}$　　　　　(2) $(326)_{10}$　　　　　(3) $(100101111000)_{8421BCD}$

1-6　分别写出如图 1-44a 所示各逻辑门的逻辑函数表达式，并画出对应的输出波形，输入波形如图 1-44b 所示。

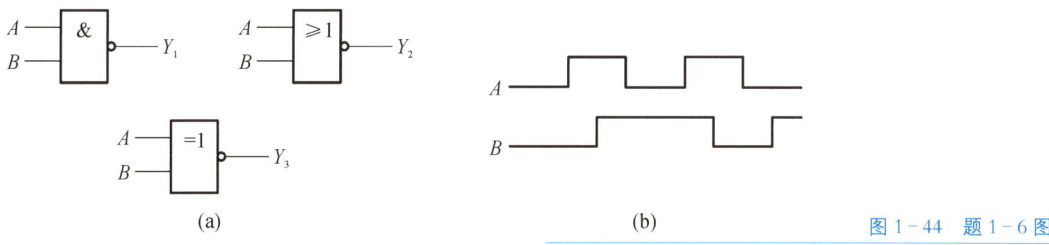

图 1-44　题 1-6 图

1-7　画出实现下列逻辑函数表达式的逻辑图。

(1) $Y = AB + AC$

(2) $Y = \overline{(A+B)(C+D)}$

1-8　如图 1-45 所示电路，试按它们对应的逻辑关系，写出 TTL 门电路多余输入端的处理方法。

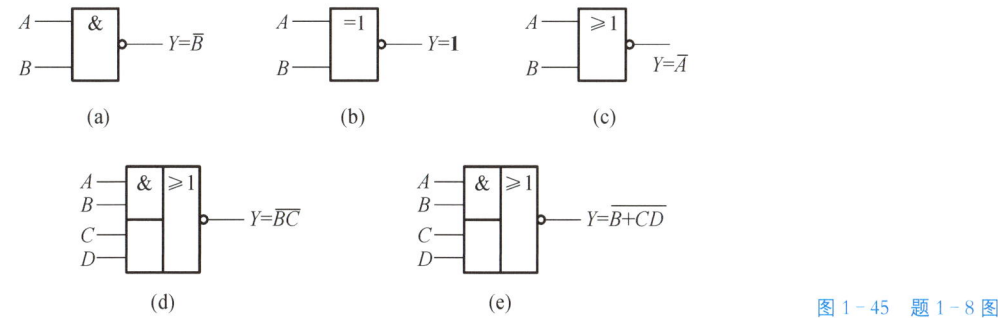

图 1-45　题 1-8 图

1-9 电路如图 1-46 所示,试找出各电路中的错误,并说明为什么。

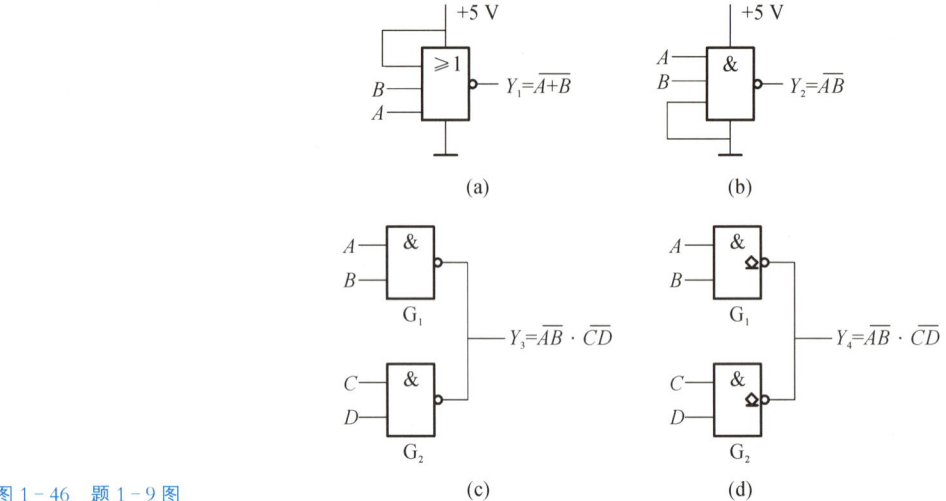

图 1-46 题 1-9 图

【知识目标】

❖ 熟悉逻辑函数的基本定律和运算规则。

❖ 掌握逻辑函数的公式化简法和卡诺图化简法。

❖ 掌握组合逻辑电路的分析和设计方法。

❖ 掌握简易表决器电路的工作原理。

【能力目标】

❖ 能通过文献资料、网络等查询手段,查阅数字电路手册。

❖ 能利用与非门实现与、或、异或等逻辑功能并进行电路连接。

❖ 会使用实验设备搭建数字电路。

❖ 能完成表决器电路的安装,并能正确调试和排除故障。

【素养目标】

❖ 通过项目实施过程,培养学生自主学习及团队协作意识,提高合作探究并解决问题的能力。

❖ 通过组合逻辑电路的设计与测试,培养标准意识、规范意识和精益求精的工匠精神。

 **项目描述**

表决器是投票系统中的客户端,广泛应用于会议、竞赛等场合,是一种代表投票或举手表决的装置。

1. 电路说明

简易三人表决器电路图如图 2-1 所示,电路由按键信号输入电路、表决器控制电路和 LED 结果指示电路三部分构成。三个裁判分别通过按键 S_1、S_2、S_3 来表达自己的意愿,表决结果用发光二极管 VD 显示。裁判若同意,则按下按键,输入高电平;若不同意,则不按,输入低电平。如果对某个决议有任意 2～3 人同意,则输出高电平,三极管 VT 饱和导通,VD 亮,那么此决议通过;否则门 G_4 输出低电平,三极管 VT 截止,VD 不亮,表示此决议不通过。表决器控制电路的逻辑函数表达式如下

$$Y_1 = \overline{AB}, \ Y_2 = \overline{BC}, \ Y_3 = \overline{AC},$$

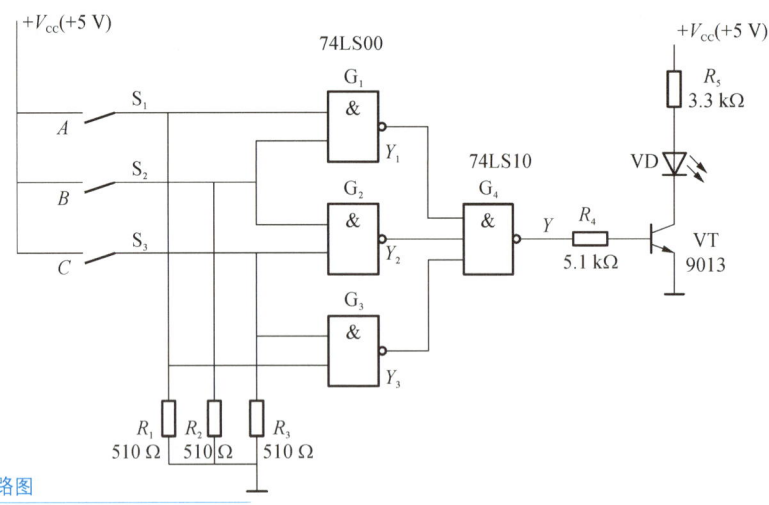

图 2‑1   简易三人表决器电路图

$$Y = \overline{Y_1 \cdot Y_2 \cdot Y_3} = \overline{\overline{\overline{AB} \cdot \overline{BC} \cdot \overline{AC}}} = AB + BC + AC$$

根据逻辑关系可列出简易三人表决器电路的真值表,见表 2‑1。

表 2‑1   简易三人表决器电路的真值表

输 入			输出	输 入			输出
A	B	C	Y	A	B	C	Y
0	0	0	0	1	0	0	0
0	0	1	0	1	0	1	1
0	1	0	0	1	1	0	1
0	1	1	1	1	1	1	1

2. 设备与器材

74LS00 四 2 输入与非门一片,74LS10 三 3 输入与非门一片,9013 型三极管和发光二极管一个,电阻、开关、导线若干,万能板(亦可选用面包板或自制 PCB)一块,直流稳压电源一台。

3. 主要步骤

(1) 按图 2‑1 所示接线,电路可以焊接在万能板或自制的 PCB 上,或在面包板上插接。

(2) 检查路线无误后,接入直流 + 5 V 工作电压。

(3) 检查电路的逻辑功能,根据表 2‑1,对输入端 S_1、S_2、S_3 三个按键进行不同的组合,观察发光二极管的亮灭,验证电路的逻辑功能。

(4) 试用 2 输入与非门实现此表决器的功能。

4. 注意事项

焊接 74LS00 和 74LS10 时注意集成电路的引脚排列顺序和多余输入端的处理;注意发光二极管和三极管的引脚极性;判断按键是否正常通断;若采用

微视频:简易三人表决器的仿真

CMOS 集成电路,焊接时还需注意防止静电破坏。

知识链接

2.1 逻辑函数的化简方法

在实际的数字电路设计中,直接根据某种逻辑要求归纳出来的逻辑函数表达式不是最简的形式,为了节省器件,降低成本,提高工作的可靠性,可对逻辑函数表达式进行化简,利用化简后的逻辑函数表达式构成逻辑电路。一般逻辑函数化简的主要目标是得到最简**与或**式,其次是最简**或与**式。常用的化简方法有公式化简法和卡诺图化简法。

2.1.1 逻辑代数的基本定律和逻辑函数的运算规则

逻辑代数中有许多基本定律和运算规则,是化简逻辑函数的重要依据。

1. 逻辑代数的基本定律

逻辑代数的基本定律见表 2-2,这些定律反映了逻辑代数运算的基本规律,这些定律的正确性可以用真值表证明,若等式两边逻辑函数的真值表相同,则等式成立。

表 2-2 逻辑函数的基本定律

定律名称	逻 辑 与	逻 辑 或
0-1律	$A \cdot 1 = A$	$A + 0 = A$
	$A \cdot 0 = 0$	$A + 1 = 1$
交换律	$A \cdot B = B \cdot A$	$A + B = B + A$
结合律	$A \cdot (B \cdot C) = (A \cdot B) \cdot C$	$A + (B + C) = (A + B) + C$
分配律	$A \cdot (B + C) = A \cdot B + A \cdot C$	$A + (B \cdot C) = (A + B) \cdot (A + C)$
互补律	$\overline{A} \cdot A = 0$	$\overline{A} + A = 1$
重叠律	$A \cdot A = A$	$A + A = A$
还原律	$\overline{\overline{A}} = A$	
反演律(摩根定律)	$\overline{A \cdot B \cdot C} = \overline{A} + \overline{B} + \overline{C}$	$\overline{A + B + C} = \overline{A} \cdot \overline{B} \cdot \overline{C}$
吸收律	$A \cdot (A + B) = A$	$A + AB = A$
	$(A + B)(A + \overline{B}) = A$	$AB + A\overline{B} = A$
	$A(\overline{A} + B) = AB$	$A + \overline{A}B = A + B$
隐含律	$(A + B)(\overline{A} + C)(B + C) = (A + B)(\overline{A} + C)$	$AB + \overline{A}C + BC = AB + \overline{A}C$
	$(A + B)(\overline{A} + C)(B + C + D) = (A + B)(\overline{A} + C)$	$AB + \overline{A}C + BCD = AB + \overline{A}C$

2. 逻辑函数的基本运算规则

（1）代入规则

在任意一个逻辑等式中，如果将等式两边的某一变量都用一个逻辑函数代替，则等式仍然成立。这个规则称为代入规则。

代入规则之所以成立，是因为任何一个逻辑函数也和逻辑变量一样，只有 **0** 和 **1** 两种取值。该规则在理论上有重要意义，可把上述只含两个变量的定律扩展为多个变量的定律。

例如：等式 $A(B+C)=AB+AC$。若将所有出现变量 A 的地方都用逻辑函数 $D+E$ 代替，则等式仍然成立。即

$$(D+E)(B+C)=(D+E)B+(D+E)C=BD+BE+CD+CE$$

（2）反演规则

若求一个逻辑函数 Y 的反函数时，只要将逻辑函数表达式中所有"·"换成"＋"，"＋"换成"·"；"0"换成"1"，"1"换成"0"；原变量换成反变量，反变量换成原变量；并保持两个以上变量公用的长非号和原逻辑函数 Y 中的运算顺序不变，则得到新的逻辑函数式 $\overline{Y}$。$\overline{Y}$ 称为原函数 Y 的反函数或补函数。这个规则称为反演规则。

运用反演规则必须注意运算符号的优先顺序，必须按照先括号，然后按先**与**后**或**的顺序变换，而且应保持反变量以外的非号不变。

🔒 **例 2 - 1** 已知 $Y=\overline{A}+B\cdot C+\overline{D+E}$，求反函数 $\overline{Y}$。

解 根据反演规则，可得出 Y 的反函数

$$\overline{Y}=\overline{A}\cdot\overline{B}+\overline{C}\cdot\overline{\overline{D}\cdot\overline{E}}$$

（3）对偶规则

Y 是一个任意的逻辑函数表达式，如果将 Y 中的"·"换成"＋"，"＋"换成"·"；"0"换成"1"，"1"换成"0"；并保留所有非号（包括长非号）及原 Y 中的运算顺序，则所得到新的逻辑函数式 Y'，就是 Y 的对偶函数。这个规则称为对偶规则。

🔒 **例 2 - 2** 已知 $Y=(A+\overline{B})+\overline{CD}$，求对偶函数 Y'。

解 $Y'=A\overline{B}\cdot\overline{C+D}$

对于任意两个函数，如果它们的原函数相等，那么其对偶函数、反函数也相等。

2.1.2 逻辑函数的公式化简法

同一逻辑函数可以写成不同的逻辑函数表达式，在数字电路设计中，逻辑函数最终总是要用逻辑电路来实现，因此化简和变换逻辑函数往往可以简化电路、节省成本。

1. 逻辑函数表达式的类型

根据逻辑代数的基本定律和逻辑函数运算规则,常用的逻辑函数表达式有如下 5 种类型。

$$Y = \overline{A}B + AC \qquad \text{与或式}$$

$$= \overline{\overline{\overline{A}B} \cdot \overline{AC}} \qquad \text{与非 - 与非式}$$

$$= \overline{\overline{A}\,\overline{B} + A\overline{C}} \qquad \text{与或非式}$$

$$= (A+B)(\overline{A}+C) \qquad \text{或与式}$$

$$= \overline{\overline{A+B} + \overline{\overline{A}+C}} \qquad \text{或非 - 或非式}$$

2. 最简与或式的标准

逻辑函数有多种表达方式,但最常用的是**与或式**。因此,将逻辑函数表达式化简为最简**与或式**标准如下:

(1) 逻辑函数表达式中的与项(乘积项)的个数最少。

(2) 每个与项中的变量最少。

3. 逻辑函数的公式化简法

公式化简法就是运用逻辑代数的基本定律和规则化简逻辑函数。常用的方法有并项法、吸收法、消去法和配项法。

(1) 并项法

利用定律 $A + \overline{A} = 1$ 及 $AB + A\overline{B} = A$。

微视频:逻辑函数的公式化简法

🔒 **例 2 - 3**　试化简下列逻辑函数表达式(1) $Y_1 = \overline{A}\,\overline{B}C + \overline{A}\,\overline{B}\,\overline{C}$; (2) $Y_2 = \overline{A}B + ACD + \overline{A}\,\overline{B} + \overline{A}CD$。

解　(1) $Y_1 = \overline{A}\,\overline{B}C + \overline{A}\,\overline{B}\,\overline{C}$

$$= \overline{A}\,\overline{B}(C + \overline{C})$$

$$= \overline{A}\,\overline{B}$$

(2) $Y_2 = \overline{A}B + ACD + \overline{A}\,\overline{B} + \overline{A}CD$

$$= \overline{A}(B + \overline{B}) + CD(A + \overline{A})$$

$$= \overline{A} + CD$$

(2) 吸收法

利用定律 $A + AB = A$。

🔒 **例 2 - 4**　试化简逻辑函数表达式 $Y = AB + AB\overline{C} + ABD + AB(C + \overline{D})$。

解　$$Y = AB + AB\overline{C} + ABD + AB(C + \overline{D})$$

$$= AB(1 + \overline{C} + C + D + \overline{D})$$

$$= AB$$

(3) 消去法

利用 $A + \overline{A}B = A + B$。

🔒 **例 2 - 5** 试化简逻辑函数表达式 $Y = AB + \overline{A}C + \overline{B}C$。

解
$$
\begin{aligned}
Y &= AB + \overline{A}C + \overline{B}C \\
&= AB + (\overline{A} + \overline{B})C \\
&= AB + \overline{AB}C \\
&= AB + C
\end{aligned}
$$

(4) 配项法

先利用 $A = A(B + \overline{B})$，增加必要的乘积项，再用并项法或吸收法使项数减少。

🔒 **例 2 - 6** 试化简逻辑函数表达式 $Y = A\overline{B} + B\overline{C} + \overline{B}C + \overline{A}B$。

解
$$
\begin{aligned}
Y &= A\overline{B} + B\overline{C} + \overline{B}C + \overline{A}B \\
&= A\overline{B} + B\overline{C} + (\overline{A} + A)\overline{B}C + \overline{A}B(\overline{C} + C) \\
&= A\overline{B} + B\overline{C} + \overline{A}\,\overline{B}C + A\overline{B}C + \overline{A}B\overline{C} + \overline{A}BC \\
&= A\overline{B}(1 + C) + B\overline{C}(1 + \overline{A}) + \overline{A}C(\overline{B} + B) \\
&= A\overline{B} + B\overline{C} + \overline{A}C
\end{aligned}
$$

通常对逻辑函数表达式进行化简时，要综合使用上述方法，才能得到最简结果。

🔒 **例 2 - 7** 化简 $Y_1 = AD + A\overline{D} + AB + \overline{A}C + BD + A\overline{B}E + \overline{B}E$，$Y_2 = \overline{\overline{AC} \cdot \overline{B} + \overline{AC} + \overline{B}} + \overline{B}\,\overline{C}$。

解
$$
\begin{aligned}
Y_1 &= AD + A\overline{D} + AB + \overline{A}C + BD + A\overline{B}E + \overline{B}E \\
&= A + AB + \overline{A}C + BD + A\overline{B}E + \overline{B}E \\
&= A + \overline{A}C + BD + \overline{B}E \\
&= A + C + BD + \overline{B}E \\
Y_2 &= \overline{\overline{AC} \cdot \overline{B} + \overline{\overline{AC} + \overline{B}}} + \overline{B}\,\overline{C} \\
&= \overline{AC} \cdot \overline{B} + \overline{AC} \cdot B + \overline{B}\,\overline{C} \\
&= \overline{AC} + \overline{B}\,\overline{C} \\
&= A + \overline{C} + \overline{B}\,\overline{C} \\
&= A + \overline{C}
\end{aligned}
$$

利用公式简化法，要求熟练掌握逻辑代数的基本定律和逻辑函数的运算规则，并需要掌握一定的化简方法，同时对于一个较复杂的逻辑函数表达式也难以判断化简结果是否为最简**与或**式。为了克服这些缺点，需要引入另一种化简方法——卡诺图化简法。

2.1.3　逻辑函数的卡诺图化简法

利用卡诺图化简逻辑函数的方法称为卡诺图化简法或图形化简法。用卡诺图化简逻辑函数比较直观,不仅能方便地得到最简**与或**式,还能方便地得到最简**或与**式。

1. 逻辑函数的最小项

(1) 最小项的定义

在 n 个输入变量的逻辑函数中,如果一个乘积项包含 n 个变量,而且每个变量以原变量或反变量的形式出现且仅出现一次,那么该乘积项称为该函数的一个最小项。对 n 个输入变量的逻辑函数来说,共有 2^n 个最小项。

例如,A、B、C 三个逻辑变量的最小项有 $2^3 = 8$ 个,即 $\overline{A}\,\overline{B}\,\overline{C}$、$\overline{A}\,\overline{B}C$、$\overline{A}B\overline{C}$、$\overline{A}BC$、$A\overline{B}\,\overline{C}$、$A\overline{B}C$、$AB\overline{C}$、$ABC$,而 $\overline{A}\,\overline{B}$、$AB\,\overline{C}B$、$A(B+C)$ 等项则不是其最小项。

(2) 最小项的性质

① 对于任意一个最小项,输入变量只有一组取值使其值为 **1**,而在变量取其他各组值时,该最小项的值均为 **0**。

② 不同的最小项,使其值为 **1** 的那一组输入变量取值也不同。

③ 对于输入变量的任一组取值,任意两个最小项的乘积为 **0**。

④ 对于输入变量的任一组取值,所有最小项之和为 **1**。

(3) 最小项的编号

为了表述方便,最小项通常用 m_i 表示,下标 i 即最小项编号,用十进制数表示。编号的方法是：使最小项的值为 **1** 所对应的输入变量的取值作为二进制数,将此二进制数转换成相应的十进制数就是该最小项的编号,以 $\overline{A}B\overline{C}$ 为例,因为它与 **010** 相对应,所以记作 m_2。按此原则,三变量最小项的编号见表 2－3。

表 2－3　三变量最小项的编号

最小项	变量取值			最小项编号	最小项	变量取值			最小项编号
	A	B	C			A	B	C	
$\overline{A}\,\overline{B}\,\overline{C}$	**0**	**0**	**0**	m_0	$A\overline{B}\,\overline{C}$	**1**	**0**	**0**	m_4
$\overline{A}\,\overline{B}C$	**0**	**0**	**1**	m_1	$A\overline{B}C$	**1**	**0**	**1**	m_5
$\overline{A}B\overline{C}$	**0**	**1**	**0**	m_2	$AB\overline{C}$	**1**	**1**	**0**	m_6
$\overline{A}BC$	**0**	**1**	**1**	m_3	ABC	**1**	**1**	**1**	m_7

(4) 最小项表达式

任何一个逻辑函数都可以表示成若干个最小项之和的形式,这样的逻辑函数表达方法称为最小项表达式,又称标准**与或**式,是唯一的。对于一个逻辑函数,得到最小项表达式的方法是利用逻辑代数的基本定律和配项方法,将缺少某个变量的乘积项配项补齐。

🔒 **例 2 - 8**　将逻辑函数 $Y(A, B, C) = \overline{A}B + A\overline{C}$ 转换成最小项表达式。

解

$$Y(A, B, C) = \overline{A}B + A\overline{C}$$
$$= \overline{A}B(C + \overline{C}) + A(B + \overline{B})\overline{C}$$
$$= \overline{A}BC + \overline{A}B\overline{C} + AB\overline{C} + A\overline{B}\,\overline{C}$$
$$= m_3 + m_2 + m_6 + m_4$$
$$= \sum m(2, 3, 4, 6)$$

2. 逻辑函数的卡诺图表示法

(1) 卡诺图

卡诺图是按相邻性原则排列的最小项的方格图。卡诺图的结构特点是按几何相邻反映逻辑相邻进行排列。n 个变量的逻辑函数,由 2^n 个最小项组成。卡诺图的变量标注均采用循环码形式。这样上下、左右之间的最小项都是逻辑相邻项。特别地,卡诺图水平方向同一行左、右两端的方格也是相邻项,同样垂直方向同一列上、下顶端两个方格也是相邻项,卡诺图中对称于水平和垂直中心线的四个外顶格也是相邻项。

可见,构成卡诺图的原则如下:

① n 个变量的卡诺图由 2^n 个小方块构成。

② 卡诺图中各变量的取值要按一定规则排列。

(2) 最小项的卡诺图表示法

将 n 个变量的全部最小项各用一个小方块表示,并使逻辑相邻的最小项在几何位置上也相邻地排列起来,所得到的图形称为 n 变量最小项的卡诺图。

如图 2 - 2 所示为二、三、四变量的卡诺图。图形两侧标注的 **0** 和 **1** 表示使对应小方格内的最小项为 **1** 的变量取值。同时,这些由 **0** 和 **1** 组成的二进制数所对应的十进制数大小也就是对应最小项的编号。

二变量卡诺图有 2 个变量,对应有 $2^2 = 4$ 个最小项,卡诺图有 4 个小方格,方格的左上方标注变量,一般斜线下面为 A、上面为 B,也可互换。**0** 表示反变量,**1** 表示原变量,每一个小方格对应着一种变量取值组合,如图 2 - 2a 所示。

三变量卡诺图有 $2^3 = 8$ 个最小项,如图 2 - 2b 所示。

四变量卡诺图有 $2^4 = 16$ 个最小项,如图 2 - 2c 所示。

从卡诺图中可以看出,每种输入变量组合所对应的小方格也相应地对应着一个最小项。必须注意,每个小方格对应的最小项序号不是按一般的递增顺序排列的。

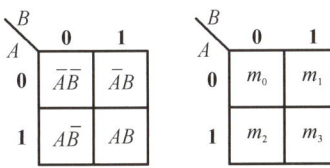

(a) 二变量卡诺图　　　　　　　　　　　　(b) 三变量卡诺图

(c) 四变量卡诺图　　　　　　　　　图 2−2　二、三、四变量的卡诺图

(3) 逻辑函数的卡诺图表示

任何一个逻辑函数都可以写成最小项表达式,而卡诺图中的每一个小方格代表逻辑函数的一个最小项,只要将逻辑函数中包含的最小项在对应的方格内填 **1**,没有包含的项填 **0**(或不填),就得到逻辑函数的卡诺图。

例 2−9　试用卡诺图表示逻辑函数 $Y = AB + \overline{A}BC + A\overline{B}C$。

解　Y 为三变量逻辑函数,先将 Y 写成最小项表达式:

$$Y = AB + \overline{A}BC + A\overline{B}C$$
$$= AB(C + \overline{C}) + \overline{A}BC + A\overline{B}C$$
$$= ABC + AB\overline{C} + \overline{A}BC + A\overline{B}C$$
$$= \sum m(3, 5, 6, 7)$$

再画出三变量卡诺图,在逻辑函数 Y 包含的最小项方格中填 **1**,其他方格填 **0** 或不填,如图 2−3 所示。

如果已知一个逻辑函数的真值表,可直接填出该逻辑函数的卡诺图。

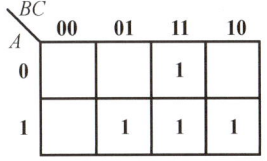

图 2−3
例 2−9 卡诺图

例 2−10　试用卡诺图表示逻辑函数 $Y = B\overline{C} + \overline{C}D + \overline{B}CD + \overline{A}\,\overline{C}D + ACD$。

解　先逐项用卡诺图表示,再合起来即可。

$B\overline{C}$, 在 $B = 1$, $C = 0$ 对应的方格(不管 A, D 取值),得 m_4、m_5、m_{12}、m_{13},在对应位置填 **1**;$\overline{C}D$, 在 $C = 0$, $D = 1$ 所对应的方格中填 **1**,即 m_1、m_5、m_9、m_{13};$\overline{B}CD$,在 $B = 0$, $C = D = 1$ 所对应的方格中填 **1**,即 m_3、m_{11};$\overline{A}CD$,

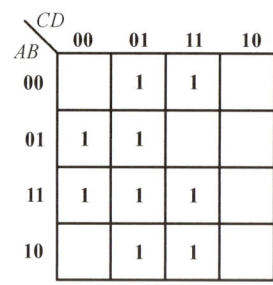

图 2-4
例 2-10 卡诺图

微视频：应用
卡诺图化简逻
辑函数

在 $A=C=0$，$D=1$ 所对应的方格中填 **1**，即 m_1、m_5；ACD，在 $A=C=D=1$ 所对应的方格中填 **1**，即 m_{11}、m_{15}。所得卡诺图如图 2-4 所示。

3. 用卡诺图化简逻辑函数

卡诺图的化简依据：卡诺图中几何相邻的最小项在逻辑上也有相邻性，而逻辑相邻的两个最小项只有一个因子不同，根据互补律 $A+\overline{A}=1$ 可知，将它们合并，可以消去互补因子，留下公共因子。

相邻最小项的合并规律：由于卡诺图变量取值组合按循环码的规律排列，处在相邻位置的最小项都只有一个变量表现出取值 **0** 和 **1** 的差别，因此在卡诺图中处于相邻位置的最小项均可以合并。

图 2-5 列出了两个相邻最小项合并的例子，两个相邻最小项合并为一项，消去一个取值不同的变量，保留相同变量。

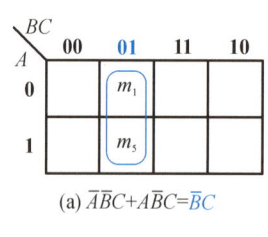
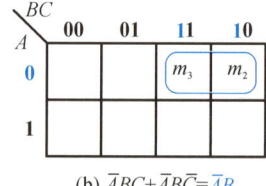
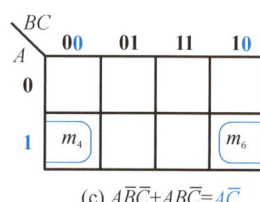

(a) $\overline{A}\overline{B}C+A\overline{B}C=\overline{B}C$ (b) $\overline{A}BC+\overline{A}B\overline{C}=\overline{A}B$ (c) $A\overline{B}\overline{C}+AB\overline{C}=A\overline{C}$

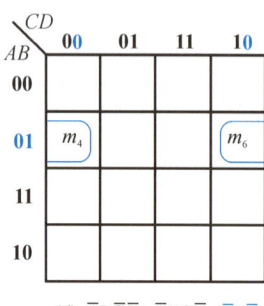
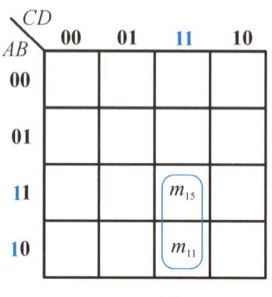

图 2-5
两个相邻最小项合并的例子

(d) $\overline{A}B\overline{C}\overline{D}+\overline{A}BC\overline{D}=\overline{A}B\overline{D}$ (e) $ABCD+A\overline{B}CD=ACD$

图 2-6 列出了四个相邻最小项合并的例子，四个相邻最小项可合并为一项，消去两个取值不同的变量，保留相同变量。

图 2-7 列出了八个相邻最小项合并的例子，八个相邻最小项可合并为一项，消去三个取值不同的变量，保留相同变量。

用卡诺图化简时，为保证结果的最简化和准确性，在合并卡诺图的相邻项时应遵循以下几个原则：

① 先圈相对比较孤立的"**1**"（无其他"**1**"与之相邻），或从只有一种圈法的"**1**"格开始，卡诺图中的包围圈应按 2^n（n 是自然数）方格来圈，卡诺图中的包围圈越大越好，越少越好。

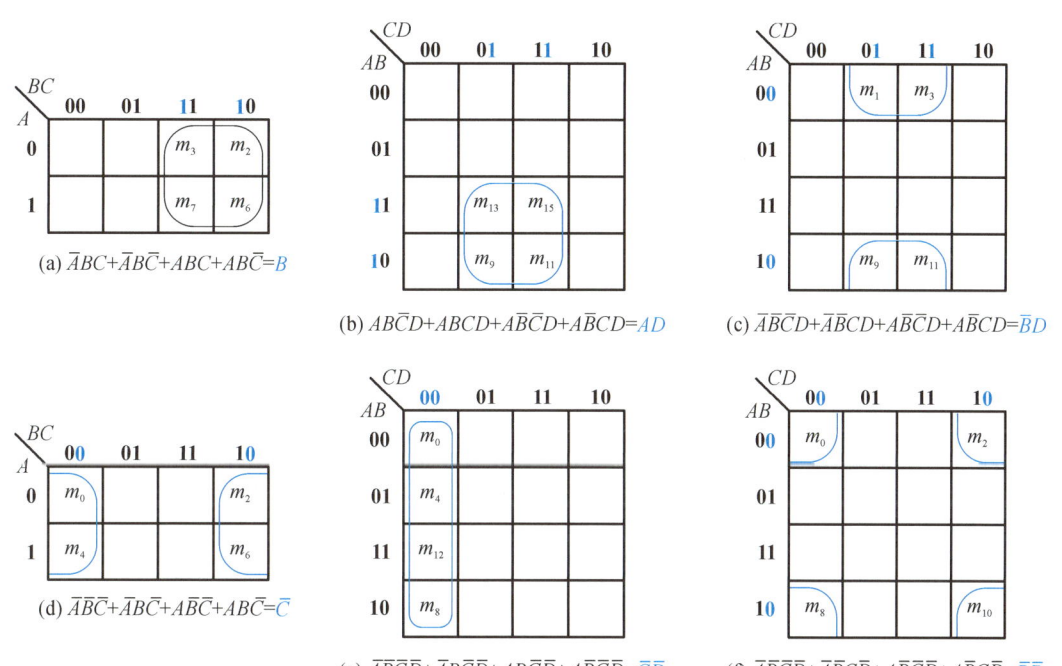

(a) $\overline{A}BC + \overline{A}B\overline{C} + ABC + AB\overline{C} = B$

(b) $AB\overline{C}D + ABCD + A\overline{B}\overline{C}D + A\overline{B}CD = AD$

(c) $\overline{A}\overline{B}\overline{C}D + \overline{A}\overline{B}CD + A\overline{B}\overline{C}D + A\overline{B}CD = \overline{B}D$

(d) $\overline{A}\overline{B}\overline{C} + \overline{A}B\overline{C} + A\overline{B}\overline{C} + AB\overline{C} = \overline{C}$

(e) $\overline{A}\overline{B}\overline{C}\overline{D} + \overline{A}B\overline{C}\overline{D} + AB\overline{C}\overline{D} + A\overline{B}\overline{C}\overline{D} = \overline{C}\overline{D}$

(f) $\overline{A}\overline{B}\overline{C}\overline{D} + \overline{A}\overline{B}C\overline{D} + A\overline{B}\overline{C}\overline{D} + A\overline{B}C\overline{D} = \overline{B}\overline{D}$

图 2-6　四个相邻最小项合并的例子

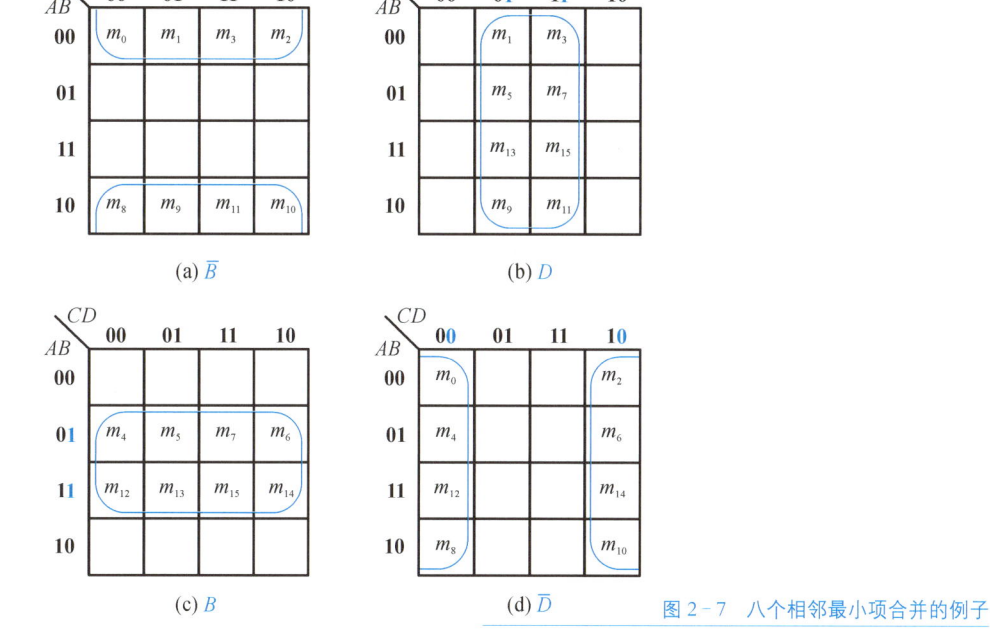

(a) $\overline{B}$

(b) D

(c) B

(d) $\overline{D}$

图 2-7　八个相邻最小项合并的例子

② 卡诺图中的包围圈中的"1"可以重复使用,但每圈至少有一个从未被圈过的"1",否则该圈多余。

例 2－11 用卡诺图化简逻辑函数 $Y(A,B,C,D)=\sum m(0,1,3,7,8,9,10,11,14,15)$。

解 (1) 画出逻辑函数的卡诺图,如图 2－8 所示。

(2) 画包围圈合并最小项,得最简与或式:

$$Y(A,B,C,D)=AC+CD+\overline{B}\,\overline{C}$$

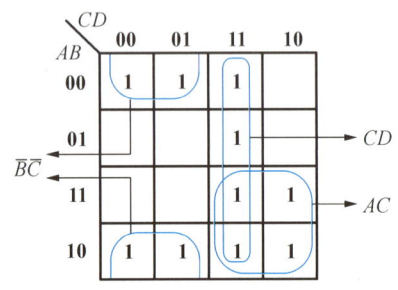

图 2－8 例 2－11 的卡诺图

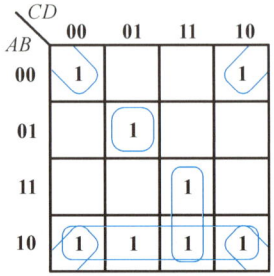

图 2－9 例 2－12 的卡诺图

例 2－12 用卡诺图化简逻辑函数 $Y(A,B,C,D)=\overline{B}\,\overline{D}+A\overline{B}D+ABCD+\overline{A}B\overline{C}D$。

解 (1) 画出逻辑函数的卡诺图,如图 2－9 所示。

(2) 画包围圈合并最小项,即可得出最简与或式:

$$Y(A,B,C,D)=\overline{B}\,\overline{D}+A\overline{B}+\overline{A}BCD+ACD$$

4. 用卡诺图化简具有约束项的逻辑函数

(1) 约束项

在某些实际问题的逻辑关系中,会遇到这样的问题,在真值表内对应于变量的某些取值下,函数的值可以是任意的,或者这些变量的取值根本不会出现,这些变量取值所对应的最小项称为约束项,有时又称为禁止项、无关项、任意项,在卡诺图或真值表中用"×"来表示。例如当 8421BCD 码作为输入变量时,禁止码 1010～1111 这六种状态所对应的最小项就是无关项。

约束项的意义在于,它的值可以取 **0** 或取 **1**,具体取什么值,可以根据使逻辑函数尽量得到简化而定。逻辑函数中的约束项表示方法如下:如一个三变量逻辑函数的约束项是 $\overline{A}BC$ 和 ABC,则可以写作 $Y=\sum d(3,7)$。

(2) 化简步骤

① 将逻辑函数 Y 中包含的最小项在卡诺图中对应的方格内填 **1**,约束项在对应的方格内填"×",其余方格填 **0** 或不填。

② 画包围圈时,约束项究竟是看成 **1** 还是 **0**,以使包围圈最大、个数最少为原则,但每个圈中至少有一个从未被圈过的"**1**"。

③ 写出化简结果。

例 2 - 13　化简逻辑函数 $Y(A, B, C, D) = \sum m(4, 5, 6, 7, 12) + \sum d(9, 10, 11, 13, 14, 15)$。

解　画逻辑函数的卡诺图,其中逻辑函数包含的最小项 m_4、m_5、m_6、m_7、m_{12},在对应的方块中填入 **1**;对于无关项 $d_9 \sim d_{15}$,在对应方块中填入"**×**",其余填入 **0 或不填**,如图 2 - 10 所示。

合并最小项时,并不一定要把所有的"**×**"都圈起来,需要时就圈,不需要时就不圈。圈内的无关项自动取值为 **1**,圈外的无关项取值为 **0**,合并化简后得表达式

$$Y(A, B, C, D) = B$$

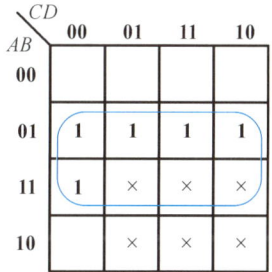

图 2 - 10　例 2 - 13 的卡诺图

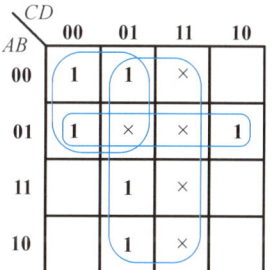

图 2 - 11　例 2 - 14 的卡诺图

例 2 - 14　化简逻辑函数 $Y = \overline{A}\,\overline{C}D + ACD + \overline{A}\,\overline{B}\,\overline{C}D + \overline{A}BC\overline{D}$,约束项为 $Y = \sum d(3, 5, 7, 11, 15)$。

解　根据逻辑函数和约束条件画卡诺图,如图 2 - 11 所示。合并化简得

$$Y = D + \overline{A}\,\overline{C} + \overline{A}B$$

▌任务训练▌
门电路功能转换

1. 训练目的

(1) 掌握常用集成门电路的逻辑功能及测试方法。

(2) 掌握用**与非门**构成其他逻辑电路的方法。

2. 训练准备

(1) 数字电子技术实验装置一台。

(2) 74LS00 四 2 输入**与非门**三片,导线若干。

3. 训练内容及步骤

（1）利用 74LS00 四 2 输入与非门构成与门、或门、异或门、3 输入与非门，画出逻辑图、连线图。

（2）将 74LS00 四 2 输入与非门插入 IC 插座中，输入端接逻辑电平开关，输出端接逻辑电平指示灯，14 脚接＋5 V 电源，7 脚接地。分别在图 2－12～图 2－15 上完成接线，再测试其逻辑功能，记录于表 2－4。

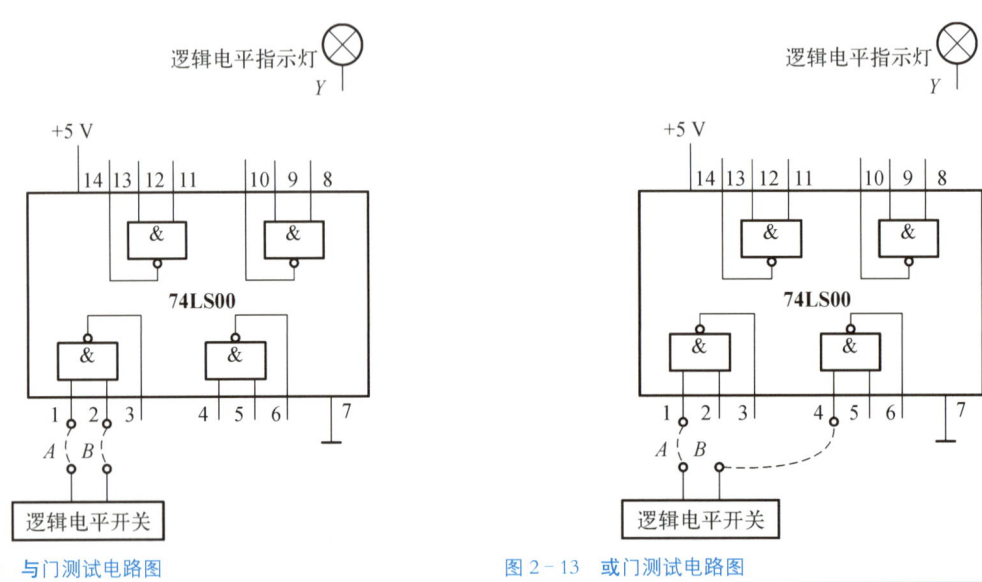

图 2－12　与门测试电路图

图 2－13　或门测试电路图

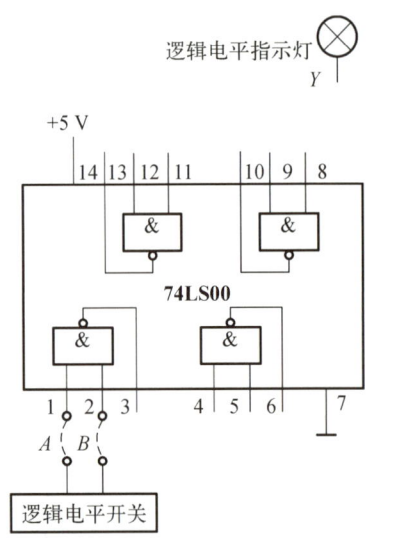

图 2－14　异或门测试电路图

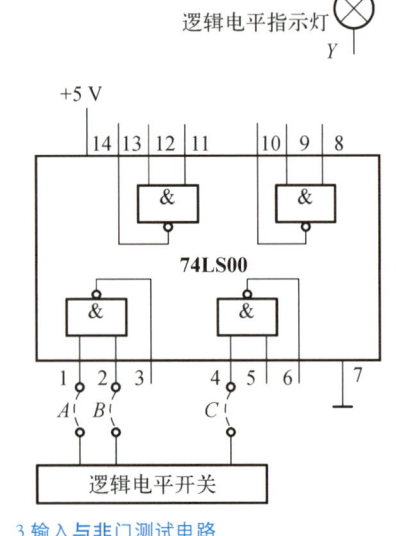

图 2－15　3 输入与非门测试电路

表 2－4　门电路功能转换的逻辑功能测试表

与门		或门		异或门		3 输入与非门	
输入	输出	输入	输出	输入	输出	输入	输出
$A\ B$	Y	$A\ B$	Y	$A\ B$	Y	$A\ B\ C$	Y
$Y=$		$Y=$		$Y=$		$Y=$	

4. 总结思考

(1) 用 74LS00 四 2 输入**与非门**实现**异或**门的逻辑功能,有几种方案? 哪种方案最好? 为什么?

(2) 利用 2 输入与非门实现 3 输入与非门的逻辑功能,可有其他方案?

 **知识链接**

文本: 与非门转换成其他门电路电路图

2.2　组合逻辑电路的分析与设计

逻辑电路按照逻辑功能的不同一般分为两大类:一类是组合逻辑电路,一类是时序逻辑电路。组合逻辑电路在结构上不存在从输出到输入的反馈回路,因此输出状态不影响输入状态。组合逻辑电路的特点是:任意时刻的输出状态仅取决于该时刻输入信号的状态,而与信号作用前电路的状态无关,体现了输出状态与输入状态呈即时性,电路无记忆功能。

微视频:门电路功能转换

2.2.1　组合逻辑电路的分析方法

组合逻辑电路的分析是根据给定的逻辑电路,找出输入与输出之间的逻辑关系,从而确定逻辑功能。

对组合逻辑电路的分析,一般按下列步骤进行:

(1) 根据已知的逻辑电路,从输入到输出逐级写出逻辑函数表达式。

(2) 整理并化简得出最简的逻辑函数表达式。

微视频:组合逻辑电路分析

(3) 列真值表。

(4) 确定其逻辑功能。

例 2－15　分析如图 2－16 所示电路的逻辑功能。

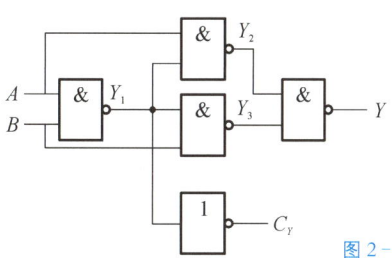

图 2－16　例 2－15 的逻辑图

51

解 写出逻辑函数表达式并化简可得 Y 和 C_Y 的最简与或式:

$$Y_1 = \overline{AB}$$

$$Y_2 = \overline{AY_1} = \overline{A \cdot \overline{AB}}$$

$$Y_3 = \overline{BY_1} = \overline{B \cdot \overline{AB}}$$

$$\begin{aligned}
Y = \overline{Y_2Y_3} &= \overline{\overline{A \cdot \overline{AB}} \cdot \overline{B \cdot \overline{AB}}} \\
&= A \cdot \overline{AB} + B \cdot \overline{AB} \\
&= (A + B)(\overline{A} + \overline{B}) \\
&= \overline{A}B + A\overline{B} \\
&= A \oplus B
\end{aligned}$$

$$C_Y = \overline{Y_1} = \overline{\overline{AB}} = AB$$

此逻辑电路的真值表见表 2‑5。

表 2‑5 例 2‑15 电路的真值表

$A \quad B$	Y	C_Y	$A \quad B$	Y	C_Y
0 0	0	0	1 0	1	0
0 1	1	0	1 1	0	1

由表 2‑5 可以看出,如果把 A、B 看成两个 1 位二进制数,则电路可实现两个 1 位二进制数相加的功能,Y 为和,C_Y 是向高位的进位。因此,此电路也称为半加器。

2.2.2 组合逻辑电路的设计方法

微视频:组合
逻辑电路设计

所谓组合逻辑电路的设计,就是根据给出的逻辑功能要求,设计出实现该逻辑功能的逻辑电路。显然,组合逻辑电路的设计是逻辑电路分析的逆过程。

组合逻辑电路设计的主要步骤如下:

(1) 明确逻辑功能,即确定输入、输出变量的个数及表示符号,并对它们进行逻辑赋值。

(2) 根据逻辑功能要求列出真值表。

(3) 由真值表利用卡诺图化简法进行化简得到逻辑函数表达式。

(4) 根据要求画出逻辑图。

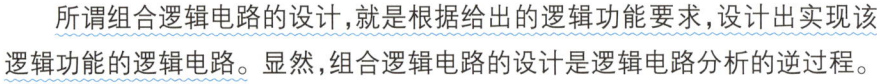 **例 2‑16** 用与非门设计一个举重裁判表决电路。设比赛有三个裁判,一个主裁判和两个副裁判。杠铃是否举起成功由每一个裁判按下自己面前的按钮来确定。只有当两个或两个以上的裁判判明成功,并且其中有一个为主裁判时,表明杠铃举起成功的灯才亮。

解　(1)确定输入、输出变量的个数:设输入变量 A、B、C 分别表示主裁判及两个副裁判对结果的判定;**1** 表示裁判判明杠铃举起成功,**0** 表示不成功;输出变量 Y 表示灯的亮灭,**1** 表示亮,**0** 表示灭。

(2)列出真值表:根据题目的要求,可列出真值表,见表 2-6。

(3)化简:利用卡诺图化简法化简,如图 2-17 所示,可得逻辑函数表达式:

$$Y = AB + AC$$
$$= \overline{\overline{AB + AC}}$$
$$= \overline{\overline{AB} \cdot \overline{AC}}$$

(4)画逻辑图:逻辑电路图如图 2-18 所示。

表 2-6　例 2-16 真值表

A	B	C	Y
0	0	0	0
0	0	1	0
0	1	0	0
0	1	1	0
1	0	0	0
1	0	1	1
1	1	0	1
1	1	1	1

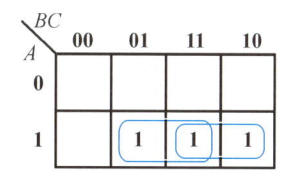

图 2-17　例 2-16 的卡诺图

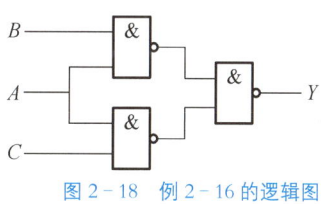

图 2-18　例 2-16 的逻辑图

▌知识拓展▌
组合逻辑电路中的冒险与竞争现象

1. 冒险与竞争现象的概念

在组合电路中,若某个变量通过两条以上路径到达输入端,由于每条路径上的延迟时间不同,到达逻辑门的时间就有先有后,这种现象称为竞争。竞争现象可能使真值表描述的逻辑关系受到短暂的破坏,在输出端产生错误结果,这种现象称为冒险。有竞争不一定有冒险,但出现了冒险就一定存在竞争。信号的传输途径不同、各信号延迟时间的差异或信号变化的互补性等原因都很容易使组合逻辑电路产生冒险现象。

2. 冒险现象的分类

如图 2-19a 所示电路图的逻辑函数表达式为 $Y = A \cdot \overline{A}$,由于 G_1 的延迟作用,$\overline{A}$的输入要滞后于 A 的输入,致使 G_2 的输出 Y 出现一个如图 2-19b 所示的高电平窄脉冲(即为冒险),这种冒险现象被称为"**1**"型冒险。

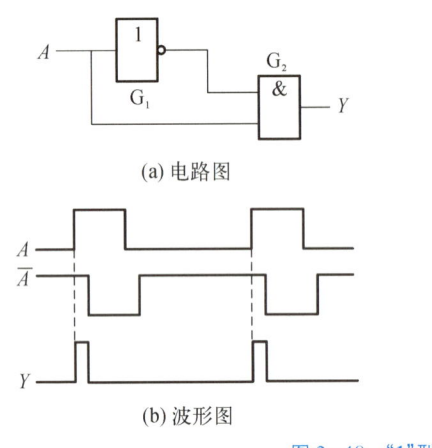

(a) 电路图

(b) 波形图

图 2-19 "**1**"型冒险

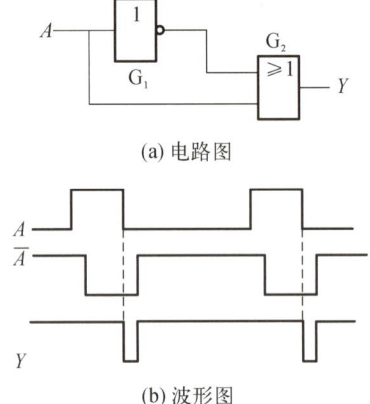

(a) 电路图

(b) 波形图

图 2-20 "**0**"型冒险

如图 2-20a 所示电路图的逻辑表达式 $Y = A + \overline{A}$,输出 Y 出现一个如图 2-20b 所示的低电平窄脉冲,这种冒险现象被称为"**0**"型冒险。

3. 判断冒险的方法

(1) 代数法

只要输出端的逻辑函数在一定条件下能简化成 $Y = A \cdot \overline{A}$ 或 $Y = A + \overline{A}$,则可出现冒险现象。例如,逻辑函数 $Y = AB + \overline{A}C$,当 $B = C = \mathbf{1}$ 时,$Y = A + \overline{A}$。因此该逻辑函数会出现"**0**"型冒险。

(2) 卡诺图法

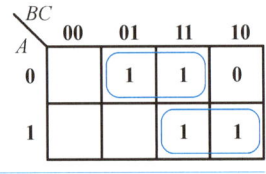

图 2-21
卡诺图法判断"**0**"冒险

逻辑函数 $Y = AB + \overline{A}C$ 的卡诺图如图 2-21 所示,卡诺图中的包围圈相切则存在冒险现象,如圈"**1**"的包围圈相切则会产生"**0**"型冒险,而圈"**0**"的包围圈相切则会产生"**1**"型冒险,当卡诺图中的包围圈相交或相离时均无竞争、冒险产生。

4. 消除竞争与冒险现象的方法

消除竞争与冒险现象的方法最常用的有增加乘积项和输出端接入滤波电容。

(1) 增加乘积项

例如:与或表达式 $Y = AB + \overline{A}C$,存在"**0**"型冒险。可以在该式中增加乘积项,变换为 $Y = AB + \overline{A}C + BC$,当 $B = C = \mathbf{1}$ 时 $Y = \mathbf{1}$,克服了"**0**"型冒险。

(2) 输出端接入滤波电容

如果逻辑电路对工作速度要求不高,为了消去竞争冒险,可以在输出端与地之间接入一个电容器。由于电容器的接入会影响电路的工作速度,故电容器容量的选取通常靠试验来调试确定。

▌任务训练▌
组合逻辑电路的设计与测试

1. 训练目的

(1) 掌握组合逻辑电路设计和功能测试的基本方法。

(2) 掌握电路调试及简单故障的检测方法。

2. 训练准备

(1) 数字电子技术实验装置一台。

(2) 74LS00 2 输入与非门两片,74LS10 3 输入与非门一片,导线若干。

3. 训练内容及步骤

(1) 机器故障监测报警电路

某车间有三台机器,用红、黄两个故障指示灯表示机器的工作情况。当只有一台机器发生故障时,黄灯亮;若有两台机器同时发生故障时,红灯亮;只有当三台机器都发生故障时,才会使红、黄两灯都亮。设计一个控制灯亮的逻辑电路,用 74LS00 及 74LS10 实现,要求使用的集成电路的片数最少。

① 确定输入、输出变量的个数并赋值。

_____

_____

② 列真值表。完成机器故障监测报警电路真值表,见表 2-7。

表 2-7　机器故障监测报警电路真值表

输入端	输出端 1	输出端 2	输入端	输出端 1	输出端 2
A　B　C	Y_1(黄灯)	Y_2(红灯)	A　B　C	Y_1(黄灯)	Y_2(红灯)

③ 化简。根据步骤②真值表的内容写出输出端 1 和输出端 2 的表达式并化简。

输出端 1:　　　　　　　　　　　输出端 2:

$Y_1 = $ _____　　　$Y_2 = $ _____

　　$= $ _____　　　　　$= $ _____

④ 画逻辑图。根据步骤③的逻辑表达式完成控制机器故障监测报警电路的逻辑图。

⑤ 电路功能测试。按照步骤④的电路图,完成电路的连线及电路功能的测试。

(2) 2 位数值比较器

2 位数值比较器能对两个 2 位的二进制数 $A(A_1A_0)$、$B(B_1B_0)$ 进行比较,进行比较时首先比较高位,即 A_1 和 B_1,如果 $A_1 > B_1$,则不管低位数码为何值,一定有 $A > B$。反之,如果 $A_1 < B_1$,则不管低位数码为何值,一定有 $A < B$。如果 $A_1 = B_1$,就比较下一位 A_0 和 B_0,若 $A_0 > B_0$ 则有 $A > B$;若 $A_0 < B_0$ 则有 $A < B$;否则是 $A = B$。比较结果分别用 $Y_{A>B}$、$Y_{A<B}$、$Y_{A=B}$ 来表示。

① 列出真值表。完成 2 位数值比较器真值表。

表 2-8 2 位数值比较器真值表

输 入 端				输 出 端		
A_1	B_1	A_0	B_0	$Y_{A>B}$	$Y_{A<B}$	$Y_{A=B}$

② 化简。根据真值表的内容写出输出端 $Y_{A>B}$、$Y_{A<B}$、$Y_{A=B}$ 的逻辑函数表达式,并化简。

$Y_{A>B} = $ _____ , $Y_{A<B} = $ _____ , $Y_{A=B} = $ _____

③ 画逻辑图。根据步骤②的逻辑函数表达式,完成电路图。

④ 电路连接及功能测试。

合理安排各器件在实验装置上的位置,按照步骤③的电路图完成接线,并保证电路逻辑清楚,接线整齐。在检查电路的连接无误后,接入电源,由开关控制输入数据的取值,观察电路的逻辑电平指示灯是否符合真值表的值。若逻辑电平指示灯显示不正确,按照故障排查的方法检测线路和器件,排除故障直至显示正确。

4. 总结思考

(1) 分析实验中过程及检测方法,总结数字电路的设计、测试方法。

(2) 试用 74LS00 设计三变量判奇电路(奇数个 **1** 输出为 **1**,否则输出为 **0**),列出其真值表,画出其逻辑图。

微视频: 组合逻辑电路的设计与测试

 **项目小结**

1. 逻辑函数通常有五种表示方法,即真值表、逻辑函数表达式、卡诺图、逻辑图和波形图,知道其中任何一种形式,都能将它转换为其他形式。

2. 逻辑函数的化简方法有公式化简法和卡诺图化简法。公式化简法适用于任何一个逻辑函数,但技巧性强。卡诺图化简法在化简时比较直观、简便,也容易掌握,但被化简的逻辑函数的变量不宜太多。

3. 组合逻辑电路由逻辑门电路构成,且从输出到输入无反馈回路,其输出状态只决定于同一时刻的输入状态,与之前电路状态无关。

4. 分析组合逻辑电路的目的是确定已知组合逻辑电路的逻辑功能,其步骤大致是: 写出各输出端的逻辑函数表达式→化简逻辑函数表达式→列出真值表→确定组合逻辑电路的逻辑功能。

5. 设计组合逻辑电路的目的是根据提出的逻辑功能要求,设计出逻辑电路。设计组合逻辑电路的步骤大致是: 明确逻辑功能→列出真值表→写出逻辑函数表达式→逻辑化简和变换→画出逻辑图。

自测题

1. 填空题

(1) 化简逻辑函数的方法有_____、_____。

(2) 某逻辑函数有 n 个变量,则共有_____个最小项。

(3) 所谓最简**与或**式,是指包含乘积项(**与**项)的个数_____,且每个乘积项中包含的变量的个数_____的逻辑函数表达式。

(4) 根据逻辑代数运算法则,试计算: $A \cdot A =$ _____, $1 + A =$ _____, $A + A =$ _____, $A + \overline{A} =$ _____, $A \cdot \overline{A} =$ _____。

(5) 根据逻辑运算的基本定律,试计算: $A(A + B) =$ _____, $A + AB =$ _____, $A(\overline{A} + B) =$ _____。

(6) 组合逻辑电路是由_____构成,它的输出只取决于_____,而与逻辑电路的原状态无关。

2. 判断题

( )(1) 用两个**与非**门电路不可能实现**与**运算。

文本：项目 2
自测题答案

（　　）(2) 逻辑运算中,等式两边可以移项或约去公共项。

（　　）(3) 由 3 个开关并联控制一只电灯时,电灯的亮与灭同 3 个开关的闭合或断开之间的对应关系属于"**与**"逻辑关系。

（　　）(4) n 个变量的卡诺图中共有 $2n$ 个小方格。

（　　）(5) 组合逻辑电路的输出不仅与输入信号有关,还与逻辑电路的原状态有关。

 ## 习 题

2-1 利用逻辑函数的基本定律和运算规则证明下列恒等式。

(1) $(\overline{A}+\overline{B}+\overline{C})(A+B+C)=A\overline{B}+\overline{A}C+B\overline{C}$

(2) $\overline{AB+\overline{A}\,\overline{C}}=A\overline{B}+\overline{A}C$

2-2 用公式化简法化简下列逻辑函数。

(1) $Y=AB(BC+A)$

(2) $Y=\overline{B}+A\overline{B}+\overline{A}C+ABC$

(3) $Y=(\overline{A}+B)(\overline{B}+C)(\overline{C}+D)(\overline{D}+A)$

(4) $Y=\overline{\overline{AC}+B}\cdot\overline{\overline{CD}+\overline{CD}}$

2-3 画出实现下列逻辑函数表达式的逻辑电路图(用**非**门和二输入**与非**门实现)。

(1) $Y=\overline{A}C+BC$

(2) $Y=\overline{(A+B)(C+D)}$

2-4 将下列逻辑函数化为最小项表达式。

(1) $Y=\overline{A\overline{B}}+B\overline{C}+\overline{A}\,\overline{B}\,\overline{C}+\overline{A}B\overline{C}$

(2) $Y=(A+B)(AC+\overline{D})$

2-5 用卡诺图化简法化简下列逻辑函数。

(1) $Y=A\overline{B}+\overline{B}\,\overline{C}\,\overline{D}+ABD+\overline{A}BCD$

(2) $Y=A\overline{B}+\overline{A}C+BC+\overline{C}D$

(3) $Y(A,B,C,D)=\sum m(2,6,7,8,9,10,11,13,14,15)$

(4) $Y(A,B,C,D)=\sum m(4,5,6,13,14,15)$

(5) $Y(A,B,C,D)=\sum m(0,13,14,15)+\sum d(1,2,3,9,10,11)$

(6) $Y(A,B,C,D)=\sum m(0,2,4,6,9,13)+\sum d(3,5,7,11,15)$

2-6 分析如图 2-22 所示组合逻辑电路的功能,写出 Y_1、Y_2 的逻辑函数表达式,列出真值表,说明电路的逻辑功能。

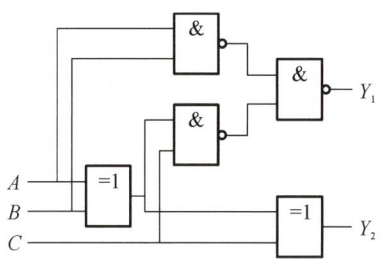

图 2－22　题 2－6 电路图

2－7　用**与非**门实现下列组合逻辑电路的功能：

（1）四变量多数表决器电路：当输入变量 A、B、C、D 中有 3 个或 3 个以上为 **1** 时输出为 **1**，输入为其他状态时输出为 **0**。

（2）三变量一致电路：变量取值一致时输出为 **1**，否则输出为 **0**。

2 8　某产品有 A、B、C、D 四项质量指标，其中 A 为主指标，必须满足要求才能判定合格，其他三项指标中只需任意两项满足要求则该产品合格。试用**与非**门电路实现上述组合逻辑电路的功能。

【知识目标】

❖ 掌握 LED 七段数字显示器的功能与应用。

❖ 熟悉常用编码器、译码器、数据选择器等中规模集成逻辑电路的逻辑功能及其应用。

❖ 了解抢答器的基本组成、要求和工作原理。

【能力目标】

❖ 能通过文献资料、网络等查询手段,查阅数字电路手册,读懂编码器、译码器等集成电路的功能说明,并能正确使用集成电路。

❖ 会运用 74LS138、74LS151 等中规模集成电路,实现组合逻辑电路的设计。

❖ 能完成抢答器电路的安装与测试。

【素养目标】

❖ 通过抢答器的制作与测试,培养勇于探索和开拓创新的科学精神。

❖ 通过学习数字显示器中数码管的低功耗节能显示,培养节约意识。

 项目描述

抢答器广泛用于电视台、商业机构及学校等场所,为各类竞赛增添了刺激性、娱乐性,在一定程度上丰富了人们的业余生活。智力竞赛四路抢答电路由基本门电路及几种常用的中规模集成组合逻辑电路——编码器、译码器等构成。

1. 电路说明

图 3–1 所示为 4 路抢答器电路,$S_1 \sim S_4$ 为选手抢答按钮,S_0 为主持人复位按钮。CC4532 是 8 线–3 线优先编码器,用作对抢答选手的编号进行编码,CC4511 为七段显示译码器,可以直接驱动共阴极七段数字显示器,并具有对输入信号锁存的功能。

抢答前,选手抢答按钮 $S_1 \sim S_4$ 均未按下,输入为低电平 **0**,当主持人按下复位按钮 S_0 时,使 CC4511 的 $LE = \mathbf{0}$,七段数字显示器显示为"0",抢答器处于

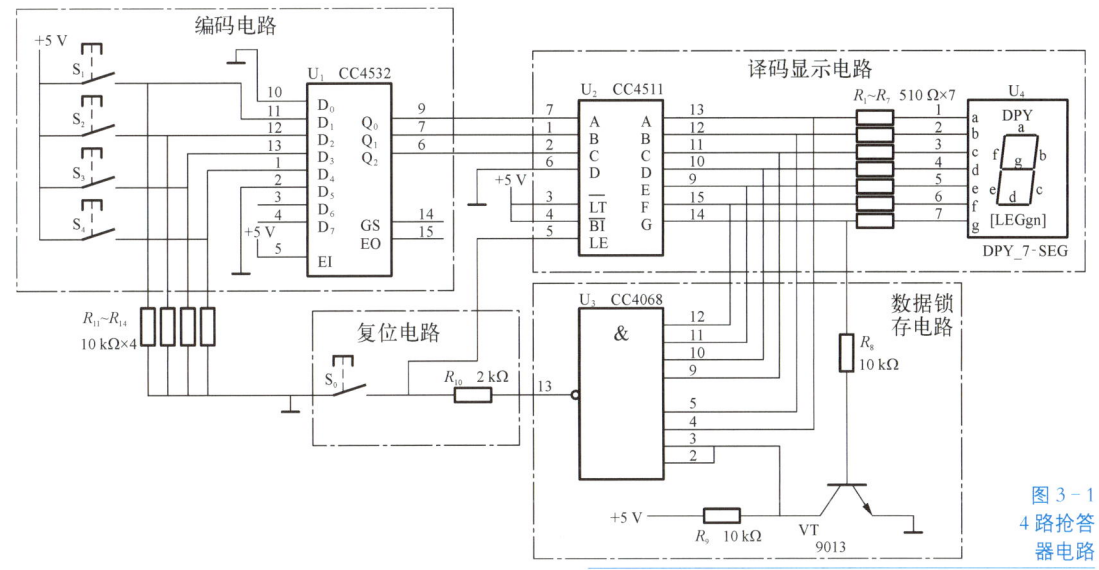

图 3-1
4 路抢答
器电路

复位状态。抢答开始时,S_0 松开,只要有选手按下抢答按钮,编码电路会将选手的编号转换为 8421BCD 码,由译码显示电路显示选手编号,表示抢答成功,通过数据锁存电路使译码器 CC4511 处于锁定状态,而后抢答的选手按下抢答按钮就不起作用,显示器上一直显示最先抢答选手的编号。当主持人再次按下复位按钮 S_0 时,七段数字显示器再次显示为"0",可开始下一轮抢答。

2. 设备与器材

CC4532 8 线-3 线优先编码器一片、CC4511 七段显示译码器一片,CC4068 8 输入与非门一片,BS201 七段数字显示器一个,9013 晶体管一个,导线若干,按钮五个,万能板(亦可选用面包板或自制 PCB)一块,电阻若干,直流稳压电源一台。

3. 主要步骤

(1) 按如图 3-1 所示进行电路的连接。电路可以焊接在万能板或自制 PCB 上,也可以是在面包板上插接。

(2) 首先安装并测试编码电路,然后进行译码显示电路及数据锁存电路的安装与测试,每安装完成一个,给电路供电,并对其进行调试,使其满足设计要求。

(3) 将调试好的每个单元电路连接起来进行统一调试。

4. 注意事项

由于电路中元器件较多,安装前必须合理安排各元器件在电路板上的位置,保证电路逻辑清楚,界限整齐。由于本电路采用的是 CMOS 集成电路,应注意多余输入端的正确处理,并注意防止静电破坏。

知识链接

3.1 编码器

抢答器的基本电路为优先编码器和译码显示电路。优先编码器的作用是输出最先按下抢答按钮的选手编号。所谓编码,就是将特定含义的输入信号(如文字、数字、符号等)转换为二进制代码的过程。在数字电路中,将输入信号转换为二进制代码形式输出的器件是编码器。

日常生活中常见的编码器很多,如计算器的键盘、计算机的键盘、电视机的遥控器等都属于编码器。根据编码器的工作特点,编码器可分为普通编码器和优先编码器。

3.1.1 普通编码器

普通编码器对输入要求比较苛刻,任何时刻只允许输入一个编码信号,即输入信号之间是相互排斥的。

2位二进制编码器逻辑图如图3-2所示,该电路是实现由2位二进制代码对4个输入信号进行编码的编码器,这种编码器有4根输入线,2根输出线,常称为4线-2线编码器。

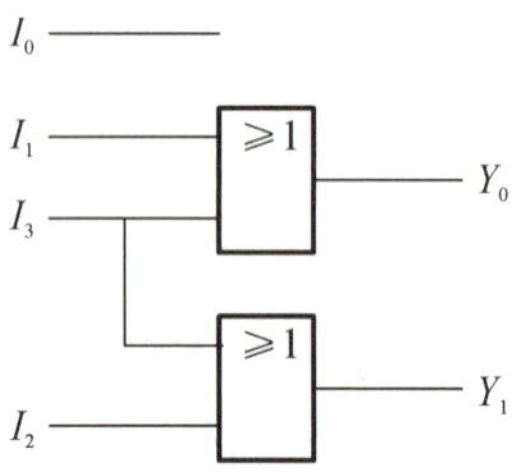

图 3-2
2 位二进制编码器
逻辑图

对图3-2进行分析,可列出各输出的逻辑函数表达式为

$$Y_0 = I_1 + I_3$$
$$Y_1 = I_2 + I_3$$

由逻辑函数表达式可列出2位二进制编码器真值表,见表3-1。

表3-1 2位二进制编码器真值表

输 入				输 出	
I_3	I_2	I_1	I_0	Y_1	Y_0
0	0	0	1	0	0
0	0	1	0	0	1
0	1	0	0	1	0
1	0	0	0	1	1

在表3-1中,输入为I_3、I_2、I_1、I_0四个信息,输出为Y_1、Y_0,当对I_i编码时为 **1**,不编码时为 **0**,并依此按I_i下角标的值与Y_1、Y_0二进制代码的值相对应进行编码,对于每一个特定的有效输入,会对应一组不同的编码输出。

若输入信号的个数 N 与输出变量的位数 n 满足 $N = 2^n$，则此电路称为二进制编码器。这种编码器在任何时刻只能对其中一个输入信号进行编码，即输入的 N 个信号是互相排斥的，这种编码器被称为普通编码器。图 3－2 所示电路是一个二进制编码器，常见的二进制编码器还有 8 线－3 线编码器，16 线－4 线编码器等。

3.1.2 优先编码器

实际应用中，经常存在两个以上的输入信号同时有效的情况，若要求输出编码不出现混乱，必须采用优先编码器。当多个输入端同时有信号输入时，优先编码器电路只对其中优先级别最高的一个输入信号进行编码，优先级别是由设计者根据输入信号的轻重缓急而事先规定好的。常用的优先编码器有 10 线－4 线优先编码器和 8 线－3 线优先编码器等。

8 线－3 线集成优先编码器常见型号有 TTL 系列中的 54/74148、54/74LS148、54/74F148 和 CMOS 系列中的 54/74HC148、40H148、CC4532，10 线－4 线集成优先编码器常见型号有 TTL 系列中的 54/74147、54/74LS147 和 CMOS 系列中的 54/74HC147、54/74HCT147 和 40H147 等。

1. 集成优先编码器 74LS148

74LS148 是 8 线－3 线优先编码器，74LS148 的逻辑符号和引脚排列图如图 3－3 所示。在图 3－3 中，$\overline{I_0} \sim \overline{I_7}$ 为 8 位信号输入端，低电平有效，$\overline{S}$ 端为使能输入端，$\overline{Y_0} \sim \overline{Y_2}$ 是三个编码输出端，也是低电平有效，即以反码形式输出，$\overline{Y_S}$ 和 $\overline{Y_{EX}}$ 是用于扩展功能的输出端。74LS148 的真值表见表 3－2。

微视频：集成优先编码器 74LS148

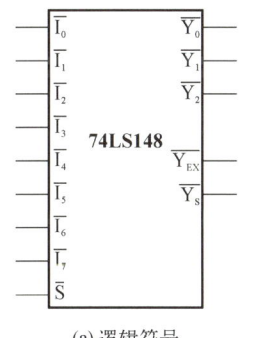

(a) 逻辑符号

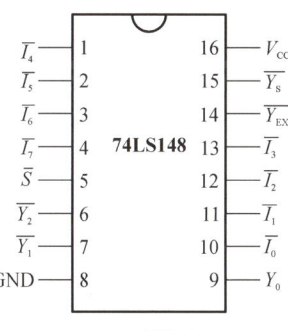

(b) 引脚排列图

图 3－3
74LS148 的逻辑符号和引脚排列图

表 3－2 74LS148 的逻辑功能表

$\overline{S}$	输			入					输		出		
	$\overline{I_7}$	$\overline{I_6}$	$\overline{I_5}$	$\overline{I_4}$	$\overline{I_3}$	$\overline{I_2}$	$\overline{I_1}$	$\overline{I_0}$	$\overline{Y_2}$	$\overline{Y_1}$	$\overline{Y_0}$	$\overline{Y_{EX}}$	$\overline{Y_S}$
1	×	×	×	×	×	×	×	×	1	1	1	1	1
0	1	1	1	1	1	1	1	1	1	1	1	1	0
0	0	×	×	×	×	×	×	×	0	0	0	0	1
0	1	0	×	×	×	×	×	×	0	0	1	0	1

续　表

$\overline{S}$	输　　入								输　　出				
	$\overline{I_7}$	$\overline{I_6}$	$\overline{I_5}$	$\overline{I_4}$	$\overline{I_3}$	$\overline{I_2}$	$\overline{I_1}$	$\overline{I_0}$	$\overline{Y_2}$	$\overline{Y_1}$	$\overline{Y_0}$	$\overline{Y_{EX}}$	$\overline{Y_S}$
0	1	1	0	×	×	×	×	×	0	1	0	0	1
0	1	1	1	0	×	×	×	×	0	1	1	0	1
0	1	1	1	1	0	×	×	×	1	0	0	0	1
0	1	1	1	1	1	0	×	×	1	0	1	0	1
0	1	1	1	1	1	1	0	×	1	1	0	0	1
0	1	1	1	1	1	1	1	0	1	1	1	0	1

在表 3-2 中,输入 $\overline{I_0}\sim\overline{I_7}$ 中,$\overline{I_7}$ 为最高优先级,$\overline{I_0}$ 为最低优先级。即只要 $\overline{I_7}=0$,不管其他输入端的值是 0 还是 1,输出只对 $\overline{I_7}$ 编码,且对应的输出为反码形式,$\overline{Y_2}\,\overline{Y_1}\,\overline{Y_0}=000$,其原码是 111。

当使能输入端 $\overline{S}=0$ 时,编码器才工作,$\overline{S}=1$ 时,编码器不工作。$\overline{Y_S}$ 为使能输出端。当 $\overline{S}=0$,允许编码器工作时,如果 $\overline{I_0}\sim\overline{I_7}$ 端有信号输入,$\overline{Y_S}=1$;若 $\overline{I_0}\sim\overline{I_7}$ 端无信号输入,$\overline{Y_S}=0$。$\overline{Y_{EX}}$ 为扩展输出端,当 $\overline{S}=0$ 时,只要输入端有编码信号,$\overline{Y_{EX}}=0$;$\overline{Y_{EX}}=1$ 表示当前输出信号不是编码输出。

用两片 74LS148 级联扩展成 16 线-4 线优先编码器,如图 3-4 所示。

在图 3-4 中,高位片的编码级别优先于低位片。高位片 $\overline{S_1}=0$ 允许对高位输入 $\overline{I_8}\sim\overline{I_{15}}$ 编码,此时,若 $\overline{I_8}\sim\overline{I_{15}}$ 有低电平输入,则 $\overline{Y_{S1}}=1$,$\overline{S_0}=1$,低位片禁止编码。但若 $\overline{I_8}\sim\overline{I_{15}}$ 都是高电平,即均无编码请求,则 $\overline{Y_{S1}}=0$,那么 $\overline{S_0}=0$ 允许低位片对输入 $\overline{I_0}\sim\overline{I_7}$ 编码。

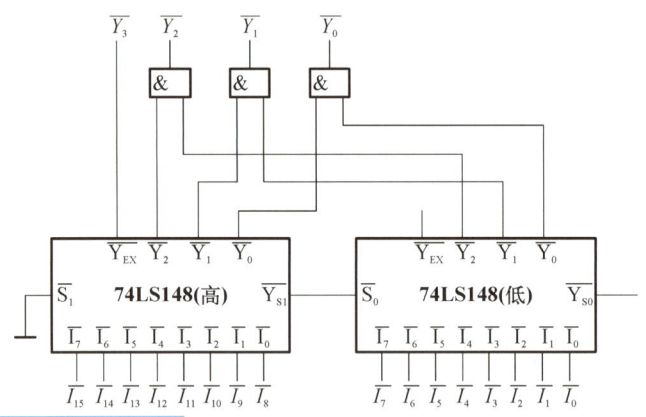

图 3-4
用两片 74LS148 级联扩展成
16 线-4 线优先编码器

74LS148 编码器的应用是非常广泛的。例如,计算机键盘的内部就是一个字符编码器。它将键盘上的大、小写英文字母,数字,符号及一些功能键(回车键、空格键)等编成一系列的 7 位二进制代码,送到计算机的中央处理单元 CPU 中,然后再进行处理、存储、输出到显示器或打印机上。

还可以用 74LS148 编码器监控炉罐的温度,若其中任何一个炉罐温度超过标准温度或低于标准温度,则检测传感器输出一个低电平 **0** 到 74LS148 编码器的输入端,编码器编码后输出 3 位二进制代码,送入微处理器进行控制。

2. 集成二-十进制优先编码器 74LS147

二-十进制编码器是指用 4 位二进制代码表示 1 位十进制数的编码电路,简称 BCD 码编码器。74LS147 是 10 线-4 线 8421BCD 码优先编码器,有 9 个输入端和 4 个输出端,输入端和输出端都是低电平有效,它能把十进制数转换为 8421BCD 码。74LS147 的逻辑符号和引脚排列图如图 3-5 所示。

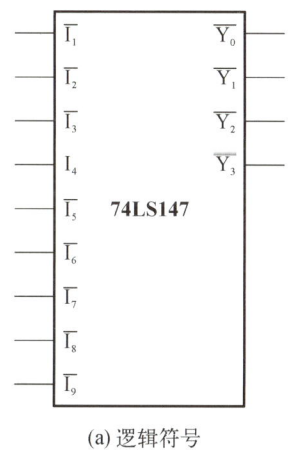
(a) 逻辑符号

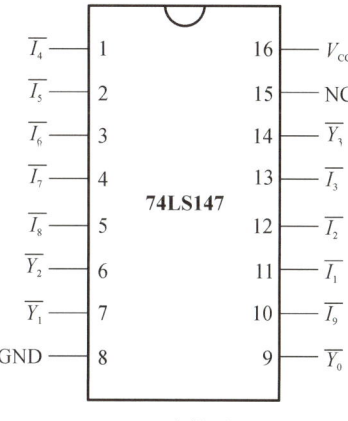
(b) 引脚排列图

图 3-5
74LS147 的逻辑符号和
引脚排列图

74LS147 优先编码器真值表见表 3-3。由表 3-3 可见,编码器有 9 个输入端 $\overline{I_1} \sim \overline{I_9}$,4 个输出端 $\overline{Y_0} \sim \overline{Y_3}$,其中 $\overline{I_9}$ 优先级别最高,$\overline{I_1}$ 优先级别最低,$\overline{I_1} \sim \overline{I_9}$ 的有效输入信号为低电平 **0**。输出端以反码形式输出,$\overline{Y_3}$ 为最高位,$\overline{Y_0}$ 为最低位,输出一组 4 位二进制代码表示 1 位十进制数。$\overline{I_0}$ 的编号是隐含的,当 $\overline{I_1} \sim \overline{I_9}$ 均为 **1** 时,电路输出就是 $\overline{I_0}$ 的编码,其输出为 **1111**(**0** 的反码)。若 $\overline{I_1} \sim \overline{I_9}$ 中有信号输入,则根据输入信号的优先级别输出级别最高信号的编码。

表 3-3 74LS147 优先编码器真值表

输　　　　　入									输　　出			
$\overline{I_9}$	$\overline{I_8}$	$\overline{I_7}$	$\overline{I_6}$	$\overline{I_5}$	$\overline{I_4}$	$\overline{I_3}$	$\overline{I_2}$	$\overline{I_1}$	$\overline{Y_3}$	$\overline{Y_2}$	$\overline{Y_1}$	$\overline{Y_0}$
1	1	1	1	1	1	1	1	1	1	1	1	1
0	×	×	×	×	×	×	×	×	0	1	1	0
1	0	×	×	×	×	×	×	×	0	1	1	1
1	1	0	×	×	×	×	×	×	1	0	0	0
1	1	1	0	×	×	×	×	×	1	0	0	1
1	1	1	1	0	×	×	×	×	1	0	1	0
1	1	1	1	1	0	×	×	×	1	0	1	1

续　表

输　入									输　出			
$\overline{I_9}$	$\overline{I_8}$	$\overline{I_7}$	$\overline{I_6}$	$\overline{I_5}$	$\overline{I_4}$	$\overline{I_3}$	$\overline{I_2}$	$\overline{I_1}$	$\overline{Y_3}$	$\overline{Y_2}$	$\overline{Y_1}$	$\overline{Y_0}$
1	1	1	1	1	1	0	×	×	1	1	0	0
1	1	1	1	1	1	1	0	×	1	1	0	1
1	1	1	1	1	1	1	1	0	1	1	1	0

知识链接

3.2　译码器

在各种数字系统中,常常需要将二进制代码以十进制数的形式直观地显示出来,供人们直接读取结果或监视数字系统的工作状况。因此,译码显示电路是许多数字设备中不可缺少的部分。译码显示电路通常由显示译码器和数字显示器两部分组成。

译码是编码的逆过程,即将输入的每一组二进制代码"翻译"成为一个特定的输出信号(即电路的某种状态)。实现译码功能的数字电路称为译码器。常用的译码器有二进制译码器、二-十进制译码器和显示译码器三类。

3.2.1　二进制译码器

二进制译码器输入的是一组二进制代码,输出的是一系列与输入代码对应的信息。假设有 n 条输入线,则这 n 位二进制代码就可表示出 2^n 个状态。

1. 基本译码器

如图 3-6 所示为 2 线-4 线译码器。其中,A、B 为两位二进制输入代码,$\overline{Y_0} \sim \overline{Y_3}$ 为 4 个输出信号。2 线-4 线译码器的逻辑函数表达式为

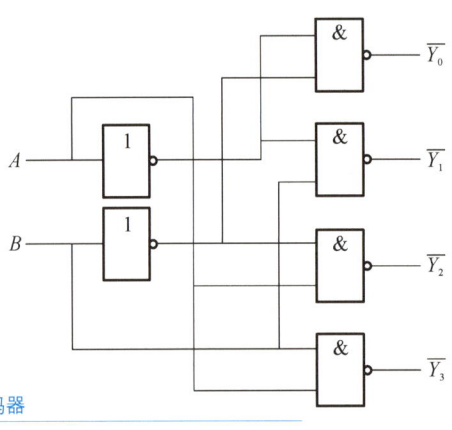

图 3-6　2 线-4 线译码器

$$\overline{Y_0} = \overline{\overline{A}\,\overline{B}}$$

$$\overline{Y_1} = \overline{\overline{A}B}$$

$$\overline{Y_2} = \overline{A\overline{B}}$$

$$\overline{Y_3} = \overline{AB}$$

改变输入 A、B 的状态,可得出相应的结果,2 线-4 线译码器真值表见表 3-4。从表中可看出,此电路的每一个输出对应一种输入状态的组合,因为它有 2 个输入,4 个输出,故被称为 2 线-4 线译码器。

表 3 - 4　2 线-4 线译码器真值表

输 入		输 出				输 入		输 出			
A	B	$\overline{Y_3}$	$\overline{Y_2}$	$\overline{Y_1}$	$\overline{Y_0}$	A	B	$\overline{Y_3}$	$\overline{Y_2}$	$\overline{Y_1}$	$\overline{Y_0}$
0	0	1	1	1	0	1	0	1	0	1	1
0	1	1	1	0	1	1	1	0	1	1	1

　　二进制译码器的主要产品有双 2 线-4 线译码器(如 74LS139、CC4555 等);3 线-8 线译码器(如 74LS138、CC74HC138 等);4 线-16 线译码器(如 74154、CC4515、CC74HC154 等)。

2. 集成 3 线-8 线译码器 74LS138

　　如图 3 - 7 所示为 74LS138 的逻辑符号和引脚排列图,74LS138 译码器的真值表见表 3 - 5。

微视频:集成 3 线 - 8 线译码器 74LS138

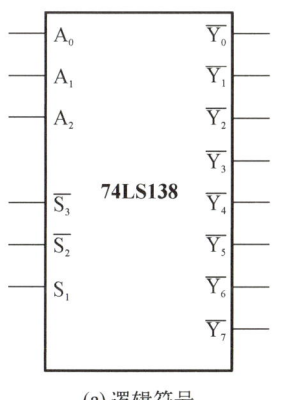

(a) 逻辑符号

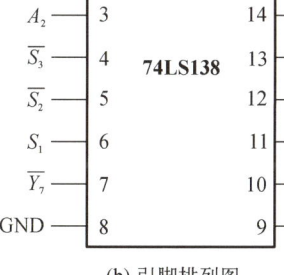

(b) 引脚排列图

图 3 - 7
74LS138 的逻辑符号和
引脚排列图

表 3 - 5　74LS138 译码器的真值表

输 入						输 出							
$\overline{S_3}$	$\overline{S_2}$	S_1	A_2	A_1	A_0	$\overline{Y_7}$	$\overline{Y_6}$	$\overline{Y_5}$	$\overline{Y_4}$	$\overline{Y_3}$	$\overline{Y_2}$	$\overline{Y_1}$	$\overline{Y_0}$
×	×	0	×	×	×	1	1	1	1	1	1	1	1
×	1	×	×	×	×	1	1	1	1	1	1	1	1
1	×	×	×	×	×	1	1	1	1	1	1	1	1
0	0	1	0	0	0	1	1	1	1	1	1	1	0
0	0	1	0	0	1	1	1	1	1	1	1	0	1
0	0	1	0	1	0	1	1	1	1	1	0	1	1
0	0	1	0	1	1	1	1	1	1	0	1	1	1
0	0	1	1	0	0	1	1	1	0	1	1	1	1
0	0	1	1	0	1	1	1	0	1	1	1	1	1

续 表

输 入						输 出							
$\overline{S_3}$	$\overline{S_2}$	S_1	A_2	A_1	A_0	$\overline{Y_7}$	$\overline{Y_6}$	$\overline{Y_5}$	$\overline{Y_4}$	$\overline{Y_3}$	$\overline{Y_2}$	$\overline{Y_1}$	$\overline{Y_0}$
0	**0**	**1**	**1**	**1**	**0**	**1**	**0**	**1**	**1**	**1**	**1**	**1**	**1**
0	**0**	**1**	**1**	**1**	**1**	**0**	**1**	**1**	**1**	**1**	**1**	**1**	**1**

其中，A_2、A_1、A_0 为二进制译码输入端，$\overline{Y_7} \sim \overline{Y_0}$ 为译码输出端，低电平有效。$\overline{S_3}$、$\overline{S_2}$、S_1 为 3 个使能输入端，当 $\overline{S_3}+\overline{S_2}=\textbf{1}$ 或 $S_1=\textbf{0}$ 时，译码器处于禁止状态，输出 $\overline{Y_7} \sim \overline{Y_0}$ 都为高电平；当 $\overline{S_3}=\overline{S_2}=\textbf{0}$，$S_1=\textbf{1}$ 时，译码器处于工作状态，此时，输出 $\overline{Y_7} \sim \overline{Y_0}$ 由输入的 3 位二进制代码决定。

由表 3－5 可写出 74LS138 的输出端逻辑函数表达式为

$$\overline{Y_0}=\overline{\overline{A_2}\,\overline{A_1}\,\overline{A_0}}=\overline{m_0} \qquad \overline{Y_1}=\overline{\overline{A_2}\,\overline{A_1}A_0}=\overline{m_1}$$

$$\overline{Y_2}=\overline{\overline{A_2}A_1\,\overline{A_0}}=\overline{m_2} \qquad \overline{Y_3}=\overline{\overline{A_2}A_1A_0}=\overline{m_3}$$

$$\overline{Y_4}=\overline{A_2\,\overline{A_1}\,\overline{A_0}}=\overline{m_4} \qquad \overline{Y_5}=\overline{A_2\,\overline{A_1}A_0}=\overline{m_5}$$

$$\overline{Y_6}=\overline{A_2A_1\,\overline{A_0}}=\overline{m_6} \qquad \overline{Y_7}=\overline{A_2A_1A_0}=\overline{m_7}$$

3. 二进制译码器的应用

(1) 译码器的扩展

利用 3 个使能输入端，可以将多片 74LS138 连接起来，扩展译码器的功能。如图 3－8 所示是用两片 74LS138 扩展成 4 线－16 线译码器。

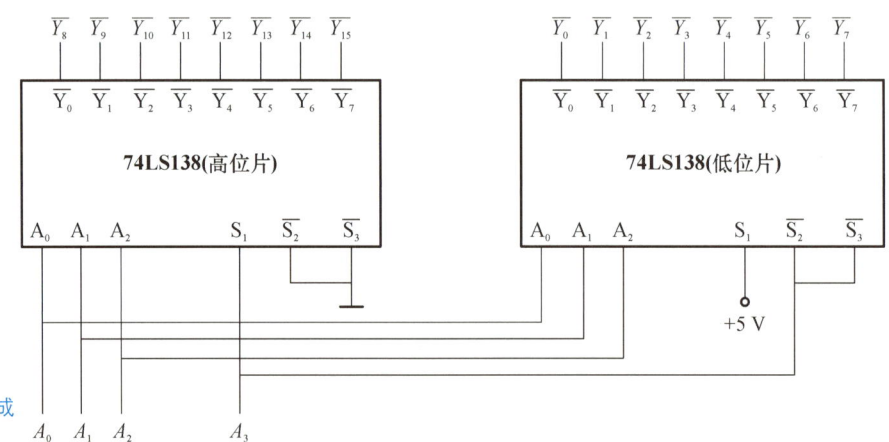

图 3－8
用两片 74LS138 扩展成
4 线－16 线译码器

在图 3－8 中，利用译码器的使能输入端作为高位输入端 A_3，当 $A_3=\textbf{0}$ 时，低位片 74LS138 工作，对输入端 A_2、A_1、A_0 进行译码，还原出 $\overline{Y_0} \sim \overline{Y_7}$，则高位片禁止工作；当 $A_3=\textbf{1}$ 时，高位片 74LS138 工作，还原出 $\overline{Y_8} \sim \overline{Y_{15}}$，而低

位片禁止工作。

（2）实现逻辑函数

二进制译码器的每个输出端都可表示一个最小项,而任何逻辑函数都能写成最小项表达式,利用这个特点,可以用二进制译码器和门电路来实现逻辑函数。

例 3–1　用 74LS138 实现逻辑函数 $F = \overline{A}\,\overline{C} + AB$。

解　（1）将逻辑函数表达式变换为最小项之和的形式

$$F = \overline{A}\,\overline{B}\,\overline{C} + \overline{A}B\overline{C} + AB\overline{C} + ABC = m_0 + m_2 + m_6 + m_7$$

（2）将输入变量 A、B、C 分别接 A_2、A_1、A_0 端,并将使能输入端接有效电平。

（3）由于 74LS138 是低电平输出,所以将逻辑函数表达式变换为：

$$F = \overline{m_0 + m_2 + m_6 + m_7} = \overline{\overline{m_0} \cdot \overline{m_2} \cdot \overline{m_6} \cdot \overline{m_7}} = \overline{\overline{Y_0} \cdot \overline{Y_2} \cdot \overline{Y_6} \cdot \overline{Y_7}}$$

（4）在译码器的输出端加一个**与非门** G,即可实现给定的逻辑函数,如图 3–9 所示。

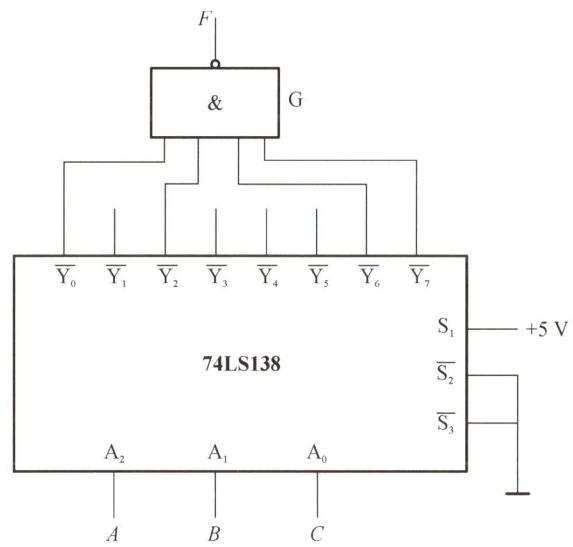

图 3–9　例 3–1 的逻辑图

3.2.2　二–十进制译码器

二–十进制译码器是把 8421BCD 码译为 10 个不同的输出信号,以表示人们习惯的十进制数的电路。二–十进制译码器也称 4 线–10 线译码器,其常用型号有：TTL 系列的 54/7442、54/74LS42 和 CMOS 系列中的 54/74HC42、54/74HCT42 等。

如图 3–10 所示为 74LS42 的逻辑符号和引脚排列图,74LS42 译码器有

$A_0 \sim A_3$ 这 4 个输入端,$\overline{Y_0} \sim \overline{Y_9}$ 共 10 个输出端,74LS42 二—十进制译码器的真值表见表 3 – 6。

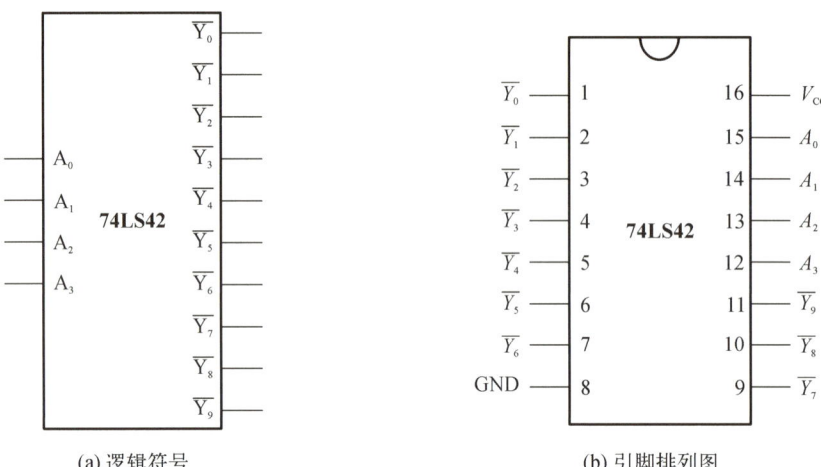

图 3 – 10
74LS42 的逻辑符号和
引脚排列图

(a) 逻辑符号　　　　　　　　　　　　　　(b) 引脚排列图

表 3 – 6　74LS42 二—十进制译码器的真值表

十进制数	输　入				输　出									
	A_3	A_2	A_1	A_0	$\overline{Y_9}$	$\overline{Y_8}$	$\overline{Y_7}$	$\overline{Y_6}$	$\overline{Y_5}$	$\overline{Y_4}$	$\overline{Y_3}$	$\overline{Y_2}$	$\overline{Y_1}$	$\overline{Y_0}$
0	0	0	0	0	1	1	1	1	1	1	1	1	1	0
1	0	0	0	1	1	1	1	1	1	1	1	1	0	1
2	0	0	1	0	1	1	1	1	1	1	1	0	1	1
3	0	0	1	1	1	1	1	1	1	1	0	1	1	1
4	0	1	0	0	1	1	1	1	1	0	1	1	1	1
5	0	1	0	1	1	1	1	1	0	1	1	1	1	1
6	0	1	1	0	1	1	1	0	1	1	1	1	1	1
7	0	1	1	1	1	1	0	1	1	1	1	1	1	1
8	1	0	0	0	1	0	1	1	1	1	1	1	1	1
9	1	0	0	1	0	1	1	1	1	1	1	1	1	1

从表 3 – 6 可以看出,地址输入端 $A_3 \sim A_0$ 为 8421BCD 码输入,$\overline{Y_0} \sim \overline{Y_9}$ 作为输出端,分别对应十进制数 0~9 这 10 个数码,低电平有效。例如,当输入 8421BCD 码 $A_3 A_2 A_1 A_0 = \mathbf{0010}$ 时,输出 $\overline{Y_2} = \mathbf{0}$,与它对应的十进制数为 2,其余输出为高电平。

3.2.3　显示译码器

能直接驱动数字显示器或能同显示器配合使用的译码器称为显示译码器。

1. 数字显示器

数字显示器按显示方式可分为分段式数字显示器、字形重叠式数字显示器、点阵式数字显示器。其中,七段数字显示器应用最普遍,如图 3－11 所示的七段半导体数字显示器,是数字电路中使用最多的数字显示器。按内部连接方式不同,发光二极管构成的七段数字显示器有两种接法,即共阳极接法和共阴极接法,如图 3－11b 所示为共阴极接法,对应极接高电平时发光二极管亮;如图 3－11c 所示为共阳极接法,对应极接低电平时发光二极管亮。因此,利用不同发光段组合,七段半导体数字显示器能显示出 0～9 共 10 个数字,如图 3－12所示。为了使七段数字显示器能将二进制代码所代表的数字显示出来,必须将二进制经显示译码器译出,然后经驱动器点亮对应的发光段,即对应于一组显示译码器,应有确定的几个输出端有信号输出。

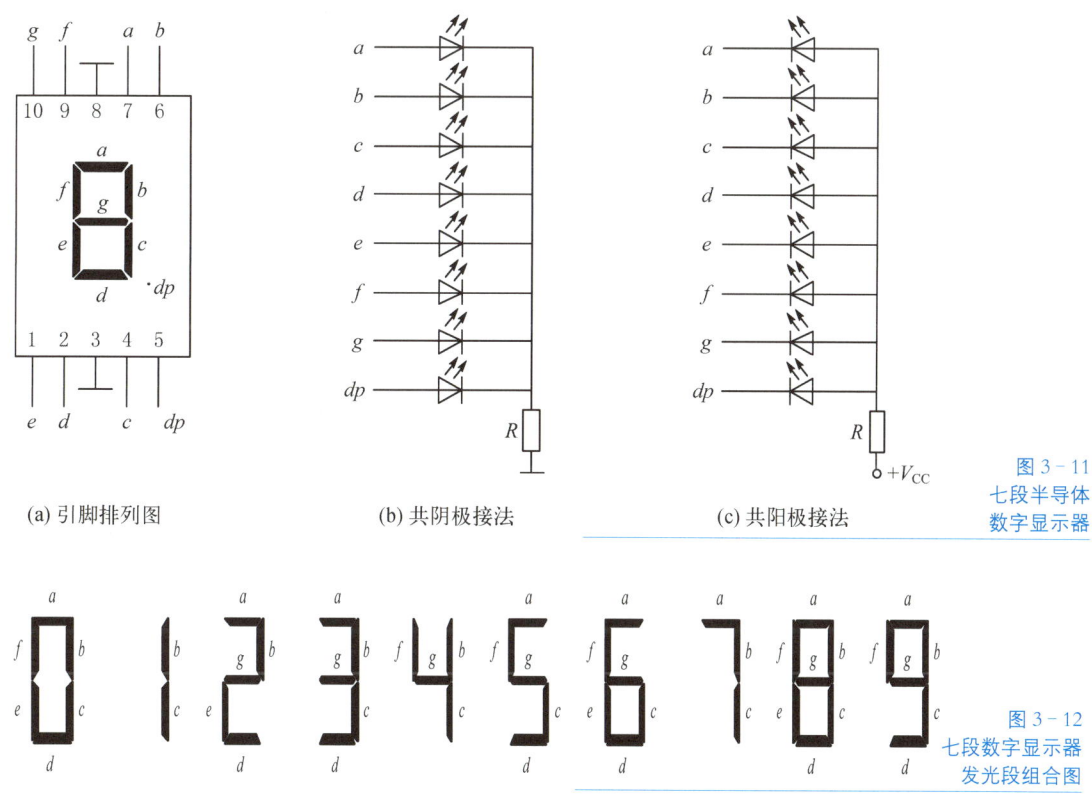

(a) 引脚排列图　　　　　(b) 共阴极接法　　　　　(c) 共阳极接法

图 3－11
七段半导体
数字显示器

图 3－12
七段数字显示器
发光段组合图

常用的七段显示译码器有两类,一类译码器输出信号高电平有效,用来驱动共阴极数字显示器,典型的产品有 74LS48、74LS248、CT5448 等;另一类输出信号低电平有效,以驱动共阳极数字显示器,典型的产品有 74LS47、74LS247 等。这些产品一般带有驱动器,可以直接驱动七段半导体数字显示器进行数字显示。下面介绍常用的七段显示译码器 74LS48。

2. 七段显示译码器 74LS48

74LS48 是一种七段显示译码器,74LS48 的逻辑符号和引脚排列图如图 3‒13 所示,在图 3‒13 中,$A_3 \sim A_0$ 为 4 个 8421BCD 码输入端,$Y_a \sim Y_g$ 为 7 位二进制代码输出端,高电平有效。74LS48 七段显示译码器的真值表见表 3‒7。

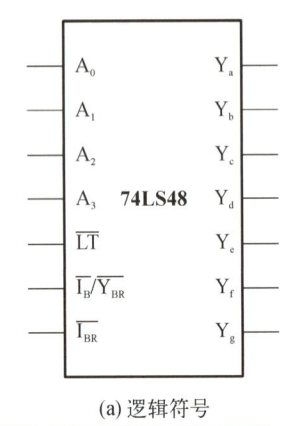

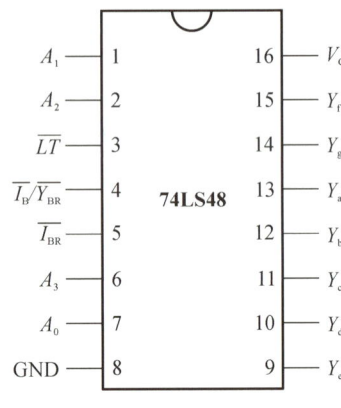

图 3‒13
74LS48 的逻辑符号和
引脚排列图

(a) 逻辑符号   (b) 引脚排列图

表 3‒7　74LS48 七段显示译码器的真值表

显示功能	输　入						输入/输出	输　出							字形
	$\overline{LT}$	$\overline{I_{BR}}$	A_3	A_2	A_1	A_0	$\overline{I_B}/\overline{Y_{BR}}$	Y_a	Y_b	Y_c	Y_d	Y_e	Y_f	Y_g	
0	1	1	0	0	0	0	1	1	1	1	1	1	1	0	0
1	1	×	0	0	0	1	1	0	1	1	0	0	0	0	1
2	1	×	0	0	1	0	1	1	1	0	1	1	0	1	2
3	1	×	0	0	1	1	1	1	1	1	1	0	0	1	3
4	1	×	0	1	0	0	1	0	1	1	0	0	1	1	4
5	1	×	0	1	0	1	1	1	0	1	1	0	1	1	5
6	1	×	0	1	1	0	1	0	0	1	1	1	1	1	6
7	1	×	0	1	1	1	1	1	1	1	0	0	0	0	7
8	1	×	1	0	0	0	1	1	1	1	1	1	1	1	8
9	1	×	1	0	0	1	1	1	1	1	0	0	1	1	9
灭灯	×	×	×	×	×	×	0	0	0	0	0	0	0	0	全暗
灭零	1	0	0	0	0	0	0	0	0	0	0	0	0	0	全暗
试灯	0	×	×	×	×	×	1	1	1	1	1	1	1	1	8

74LS48 中含有 3 个辅助控制端 $\overline{LT}$、$\overline{I_{BR}}$、$\overline{I_B}/\overline{Y_{BR}}$，这些辅助控制端的功能如下：

试灯输入端 $\overline{LT}$，低电平有效。当 $\overline{LT}=\mathbf{0}$ 时，7 个输出端同时为 $\mathbf{1}$，与输入的译码信号无关，本输入端用于测试数字显示器的好坏，平时置位 $\overline{LT}$ 为高电平。

灭零输入端 $\overline{I_{BR}}$，低电平有效。本输入端用来动态灭零，当 $\overline{LT}=\mathbf{1}$ 且 $\overline{I_{BR}}=\mathbf{0}$，输入 $A_3A_2A_1A_0=\mathbf{0000}$ 时，译码输出的"0"字即被熄灭；当输入 $A_1\sim A_3$ 不全为 $\mathbf{0}$ 时，该位正常显示。

灭灯输入／灭零输出端 $\overline{I_B}/\overline{Y_{BR}}$。这是一个特殊的端子，有时用作输入，有时用作输出。当 $\overline{I_B}/\overline{Y_{BR}}$ 作为输入端使用时，称为灭灯输入端，这时只要 $\overline{I_B}=\mathbf{0}$，无论 $A_3A_2A_1A_0$ 的状态是什么，输出端 $Y_a\sim Y_g$ 全为 $\mathbf{0}$，七段数字显示器全暗。当 $\overline{I_B}/\overline{Y_{BR}}$ 作为输出端使用时，称为灭零输出端，这时只有在 $\overline{LT}=1$ 且 $\overline{I_{BR}}=\mathbf{0}$，输入 $A_3A_2A_1A_0=\mathbf{0000}$ 时，$\overline{Y_{BR}}$ 才会输出低电平。因此输出的 $\overline{Y_{BR}}=\mathbf{0}$ 表示译码器已将本该显示的零熄灭了。

▌知识拓展▌
七段显示译码器 CC4511

CC4511 是 CMOS 型七段显示译码器，具有 BCD 转换、消隐和锁存控制、驱动共阴极七段数字显示器的功能，电压范围 3～18 V，CC4511 的逻辑符号和引脚排列图如图 3-14 所示。其中 $A_3\sim A_0$ 为 4 路 8421BCD 码输入端，$Y_a\sim Y_g$ 为七段输出端，高电平有效。CC4511 的真值表见表 3-8，其中，3 个辅助控制端 $\overline{LT}$、$\overline{BI}$、LE 的功能如下：

试灯输入端 $\overline{LT}$。当 $\overline{LT}=\mathbf{0}$ 时，不管输入端 $A_3\sim A_0$ 状态如何，输出全为 $\mathbf{1}$，七段数字显示器显示数码"8"，各发光段都被点亮。试灯输入端主要用来检测七段数字显示器是否损坏。

微视频：七段显示译码器 CC4511

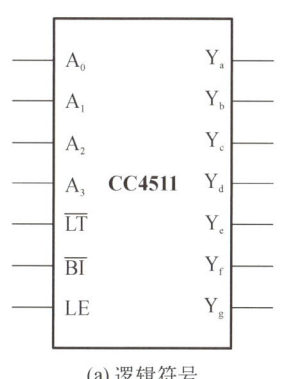

(a) 逻辑符号

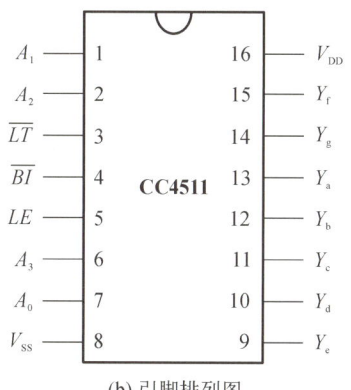

(b) 引脚排列图

图 3-14
七段显示译码器 CC4511

表 3-8　CC4511 的真值表

输　入							输　出							显示
LE	$\overline{BI}$	$\overline{LT}$	A_3	A_2	A_1	A_0	Y_a	Y_b	Y_c	Y_d	Y_e	Y_f	Y_g	
×	×	0	×	×	×	×	1	1	1	1	1	1	1	8
×	0	1	×	×	×	×	0	0	0	0	0	0	0	全暗
0	1	1	0	0	0	0	1	1	1	1	1	1	0	0
0	1	1	0	0	0	1	0	1	1	0	0	0	0	1
0	1	1	0	0	1	0	1	1	0	1	1	0	1	2
0	1	1	0	0	1	1	1	1	1	1	0	0	1	3
0	1	1	0	1	0	0	0	1	1	0	0	1	1	4
0	1	1	0	1	0	1	1	0	1	1	0	1	1	5
0	1	1	0	1	1	0	0	0	1	1	1	1	1	6
0	1	1	0	1	1	1	1	1	1	0	0	0	0	7
0	1	1	1	0	0	0	1	1	1	1	1	1	1	8
0	1	1	1	0	0	1	1	1	1	0	0	1	1	9
0	1	1	1	0	1	0	0	0	0	0	0	0	0	全暗
0	1	1	1	0	1	1	0	0	0	0	0	0	0	全暗
0	1	1	1	1	0	0	0	0	0	0	0	0	0	全暗
0	1	1	1	1	0	1	0	0	0	0	0	0	0	全暗
0	1	1	1	1	1	0	0	0	0	0	0	0	0	全暗
0	1	1	1	1	1	1	0	0	0	0	0	0	0	全暗
1	1	1	×	×	×	×	加 1 电平之前瞬间的 BCD 码被锁存							锁存

灭灯输入控制端 $\overline{BI}$。当 $\overline{LT} = 1$，$\overline{BI} = 0$ 时，不管其他输入端状态如何，七段数字显示器均处于全暗状态，不显示数字。正常显示时，$\overline{BI}$ 端应加高电平。

锁存控制端 LE。当 $\overline{LT} = 1$，$\overline{BI} = 1$，$LE = 0$ 时，允许译码器根据输入状态实时输出。当 $LE = 1$ 时，译码器处于锁存保持状态，译码器的输出被保持在 $LE = 1$ 之前瞬间的状态。

CC4511 有拒绝伪码的特点，当输入 $A_3A_2A_1A_0$ 超过十进制数 9（**1001**）时，七段数字显示器均处于全暗状态。

▌任务训练▌
编码、译码、显示综合测试

1. 训练目的

(1) 进一步熟悉编码器、译码器、数字显示器的功能及使用方法。

（2）掌握编码器的功能测试方法。

（3）掌握编码器、译码器、数字显示器的连接方法及功能测试。

2. 训练准备

（1）数字电子技术实验装置一台。

（2）74LS147 优先编码器一片,74LS04 六反相器一片,74LS48 七段显示译码器一片,共阴极七段数字显示器一片,电阻、导线若干。

3. 训练内容及步骤

（1）编码器 74LS147 功能测试

将 74LS147 的输入端分别连接逻辑电平开关,输出端分别连接逻辑电平指示灯,改变输入信号状态,观察输出端逻辑电平指示灯的状态。自拟测试表格,并记录测试情况。

（2）编码、译码、数字显示综合测试

① 将 74LS147、74LS04、74LS48 和七段数字显示器按照如图 3 - 15 所示的电路进行连接,组成编码、译码、显示电路,74LS147 的输入端分别连接逻辑电平开关。

② 利用逻辑电平开关控制 74LS147 输入端的状态,观察七段数字显示器所显示的数字是否与输入信号一致,从而验证 74LS147、74LS48 的逻辑功能。自拟测试表格,并记录测试情况。

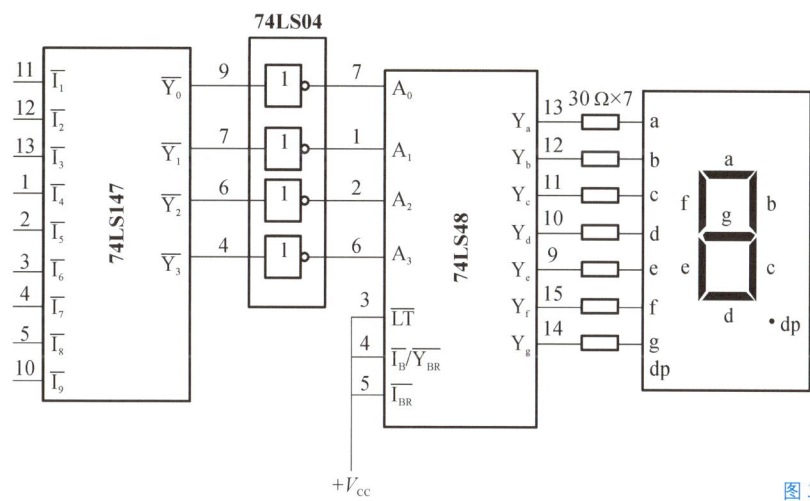

图 3 - 15   编码、译码、显示电路

4. 总结思考

（1）如何测试一个七段数字显示器是否完好?

（2）74LS04 的作用是什么? 如果不使用 74LS04 会出现什么实验结果?

（3）74LS48 的引脚 LT、$\overline{I_{BR}}$ 和 $\overline{I_B}/\overline{Y_{BR}}$ 的功能是什么?

微视频:编码、译码、显示综合测试

3.3 数据分配器和数据选择器

在数字电路系统尤其是计算机系统中,有时需要根据地址信号的要求,将从一个数据源来的数据送到多个不同的通道上去,这种实现分配功能的逻辑电路称为数据分配器。而要将多路数据进行远距离传送时,为了减少传输线的数目,往往是多个数据通道共用一条传输总线来传送信息。能够根据地址信号,从多路输入数据中选择一路送到输出的逻辑电路称为数据选择器。

3.3.1 数据分配器

数据分配器相当于多输出的单刀多掷开关,是一种能将数据分时送到多个不同的输出通道上去的逻辑电路。具体传送到哪一个输出端,由地址控制端来确定,因此是单输入-多输出的组合电路,数据分配器的示意图如图 3‑16 所示。

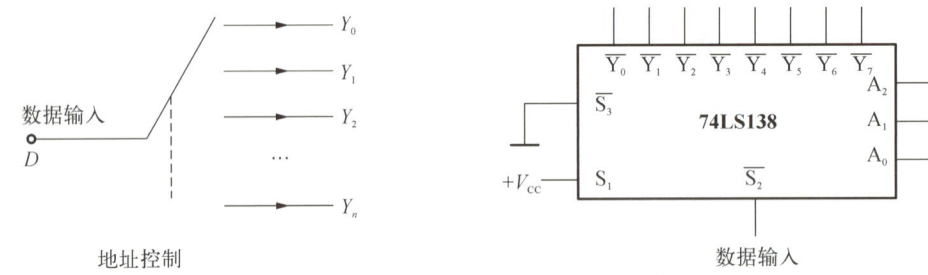

图 3‑16 数据分配器的示意图　　　图 3‑17 用 74LS138 作为数据分配器的逻辑图

根据输出个数的不同,数据分配器可分为 4 路数据分配器、8 路数据分配器等。由于半导体芯片厂家并不单独生产数据分配器组件,需要将译码器改接成数据分配器,数据分配器实际上是译码器的特殊应用。译码器的使能输入端作为数据分配器的数据输入端,译码器的输入端作为数据分配器的地址输入端,译码器的输出端作为数据分配器的输出端。这样,数据分配器就会根据所输入的地址信号将输入数据分配到地址码所指定的输出通道。如图 3‑17 所示是用 74LS138 译码器作为数据分配器的逻辑图,其中译码器的 S_1 作为使能输入端,$\overline{S_3}$ 接低电平,输入端 A_2、A_1、A_0 作为地址端,$\overline{S_2}$ 作为数据输入端,从 $\overline{Y_7} \sim \overline{Y_0}$ 分别得到相应的输出。

数据分配器也能实现多级级联,例如,用五个 4 路数据分配器可以实现 16 路数据分配器的功能。

3.3.2　数据选择器

数据选择器又称"多路开关"或"多路调制器",是数据分配器的逆过程,它的功能是在选择输入(又称"地址输入")信号的控制下,从几个输入数据中选择一个并将其送到一个公共的输出端。数据选择器是一个多输入、单输出的组合逻辑部件,其功能类似一个多掷开关。常见的数据选择器有 4 选 1 数据选择器、8 选 1 数据选择器、16 选 1 数据选择器。如图 3－18 所示为 4 选 1 数据选择器,图中有 4 个数据输入端 $D_0 \sim D_3$,通过地址输入端 A_1、A_0,从四路数据中选中某　路数据送至输出端 Y,$\overline{E}$ 为使能输入端,低电平有效,当 $\overline{E}=0$ 时,数据选择器工作,允许数据选通;当 $\overline{E}=1$ 时,数据选择

微视频:数据
选择器

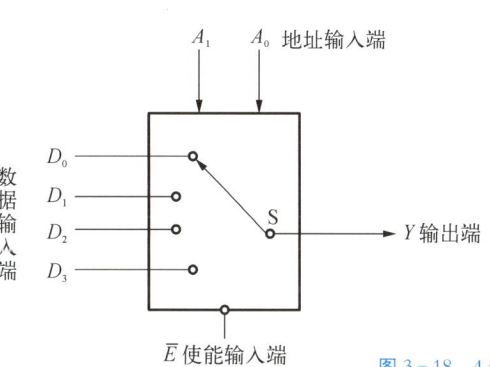

图 3－18　4 选 1 数据选择器示意图

器不工作,禁止数据输入,输出为 **0**。4 选 1 数据选择器的真值表见表 3－9。

表 3－9　4 选 1 数据选择器的真值表

使能输入	地　址　输　入		输　　出
$\overline{E}$	A_1	A_0	Y
1	×	×	0
0	**0**	**0**	D_0
0	**0**	**1**	D_1
0	**1**	**0**	D_2
0	**1**	**1**	D_3

4 选 1 数据选择器是从四路输入数据中选择一路数据作为输出信号,输入地址代码必须有四种不同的状态与之相对应,所以地址输入端必须是两个(A_1 和 A_0)。允许工作时输出函数表达式为

$$Y=\overline{A_1}\,\overline{A_0}D_0+\overline{A_1}A_0D_1+A_1\,\overline{A_0}D_2+A_1A_0D_3 \quad (\overline{E}=0)$$

1. 集成数据选择器 74LS151

集成 8 选 1 数据选择器的常用型号有 TTL 系列的 54/74151、54/74LS151 和 CMOS 中的 54/74HC151、54/74HCT151 等。如图 3－19 所示为 74LS151 的逻辑符号和引脚排列图。图中,$D_0 \sim D_7$ 为数据输入端,A_2、A_1、A_0 为三个地址输入端,Y 及 $\overline{Y}$ 为互补数据输出端,$\overline{E}$ 为使能输入端,当 $\overline{E}=0$ 时,选择器工作;当 $\overline{E}=1$ 时,输出 $Y=0$。

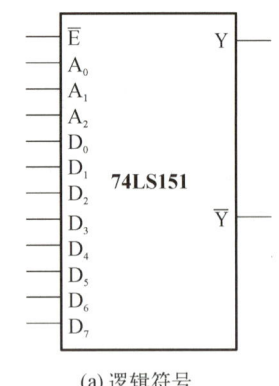

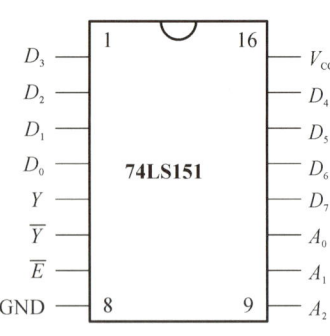

图 3-19
74LS151 的逻辑符号和
引脚排列图

(a) 逻辑符号　　　　　　　　　　(b) 引脚排列图

8 选 1 数据选择器 74LS151 逻辑功能见表 3-10,由表 3-10 可写出 74LS151 允许工作时输出端的逻辑函数表达式为:

$$Y = \overline{A_2}\,\overline{A_1}\,\overline{A_0}D_0 + \overline{A_2}\,\overline{A_1}A_0D_1 + \overline{A_2}A_1\,\overline{A_0}D_2 + \overline{A_2}A_1A_0D_3 + A_2\,\overline{A_1}\,\overline{A_0}D_4 +$$
$$A_2\,\overline{A_1}A_0D_5 + A_2A_1\,\overline{A_0}D_6 + A_2A_1A_0D_7$$
$$= m_0D_0 + m_1D_1 + m_2D_2 + m_3D_3 + m_4D_4 + m_5D_5 + m_6D_6 + m_7D_7$$

表 3-10　8 选 1 数据选择器 74LS151 的真值表

输　　入					输　　出	
$\overline{E}$	A_2	A_1	A_0	D	Y	$\overline{Y}$
1	×	×	×	×	**0**	**1**
0	**0**	**0**	**0**	D_0	D_0	$\overline{D_0}$
0	**0**	**0**	**1**	D_1	D_1	$\overline{D_1}$
0	**0**	**1**	**0**	D_2	D_2	$\overline{D_2}$
0	**0**	**1**	**1**	D_3	D_3	$\overline{D_3}$
0	**1**	**0**	**0**	D_4	D_4	$\overline{D_4}$
0	**1**	**0**	**1**	D_5	D_5	$\overline{D_5}$
0	**1**	**1**	**0**	D_6	D_6	$\overline{D_6}$
0	**1**	**1**	**1**	D_7	D_7	$\overline{D_7}$

2. 数据选择器的应用

(1) 实现逻辑函数

由于数据选择器在输入数据全部为 **1** 时,输出为地址变量所有最小项的和,因此,它是一个逻辑函数的最小项输出器。任何一个逻辑函数都可以写成最小项之和的形式,所以,用数据选择器可以很方便地实现逻辑函数。

🔒 **例 3-2**　用数据选择器实现函数 $Y = AB\overline{C} + \overline{A}BC + \overline{A}\,\overline{B}$。

解　① 将函数变换为最小项之和的形式

$$Y = \overline{A}\,\overline{B}\,\overline{C} + \overline{A}\,\overline{B}C + \overline{A}BC + AB\overline{C}$$
$$= m_0 + m_1 + m_3 + m_6$$

② Y 为三变量函数,数据选择器地址输入端为 3 个,所以应选择 8 选 1 数据选择器,如 74LS151。将输入变量 A、B、C 分别接入了 A_2、A_1、A_0 端,并将使能输入端接低电平。

③ 74LS151 的输出逻辑函数表达式为

$$Y = \overline{A_2}\,\overline{A_1}\,\overline{A_0}D_0 + \overline{A_2}\,\overline{A_1}A_0D_1 + \overline{A_2}A_1\overline{A_0}D_2 + \overline{A_2}A_1A_0D_3 + A_2\overline{A_1}\,\overline{A_0}D_4 +$$
$$A_2\overline{A_1}A_0D_5 + A_2A_1\overline{A_0}D_6 + A_2A_1A_0D_7$$
$$= m_0D_0 + m_1D_1 + m_2D_2 + m_3D_3 + m_4D_4 + m_5D_5 + m_6D_6 + m_7D_7$$

④ 根据最小项表达式将数据输入端作下列赋值,即可实现给定的逻辑函数,本例的逻辑图如图 3–20 所示。

$$D_0 = D_1 = D_3 = D_6 = \mathbf{1}$$
$$D_2 = D_4 = D_5 = D_7 = \mathbf{0}$$

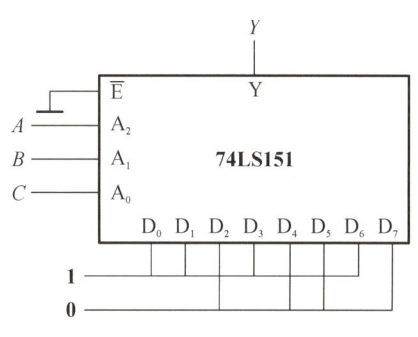

图 3–20
例 3–2 的逻辑图

(2) 数据选择器的功能扩展

如果输入信号的个数多于所选数据选择器输入信号的个数,这时就要利用数据选择器的使能输入端进行功能扩展。

16 选 1 的数据选择器的地址输入端有 4 位,最高位 A_3 的输入可以由两片 8 选 1 数据选择器的使能输入端接非门 G_1 来实现,低三位地址输入端由两片 74LS151 的地址输入端相连而成。图 3–21 所示是用两片 74LS151 扩展为 16

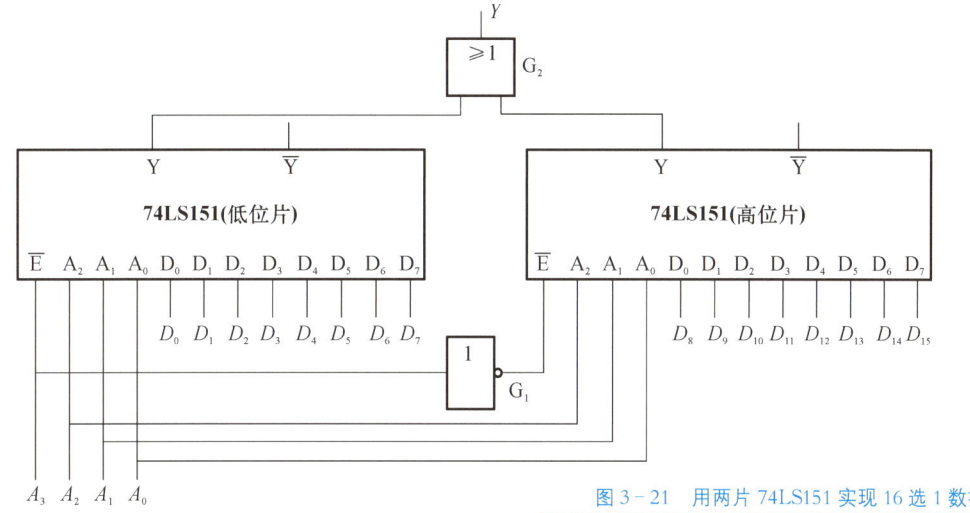

图 3–21　用两片 74LS151 实现 16 选 1 数据选择器

选 1 数据选择器。当 $A_3 = 0$ 时,低位片工作,根据地址信号 $A_2A_1A_0$ 选择数据 $D_0 \sim D_7$ 输出;当 $A_3 = 1$ 时,高位片工作,选择数据 $D_8 \sim D_{15}$ 进行输出。

▌任务训练▐
数据选择器的功能测试与应用

1. 训练目的

(1) 熟悉并掌握数据选择器的逻辑功能与测试。

(2) 进一步学会用中规模数字集成电路组成组合逻辑电路的方法。

2. 训练准备

(1) 数字电子技术实验装置一台。

(2) 74LS151 8 选 1 数据选择器一片,导线若干。

3. 训练内容及步骤

(1) 74LS151 8 选 1 数据选择器的逻辑功能测试。

将 74LS151 的地址输入端 A_2、A_1、A_0,数据输入端 $D_0 \sim D_7$,使能输入端接逻辑电平开关,输出端 Y 接逻辑电平指示灯,按表 3 – 11 逐项测试 74LS151 8 选 1 数据选择器的逻辑功能,记录测试结果。

表 3 – 11　74LS151 8 选 1 数据选择器功能测试表

输　　入												输出
$\overline{E}$	A_2	A_1	A_0	D_7	D_6	D_5	D_4	D_3	D_2	D_1	D_0	Y
0	0	0	0	0	0	0	0	0	0	0	1	
0	0	0	1	0	0	0	0	0	0	1	0	
0	0	1	0	0	0	0	0	0	1	0	0	
0	0	1	1	0	0	0	0	1	0	0	0	
0	1	0	0	0	0	0	1	0	0	0	0	
0	1	0	1	0	0	1	0	0	0	0	0	
0	1	1	0	0	1	0	0	0	0	0	0	
0	1	1	1	1	0	0	0	0	0	0	0	

(2) 用 74LS151 8 选 1 数据选择器设计三输入多数表决电路。

① 要求:该电路有三个输入端 A、B、C,分别代表三个表决输入端,同意为 1,不同意为 0。当多数同意时输出为 1,否则为 0。

② 写出设计过程,画出逻辑图。

③ 自拟表格,验证电路的逻辑功能,并记录测试结果。

(3) 试用 8 选 1 数据选择器实现逻辑函数 $Y = A \oplus B \oplus C$。

① 写出设计过程,画出逻辑图。

② 自拟表格,验证电路的逻辑功能,并记录测试结果。

4. 总结思考

(1) 除了用作实现逻辑函数外,数据选择器还有哪些方面的应用?

(2) 如何用 4 选 1 数据选择器实现三人表决器。

知识链接

3.4　加法器

在计算机中,二进制数的加、减、乘、除,往往是转化为加法进行的,所以加法器便成为计算机中的基本运算单元。加法器分为半加器和全加器,1 位全加器是组成加法器的基础,而半加器是组成全加器的基础。

3.4.1　半加器

不考虑来自低位的进位,直接将两个 1 位二进制数相加的运算称为半加。实现半加运算功能的电路称为半加器。

设计 1 位二进制半加器,输入变量有两个,分别为加数 A 和被加数 B;输出也有两个,分别为本位的和 S 和向高位产生的进位 C。一位二进制半加器的真值表见表 3 - 12。

表 3 - 12　一位二进制半加器的真值表

A	B	S	C
0	0	0	0
0	1	1	0
1	0	1	0
1	1	0	1

根据真值表可以写出半加器的逻辑函数表达式:

$$S = \overline{A}B + A\overline{B} = A \oplus B$$
$$C = AB$$

由上述逻辑函数表达式,可以画出半加器的逻辑图与逻辑符号如图 3 - 22 所示。

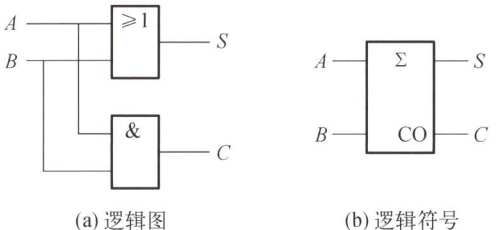

(a) 逻辑图　　　　　　(b) 逻辑符号

图 3 - 22　半加器

81

3.4.2　全加器

不仅考虑两个 1 位二进制数 A_i 和 B_i 相加,还考虑来自相邻低位的进位 C_{i-1},实现这样运算的电路称为全加器。

设计一个全加器,设 A_i 和 B_i 分别是被加数和加数,C_{i-1} 为相邻低位的进位,S_i 为本位的和,C_i 为本位的进位。根据全加器的运算规则,列出全加器的真值表,见表 3-13。

表 3-13　全加器的真值表

A_i	B_i	C_{i-1}	S_i	C_i
0	0	0	0	0
0	0	1	1	0
0	1	0	1	0
0	1	1	0	1
1	0	0	1	0
1	0	1	0	1
1	1	0	0	1
1	1	1	1	1

由真值表写出全加器的逻辑函数表达式

$$S_i = \overline{A_i}\,\overline{B_i}C_{i-1} + \overline{A_i}B_i\,\overline{C_{i-1}} + A_i\,\overline{B_i}\,\overline{C_{i-1}} + A_iB_iC_{i-1}$$
$$= (A_i \oplus B_i)\,\overline{C_{i-1}} + \overline{A_i \oplus B_i}C_{i-1}$$
$$= A_i \oplus B_i \oplus C_{i-1}$$
$$C_i = \overline{A_i}B_iC_{i-1} + A_i\,\overline{B_i}C_{i-1} + A_iB_i\,\overline{C_{i-1}} + A_iB_iC_{i-1}$$
$$= A_iB_i + B_iC_{i-1} + A_iC_{i-1}$$

画出全加器的逻辑图和逻辑符号,如图 3-23 所示。

3.4.3　多位加法器

半加器和全加器只能实现 1 位二进制数相加,而实际应用更多的是多位二进制数相加,这就要用到多位加法器,能够实现多位二进制数加法运算的电路称为多位加法器。按照相加的方式不同,多位加法器又分为串行进位加法器和超前进位加法器两种。

1. 串行进位加法器

两个多位二进制数相加时,每 1 位都是带进位的加法运算,所以必须用全加器。这样,n 位串行进位加法器由 n 个 1 位加法器串联构成。图 3-24 是一

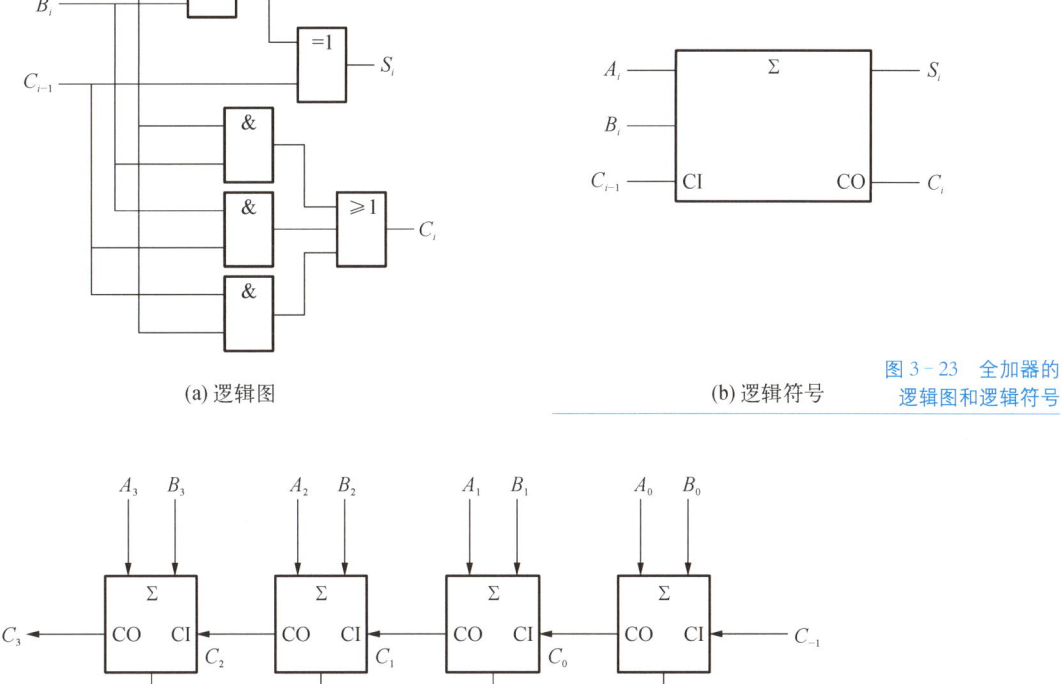

(a) 逻辑图   (b) 逻辑符号

图 3‑23 全加器的逻辑图和逻辑符号

图 3‑24 4 位串行进位加法器

个 4 位串行进位加法器,由图 3‑24 可以看出,多位加法器是将低位全加器的进位端 CO 输出接到高位的进位输入端 CI,因此,任何 1 位的加法运算必须在低 1 位的运算完成之后才能进行,进位在各级之间是串联关系,所以称为串行进位加法器。

这种加法器的逻辑电路比较简单,但因为进位信号是串行传递的,它的运算速度慢,图 3‑24 中最后 1 位的进位输出 C_3 要经过 4 个全加器传递之后才能形成,如果位数增加,传输延迟时间将更长,工作速度更慢。串行进位加法器常用于运算速度不高的场合。

2. 超前进位加法器

当要求运算速度较高时,可采用超前进位加法器,这种加法器在进行二进制加法运算的同时,利用快速进位电路把各位的进位也算出来,无须再由低位到高位逐位传递进位信号,从而加快了运算速度,74LS283、CC4008 是常用的 4 位超前进位加法器。

74LS283 为 4 位二进制超前进位集成加法器,可以完成两个 4 位二进制数 $A(A_3A_2A_1A_0)$ 和 $B(B_3B_2B_1B_0)$ 的加法运算,每 1 位都有本位和 $S(S_3S_2S_1S_0)$ 输出。

如图 3-25 所示为 74LS283 的逻辑符号和引脚排列图，$A_3 \sim A_0$、$B_3 \sim B_0$ 为两组 4 位二进制数的输入端，$S_3 \sim S_0$ 为和位输出端，CI 为进位输入端，CO 为进位输出端。

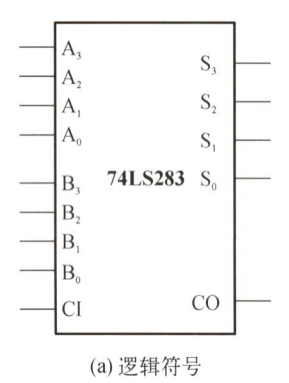
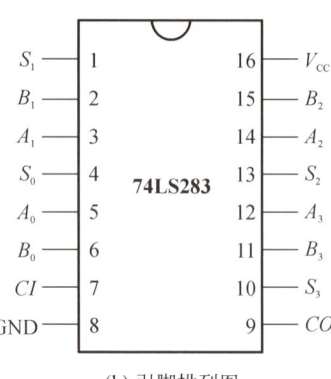

图 3-25
74LS283 的逻辑符号和
引脚排列图

(a) 逻辑符号　　　　　　　　(b) 引脚排列图

例 3-3　设计一个代码变换电路，将 8421BCD 码转换为余 3 码。

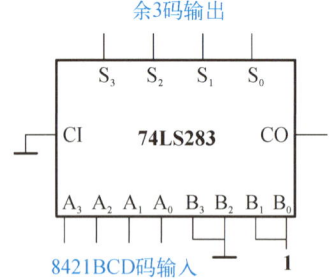

图 3-26
例 3-3 的逻辑图

解　因为某数的余 3 码等于该数的 8421BCD 码加上恒定常数 3，即 $(0011)_2$，所以，可将 8421BCD 码从 4 位全加器的 $A_3 A_2 A_1 A_0$ 输入，并令 $B_3 B_2 B_1 B_0 = 0011$，$CI = 0$，则输出 $S_3 S_2 S_1 S_0 = A_3 A_2 A_1 A_0 + 0011$，即为余 3 码的输出，从而实现了将 8421BCD 码转换为余 3 码，本例的逻辑图如图 3-26 所示。

▌任务训练▐
加法器、比较器功能测试及应用

1. 训练目的

(1) 熟悉 74LS283 加法器、74LS85 4 位二进制数值比较器的逻辑功能。

(2) 掌握加法器、比较器的功能测试方法。

(3) 掌握用比较器构成报警电路的方法及功能测试。

2. 训练准备

(1) 数字电子技术实验装置一台。

(2) 74LS283 4 位二进制超前进位加法器一片、74LS00 四 2 输入与非门一片、74LS85 4 位二进制数值比较器一片、9013 晶体管一片。

3. 训练内容及步骤

(1) 查找相关资料，熟悉数值比较器 74LS85 的逻辑功能。

(2) 加法比较电路的功能测试。

用加法器 74LS283 求出两个 4 位二进制数的和,与一个固定二进制数比较,并将结果显示出来。参照如图 3 - 27 所示的加法比较电路进行连接,74LS283 的输入端接逻辑电平开关,74LS85 的输出端接逻辑电平指示灯,测试其功能,将结果记录在加法比较电路的功能测试表中,见表 3 - 14。

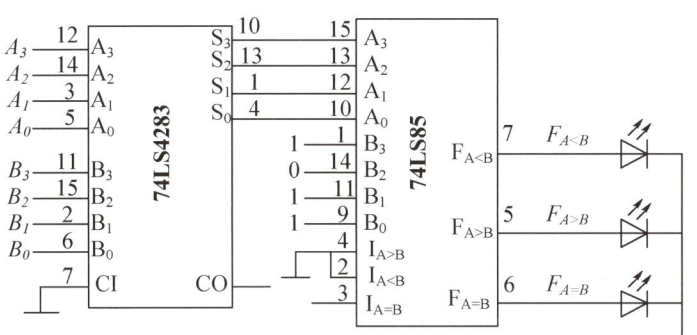

图 3 - 27
加法比较电路

表 3 - 14 加法比较电路的功能测试表

输			入					输		出
A_3	A_2	A_1	A_0	B_3	B_2	B_1	B_0	$F_{A>B}$	$F_{A<B}$	$F_{A=B}$
0	0	1	0	1	1	0	1			
0	1	0	0	1	0	0	0			
0	1	1	0	0	0	1	0			
0	1	1	1	0	1	0	0			
1	0	0	0	0	0	1	1			
0	0	0	0	1	1	1	1			

(3) 报警电路的功能测试。

用 74LS85 比较两个 4 位二进制数,当两者相等时,扬声器发出报警声。参照如图 3 - 28 所示的报警电路进行连接,74LS85 的输入接逻辑电平开关,测试其功能,并将结果记录在报警电路的功能测试表,见表 3 - 15。

表 3 - 15 报警电路的功能测试表

输			入					输 出
A_3	A_2	A_1	A_0	B_3	B_2	B_1	B_0	扬声器是否有警报声
0	0	0	0	1	1	1	1	
0	1	0	0	0	1	1	0	
1	1	0	0	0	0	1	1	
0	0	1	0	0	0	1	0	
1	0	0	1	1	0	0	1	

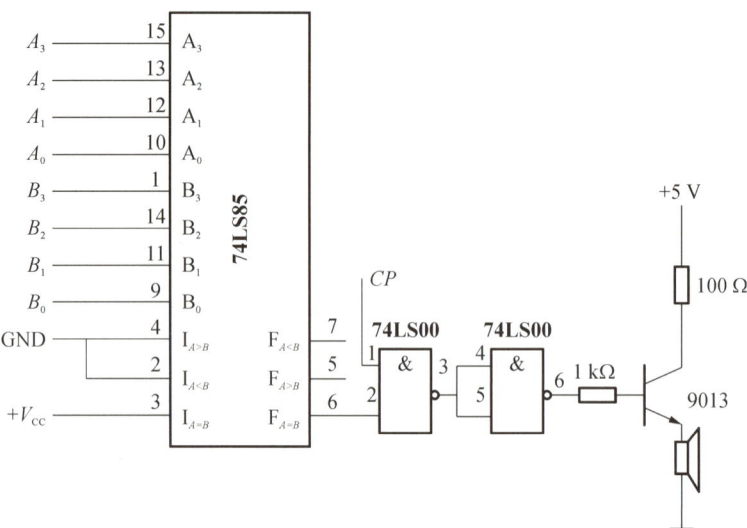

图 3－28　报警电路

4. 总结思考

（1）74LS85 的 $I_{A>B}$、$I_{A<B}$ 和 $I_{A=B}$ 三个引脚应如何正确处理？处理的原则是什么？

（2）如何用两片 74LS85 实现两个 8 位二进制数的数值比较，请画出电路图。

 项目小结

1. 编码器、译码器、数据选择器、数值分配器、加法器等，是常用的中规模集成组合逻辑电路；学习时应重点掌握它们的逻辑功能、逻辑符号、引脚功能和扩展方法，以便熟练使用。

2. 编码器的功能是将输入信号转变成二进制代码，而译码器的功能和编码器正好相反，它是将输入的二进制代码转变成相应的输出信号。译码器按功能不同，分为通用译码器和显示译码器。

3. 显示译码器按输出电平高低可分为高电平有效和低电平有效两种。输出低电平有效的显示译码器配接共阳极接法的七段数字显示器，输出高电平有效的显示译码器配接共阴极接法的七段数字显示器。

4. 数据选择器是在地址信号的控制下，在同一时间内从多路数据中选择相应的一路数据输出。数据分配器是数据选择器的逆过程，凡具有使能输入端的译码器都能作数据分配器使用，只要将译码器的使能输入端作为数据输入端，将二进制代码输入端作为地址控制端即可。

5. 不考虑来自低位进位，而只考虑本位的两个数相加的加法运算，称为半加;考虑从相邻低位来的进位的加法运算,则称为全加。串行进位加法器的逻辑电路比较简单,但它的运算速度不高;采用超前进位加法器可提高运算速度。

6. 常用的中规模组合逻辑电路除了具有其基本功能外,还可用来设计组合逻辑电路。

 自测题

1. 填空题

(1) 8421BCD 码编码器有 10 个输入端,_____个输出端,它能将十进制数转换为_____代码。

(2) 8 线–3 线优先编码器 74LS148 的优先编码顺序是 $\overline{I_7}$、$\overline{I_6}$、$\overline{I_5}$、…、$\overline{I_0}$,输出为 $\overline{Y_2}\,\overline{Y_1}\,\overline{Y_0}$。 输入输出均为低电平有效。当输入 $\overline{I_7}\,\overline{I_6}\,\overline{I_5}\cdots\overline{I_0}$ 为 **11010101** 时,输出 $\overline{Y_2}\,\overline{Y_1}\,\overline{Y_0}$ 为_____。

(3) 译码器按功能不同,分为_____和_____。

(4) 3 线–8 线译码器 74LS138 处于译码状态时,当输入 $A_2A_1A_0 = \mathbf{001}$ 时,输出 $\overline{Y_7} \sim \overline{Y_0} =$_____。

(5) 七段数字显示器的内部接法有两种形式:共_____接法和共_____接法。

(6) 共阳极接法的七段数字显示器,应采用_____驱动七段显示译码器。

(7) 实现将多路数据上的数字信号按要求分配到不同电路中去的电路叫_____。根据需要选择一路信号送到公共数据线上的电路叫_____。

(8) 当数据选择器的数据输入端的个数为 8 时,则其地址选择端应有_____位。

(9) 能完成两个 1 位二进制数相加,并考虑到低位进位的运算器件称为_____。

2. 选择题

(1) 编码电路和译码电路中,(　　)电路的输出是二进制代码。

A. 编码　　　　B. 译码　　　　C. 编码和译码

(2) 若在编码器中有 50 个编码对象,则要求输出二进制代码位数为(　　)位。

A. 5　　　　B. 6　　　　C. 10　　　　D. 50

(3) 计算机键盘的编码器输出(　　)位二进制代码。

A. 2　　　　B. 6　　　　C. 7　　　　D. 8

(4) 下列电路中,不属于组合逻辑电路的是(   )。

A. 加法器　　　　B. 寄存器　　　　C. 数字比较器　　D. 数据选择器

(5) 七段显示译码器是指(   )的电路。

A. 将二进制代码转换成 0～9 共 10 个数字

B. 将 BCD 码转换成七段显示字形信号

C. 将 0～9 共 10 个数转换成 BCD 码

D. 将七段显示字形信号转换成 BCD 码

(6) 在二进制译码器中,若输入有 4 位代码,则输出有(   )个信号。

A. 2　　　　　　B. 4　　　　　　C. 8　　　　　　D. 16

(7) 一个 16 选 1 的数据选择器,其地址输入端有(   )个。

A. 1　　　　　　B. 2　　　　　　C. 4　　　　　　D. 16

(8) 数据分配器和(   )有着相同的基本电路结构形式。

A. 加法器　　　　B. 编码器　　　　C. 数据选择器　　D. 译码器

(9) 用 4 选 1 数据选择器实现函数 $Y = A_1 A_0 + \overline{A_1} A_0$,应使(   )。

A. $D_0 = D_2 = \mathbf{0}$, $D_1 = D_3 = \mathbf{1}$　　　　B. $D_0 = D_2 = \mathbf{1}$, $D_1 = D_3 = \mathbf{0}$

C. $D_0 = D_1 = \mathbf{0}$, $D_2 = D_3 = \mathbf{1}$　　　　D. $D_0 = D_1 = \mathbf{1}$, $D_2 = D_3 = \mathbf{0}$

(10) 一个数据选择器的地址输入端有 3 个时,最多可以有(   )个数据信号输出。

A. 4　　　　　　B. 6　　　　　　C. 8　　　　　　D. 16

3. 判断题

(   ) (1) 编码和译码是互逆的过程。

(   ) (2) 任何时刻编码器只允许输入一个有效编码信号。

(   ) (3) 优先编码器的编码信号是相互排斥的,不允许多个编码信号同时有效。

(   ) (4) 共阴极结构的七段数字显示器需要低电平驱动才能显示。

(   ) (5) 二进制译码器相当于一个最小项发生器,便于实现组合逻辑电路。

(   ) (6) 数据选择器和数据分配器的功能正好相反,互为逆过程。

(   ) (7) 多位加法器采用超前进位的目的是简化电路结构。

(   ) (8) 超前进位加法器比串行进位加法器运算速度慢。

(   ) (9) 数据选择器中,哪个输出信号有效取决于数据选择器的地址信号。

文本:项目 3
自测题答案

习　题

3-1　试用 3 线-8 线译码器 74LS138 和最少的**与非**门实现下列逻辑函

数,画出连线图。

(1) $F(A, B, C) = \sum m(1, 3, 5, 6)$。

(2) $F = AB + AC + BC$。

3-2　由 3 线-8 线译码器 74LS138 及门电路构成的电路如图 3-29 所示,分别写出 F_1、F_2 的逻辑函数表达式。

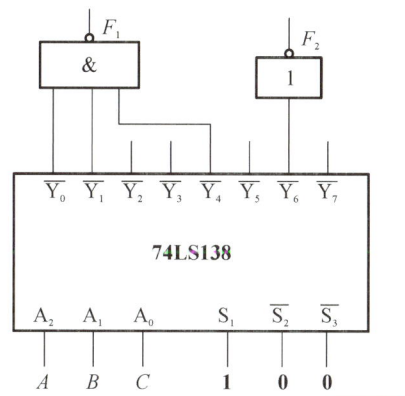

图 3-29　题 3-2 图

3-3　试用 8 选 1 数据选择器 74LS151 实现逻辑函数,画出连线图。

$$Y_1 = \sum m(1, 3, 5, 7)$$

3-4　由 8 选 1 数据选择器 74LS151 构成的电路如图 3-30 所示,写出 Y 的逻辑函数表达式。

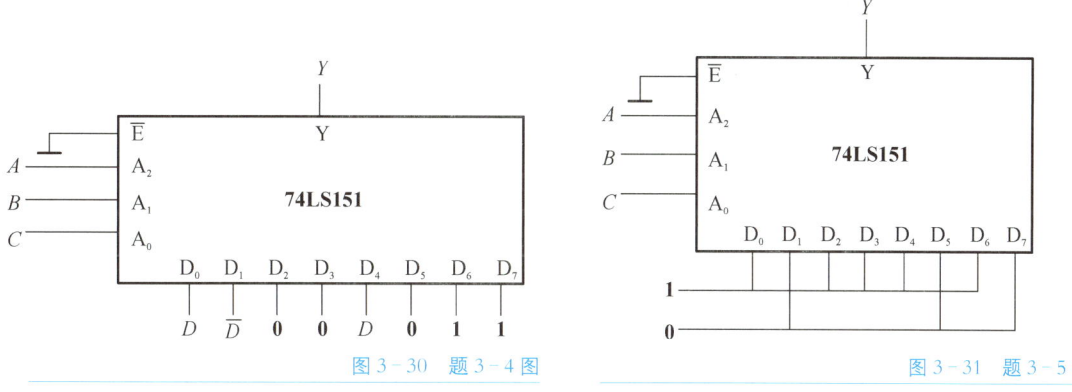

图 3-30　题 3-4 图

图 3-31　题 3-5 图

3-5　已知用 8 选 1 数据选择器 74LS151 构成的电路如图 3-31 所示,请写出输出 Y 的逻辑函数表达式,并将它化成最简**与或**式。

项目 4 彩灯控制电路的制作与测试

【知识目标】

❖ 了解触发器的概念,掌握几种常用触发器的电路组成、触发形式、逻辑符号、特点及应用。

❖ 了解不同触发器之间的相互转换。

❖ 熟悉彩灯控制电路的工作原理。

【能力目标】

❖ 会对各种触发器电路进行测试。

❖ 会用门电路构成基本 RS 触发器,并进行测试。

❖ 能完成彩灯控制电路的安装与测试。

【素养目标】

❖ 通过学习触发器之间相互的转换和替换,开拓学生的思路和视野。同时培养学生从实际角度出发,具备更为灵活的思考解决问题的能力。

❖ 通过项目任务实践环节,强化工程实践能力和创新能力。

 项目描述

日常生活中,彩灯广泛应用于商业街广告灯、歌厅、酒吧、大型晚会等现场。可以说,用彩灯来装饰街道和城市建筑物已经成为一种时尚,是城市里不可缺少的一道景观。这些彩灯控制电路可用数字电路触发器来实现。

1. 电路说明

图 4-1a 所示为彩灯控制电路,电路主要由控制电路和亮灯电路构成。控制电路由 JK 触发器、三极管驱动电路以及继电器线圈等构成。亮灯电路由继电器触点开关、发光二极管(彩灯)组成。在 CP 秒脉冲信号的作用下,JK 触发器的输出端 Q_1、Q_2 按序输出高电平 **1** 或低电平 **0**,当输出为高电平时,对应的三极管饱和导通,使继电器线圈得电,亮灯电路中对应的继电器触点闭合,对应支路上的彩灯点亮;当输出为低电平时,三极管截止,继电器线圈失电,亮灯电路中对应的继电器触点断开,对应支路上的彩灯熄灭。3 路彩灯重复上述循环点亮熄灭状态,如图 4-1b 所示。

2. 设备与器材

(1) 数字电子技术实验装置一台。

(2) 74LS76 双 JK 触发器一片,电阻若干,1N4007 二极管两个,9013 晶体管两个,LED 彩灯三个,继电器两个,万能板(亦可选用面包板或自制 PCB)一块,导线若干。

3. 主要步骤

(1) 按图 4-1a 接线。电路可以连接在自制 PCB 上,或在万能板上焊接,也可以在面包板上插接。

(2) 检查接线无误后接通电源。

(3) 将触发器两输出端 Q_1、Q_2清零,三个彩灯都不亮。

(4) 加上 CP 秒脉冲,观察彩灯循环亮灭控制效果。

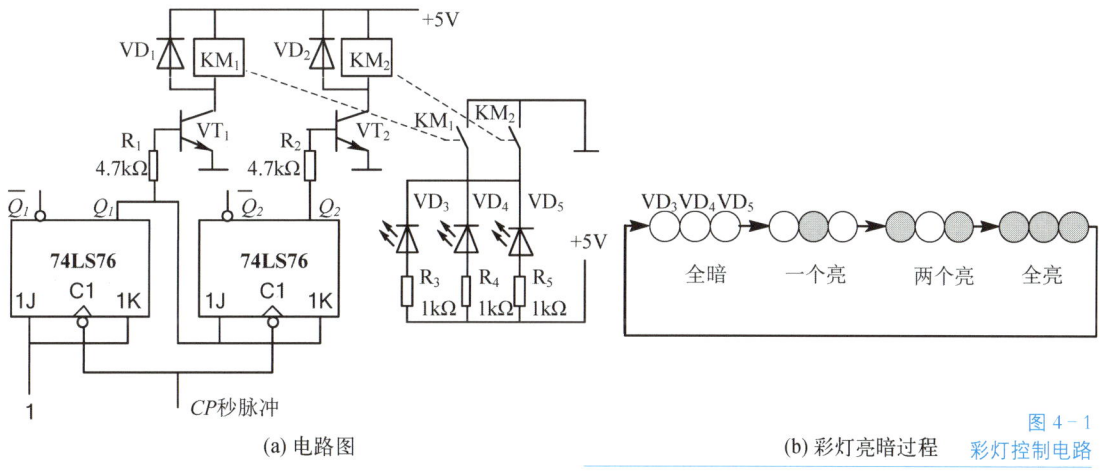

(a) 电路图	(b) 彩灯亮暗过程

图 4-1
彩灯控制电路

4. 注意事项

双 JK 触发器 74LS76 使用时,必须用其清零端(低电平有效)对 Q_1、Q_2清零,清零后,触发器的置位端和复位端全部接高电平。

知识链接

4.1 *RS* 触发器

触发器(Flip-Flop,简写为 FF)由门电路构成。它是一种具有记忆功能,能储存 1 位二进制信息的逻辑电路,具有两个互补的输出端,是构成各种时序逻辑电路的最基本逻辑单元。

触发器具有两个稳定状态,用以表示逻辑状态 **1** 和 **0**,在输入信号作用下,触发器的两个稳定状态可相互转换,输入信号消失后,已转换的稳定状态可长期保持下来,这就使得触发器能够记忆二进制信息。因此,它是一个具有记忆功能的基本逻辑电路,有着广泛的应用。触发器的分类方式有很多种,按电路结构可分为:基本 RS 触发器、同步触发器、主从触发器、边沿触发器等,不同电路结构的触发器有不同的动作特点。按逻辑功能可分为:RS 触发器、D 触发器、JK 触发器、T 和 T' 触发器等几种类型。

4.1.1　基本 RS 触发器

微视频:基本 RS 触发器

基本 RS 触发器是直接复位-置位触发器的简称,它既是一种简单的触发器,又是构成各种其他功能触发器的基本单元,所以简称基本 RS 触发器。基本 RS 触发器可由两个与非门或两个或非门组成。以下讨论由与非门组成的 RS 触发器。

1. 电路组成

图 4–2a 中,由两个与非门 G_1、G_2 的输入和输出交叉连接而成的基本 RS 触发器,有两个输入端(又称触发信号端)$\overline{R}$ 和 $\overline{S}$,$\overline{R}$ 称为置 **0** 端(Reset),也称为复位端;$\overline{S}$ 称为置 **1** 端(Set),也称为置位端,$\overline{R}$ 和 $\overline{S}$ 都是低电平有效,两个输出端 Q 和 $\overline{Q}$ 的逻辑状态是互补的,$Q=1$ 时,$\overline{Q}=0$;反之亦然。图 4–2b 为基本 RS 触发器的逻辑符号,输入端的小圆圈"〇"表示输入低电平有效。

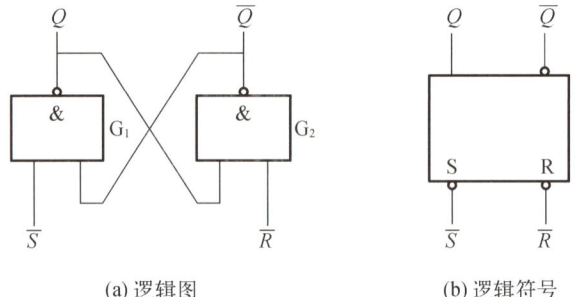

图 4–2　基本 RS 触发器　　　　　(a) 逻辑图　　　　　　　　　(b) 逻辑符号

2. 逻辑功能

由与非门组成的基本 RS 触发器的逻辑功能,必须根据与非门的逻辑功能来分析。

当 $\overline{R}=1$、$\overline{S}=0$ 时,不论原有 Q 为何状态,触发器都被置 **1**(即 $Q=1$,$\overline{Q}=0$)。当 $\overline{S}=0$ 信号消失以后,电路保持"**1**"状态不变。

当 $\overline{R}=0$、$\overline{S}=1$ 时,不论原有 Q 为何状态,触发器都被置 **0**(即 $Q=0$,$\overline{Q}=1$)。当 $\overline{R}=0$ 信号消失以后,电路保持"**0**"状态不变。

当 $\overline{R}=1$、$\overline{S}=1$,即 $\overline{R}$、$\overline{S}$ 端均为高电平时,触发器将保持原有的状态不变。即触发器原来的状态被存储起来,体现了触发器的记忆作用。

当 $\overline{R}=0$、$\overline{S}=0$,即 $\overline{R}$、$\overline{S}$ 端均为低电平时,两个与非门的输出 Q 和 $\overline{Q}$ 全为 **1**,则破坏了触发器的互补关系,若触发信号同时消失,触发器的状态将无法确定,是不定状态,应当避免出现。

3. 特性表

输入信号作用前的触发器状态称为现态,用 Q^n 表示;在输入信号作用后触发器的状态称为次态,用 Q^{n+1} 表示。那么触发器的次态 Q^{n+1} 与现态 Q^n 和输入信号之间的逻辑关系,可以用特性表来表示。基本 RS 触发器的特性表见表 4-1。

表 4-1　基本 RS 触发器的特性表

$\bar{R}$	$\bar{S}$	Q^n	Q^{n+1}	功　能
1	0	0	1	置 1
1	0	1	1	
0	1	0	0	置 0
0	1	1	0	
1	1	0	0	保持
1	1	1	1	
0	0	0	×	禁止
0	0	1	×	

4. 特性方程

描述触发器逻辑功能的逻辑函数表达式称为特性方程。

根据表 4-1,可画出基本 RS 触发器的卡诺图,如图 4-3 所示,由卡诺图化简法进行化简,得出基本 RS 触发器特性方程为:

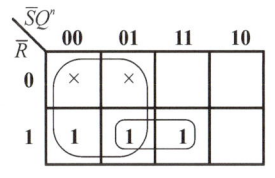

图 4-3
基本 RS 触发器的
卡诺图

$$\begin{cases} Q^{n+1} = S + \bar{R}Q^n \\ \bar{R} + \bar{S} = 1 \quad \text{(约束条件)} \end{cases}$$

由特性方程可知, Q^{n+1} 不仅与输入信号 R 、 S 的状态有关,而且与前一时刻输出状态 Q^n 有关,故触发器具有记忆作用。

5. 波形图

触发器的波形图又称为时序图,是描述触发器的输出状态随时间和输入信号变化的规律的图形。画波形图时,对应某一个时刻,该时刻以前触发器的输出状态为 Q^n ,该时刻以后触发器的输出状态则为 Q^{n+1} ,基本 RS 触发器的波形图如图 4-4 所示(设初态为 0)。

6. 基本 RS 触发器的特点

基本 RS 触发器电路简单,是构成各种功能触发器的基本单元,可以组成数码寄存器存放二进制代码,其特点是:

(1) 基本 RS 触发器的次态,不仅与输入信号状态有关,而且与触发器的现态有关。

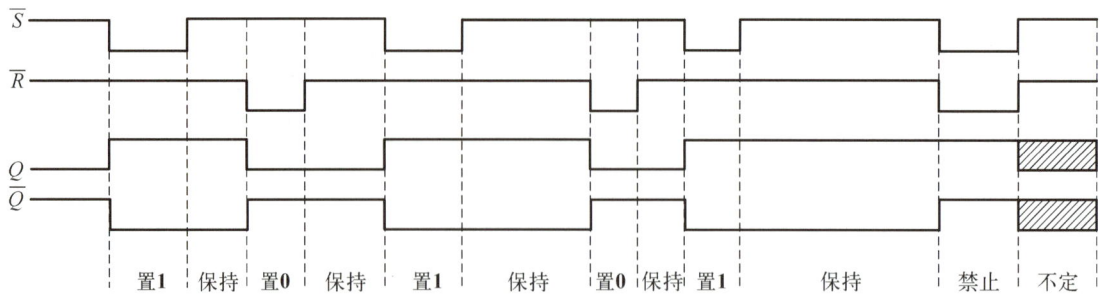

图 4-4　基本 RS 触发器的波形图

（2）基本 RS 触发器具有两个稳定状态，在无外来触发信号作用时，电路将保持原状态不变。

（3）在外加触发信号有效时，电路可以触发翻转，实现置 **0** 或置 **1**，而 $\overline{R}$、$\overline{S}$ 之间存在约束。

生活中，机械开关在闭合的瞬间会产生多次抖动现象，即开关在闭合瞬间 A、B 两点的电位可能会发生抖动，这种抖动在电路中是不允许的。如何才能消除抖动呢？实践中，借助于一个基本 RS 触发器就可构成一个防抖动的开关，图 4-5 是基本 RS 触发器构成的开关防抖动电路。

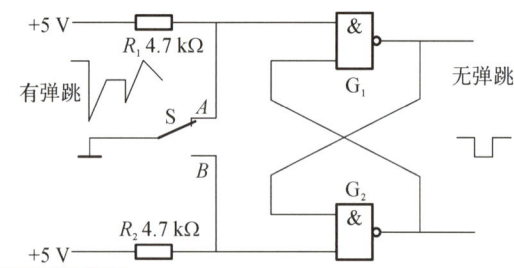

图 4-5
基本 RS 触发器构成的开关防抖动电路

4.1.2　同步 RS 触发器

对于基本 RS 触发器，只要 $\overline{R}$ 或 $\overline{S}$ 产生变化，就可能引起状态翻转，且当电路的 $\overline{R}$、$\overline{S}$ 同时出现低电平信号时，触发器将出现不定状态，而且低电平脉冲过后，其状态将不能人为地确定，从而失控。因此，基本 RS 触发器的抗干扰能力较差。在实际应用中，触发器的工作状态不仅要由 $\overline{R}$、$\overline{S}$ 端的信号来决定，而且还希望触发器在一个控制信号作用下按一定的节拍工作，该控制信号称为时钟脉冲信号，简称时钟脉冲，用 CP 表示。触发器的翻转受时钟脉冲 CP 控制，而翻转状态由触发信号和 Q^n 决定，这就是时钟触发器。同步 RS 触发器是一种典型的时钟触发器。

1. 电路组成

同步 RS 触发器是由一个基本 RS 触发器和两个控制门组成。同步 RS 触发器如图 4-6 所示。

　　同步 RS 触发器的逻辑图如图 4-6a 所示,**与非门** G_1、G_2 组成基本 RS 触发器,**与非门** G_3、G_4 为控制门,CP 是时钟脉冲的输入控制信号,Q 和 $\overline{Q}$ 是输出端,图 4-6b 所示为同步 RS 触发器的逻辑符号。

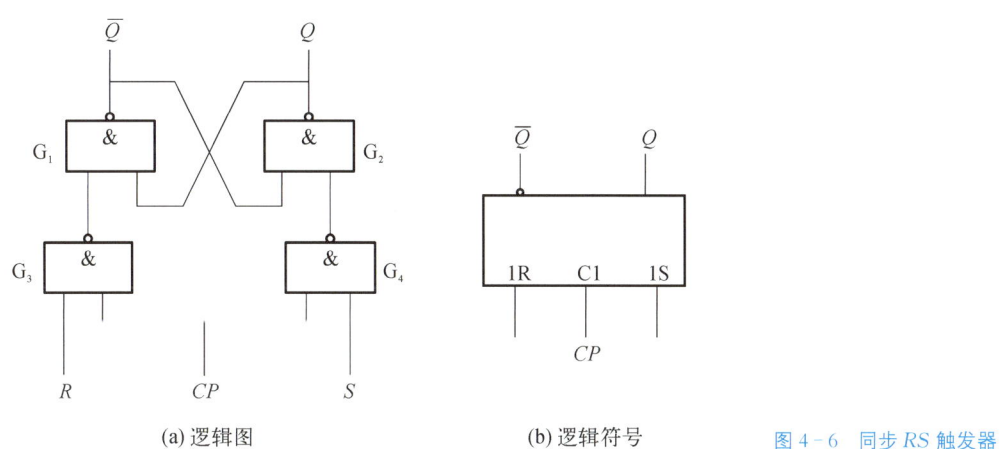

(a) 逻辑图　　　　　　　　　　(b) 逻辑符号　　图 4-6　同步 RS 触发器

2. 逻辑功能

当 $CP=0$ 时,控制门 G_3、G_4 输出为 1,触发器的状态保持不变。

当 $CP=1$ 时,输入信号 R、S 通过 G_3、G_4 使基本 RS 触发器动作,输出端状态仍由 R、S 状态和 Q^n 来决定。

　　同步 RS 触发器的状态转换分别由 R、S 和 CP 控制,其中,R、S 控制状态转换的方向;CP 控制状态转换的时刻。

3. 特性表和特性方程

(1) 特性表

　　根据逻辑功能分析可知,在 $CP=1$ 时,同步 RS 触发器的特性表($CP=1$ 有效)见表 4-2。

表 4-2　同步 RS 触发器的特性表($CP=1$ 有效)

CP	R	S	Q^n	Q^{n+1}	功　能
1	0	0	0	0	保持
1	0	0	1	1	
1	0	1	0	1	置1
1	0	1	1	1	
1	1	0	0	0	置0
1	1	0	1	0	
1	1	1	0	×	禁止
1	1	1	1	×	

(2) 特性方程

根据特性表可得,同步 RS 触发器的特性方程为:

$$\begin{cases} Q^{n+1} = S + \bar{R}Q^n \\ RS = 0 \quad (\text{约束条件}) \end{cases} \quad (CP = 1 \text{ 时有效})$$

4. 同步 RS 触发器的主要特点与存在的问题

(1) 优点。同步 RS 触发器由时钟脉冲控制,$CP = 0$ 时触发器状态保持原状态不变;$CP = 1$ 期间,触发器根据输入信号 R、S 的状态决定输出状态。由于时钟脉冲统一控制,便于多个触发器同步工作。

(2) 缺点。$CP = 1$ 期间,触发器的输出仍然受 R、S 信号的直接控制。也就是说,在 $CP = 1$ 期间,若 R、S 信号变化,则同步 RS 触发器的输出状态也会跟着变化,同时 R、S 信号之间仍然有约束。由于上述原因,同步 RS 触发器的使用受到了限制。

(3) 同步触发器存在的问题——空翻。

在一个时钟周期的整个高电平 $(CP = 1)$ 期间,若输入信号 R、S 多次发生变化,则触发器的状态也可能发生多次翻转,触发器在一个时钟周期内发生多次翻转的现象叫作空翻。空翻是一种有害的现象,它使得时序逻辑电路不能按时钟节拍工作,造成系统的误动作。

造成空翻现象的原因是同步触发器结构的不完善。

▌任务训练▌
基本 RS 触发器的功能测试

1. 训练目的
(1) 掌握用基本门电路构成基本 RS 触发器的方法。
(2) 掌握基本 RS 触发器的功能分析与测试方法。

2. 训练仪器及器材
(1) 数字电子技术实验装置一台。
(2) CC4011 四 2 输入与非门一片、导线若干。

3. 训练内容及步骤
(1) 将一片 CC4011(引脚排列图如图 1-35 所示)按图 4-2 连接成 1 个基本 RS 触发器,$\bar{R}$、$\bar{S}$ 端接逻辑电平开关,Q 端接逻辑电平指示灯。

(2) 接通电源,按表 4-3 要求给输入端加上逻辑电平信号,观察逻辑电平指示灯的亮灭情况,灯亮表示 Q^{n+1} 为高电平 1,灯灭表示 Q^{n+1} 为低电平 0,将 Q^{n+1} 的状态填入表 4-3 中。

(3) 根据测试结果,分析逻辑功能,填入表 4-3 中。

表 4 - 3 基本 RS 触发器逻辑功能测试表

$\bar{R}$	$\bar{S}$	Q^n	Q^{n+1}	功　能
0	1	0		
0	1	1		
1	0	0		
1	0	1		
1	1	0		
1	1	1		

（4）注意事项：CC4011 与非门的多余输入端不能悬空，必须接地或电源。

4. 总结思考

（1）根据测试结果，写出基本 RS 触发器的特性方程。

（2）用**与非**门构成的基本 RS 触发器的约束条件是什么？如果改用**或非**门构成基本 RS 触发器，其约束条件又是什么？

 **知识链接**

4.2　边沿触发器

同步触发器在 $CP=1$ 期间，可能会出现多次翻转的空翻现象。而边沿触发器仅仅只在时钟脉冲 CP 的上升沿（或下降沿）的瞬间，触发器才根据输入信号的状态翻转，而在 $CP=0$ 或是 $CP=1$ 期间，输入信号的变化对触发器的状态均无影响，没有空翻现象。边沿触发器不仅克服了空翻现象，而且大大提高了抗干扰能力，从而提高了触发器工作的可靠性。

边沿触发器有两种类型：一种是利用触发器内部逻辑门之间延迟时间的不同，使触发器只在约定时钟跳变时才接收输入信号，如边沿 JK 触发器（以下简称 JK 触发器）；另一种是利用直流反馈来维持翻转后的新状态，阻塞触发器在同一时钟内再次产生翻转，如维持阻塞 D 触发器（以下简称 D 触发器）等。

4.2.1　JK 触发器

JK 触发器是数字电路触发器中的一种基本电路单元。JK 触发器具有置 0、置 1、保持和翻转功能，在各类集成触发器中，JK 触发器的功能最为齐全。在实际应用中，它不仅有很强的通用性，而且能灵活地转换成其他类型的触发器。

1. 逻辑符号

JK 触发器的逻辑符号如图 4 - 7 所示，图中，J、K 为触发信号输入端，

CP 端加"∧"表示边沿触发,加小圆圈"○"表示在时钟脉冲 CP 的下降沿触发,不加小圆圈表示上升沿触发。

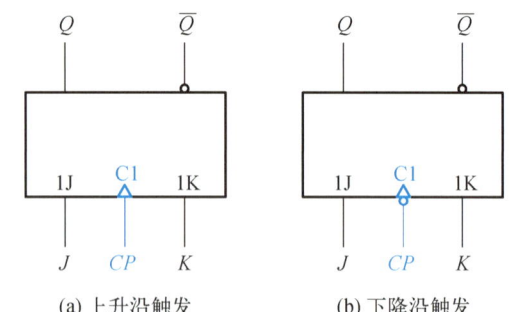

图 4-7　JK 触发器的逻辑符号　　　(a) 上升沿触发　　　(b) 下降沿触发

微视频:JK 触发器

2. 特性表

JK 触发器的特性表见表 4-4。

表 4-4　JK 触发器的特性表

J	K	Q^n	Q^{n+1}	功　能
0	0	0	0	保　持
		1	1	
0	1	0	0	置 0
		1	0	
1	0	0	1	置 1
		1	1	
1	1	0	1	翻转(或计数)
		1	0	

根据表 4-4,可得 JK 触发器的特性方程:

$$Q^{n+1} = J\,\overline{Q^n} + \overline{K}Q^n \quad (CP\ 上升沿或下降沿有效)$$

3. 波形图

如图 4-8 所示是一个下降沿触发的 JK 触发器的波形图。图中,假设触发器的初始状态为 **0**。

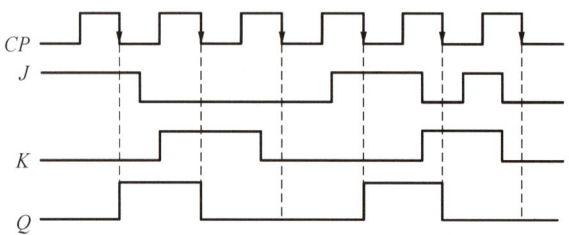

图 4-8
下降沿触发的 JK 触发器的波形图

图中,由于受 CP 脉冲的边沿时刻控制,在 CP 脉冲从高电平跳变到低电平时,即 CP 脉冲的下降沿时刻到来时,JK 触发器输出端的状态才按照特性表进行变化,而在 $CP=0$、$CP=1$ 以及 CP 由低电平跳变到高电平期间,JK 触发器都将保持原状态不变。因此,大大提高了电路工作的可靠性。

4. JK 触发器 74LS112

74LS112 为双下降沿 JK 触发器,由两个独立的下降沿触发的 JK 触发器组成,74LS112 的逻辑符号及引脚排列图如图 4－9 所示,74LS112 的功能表见表 4－5。

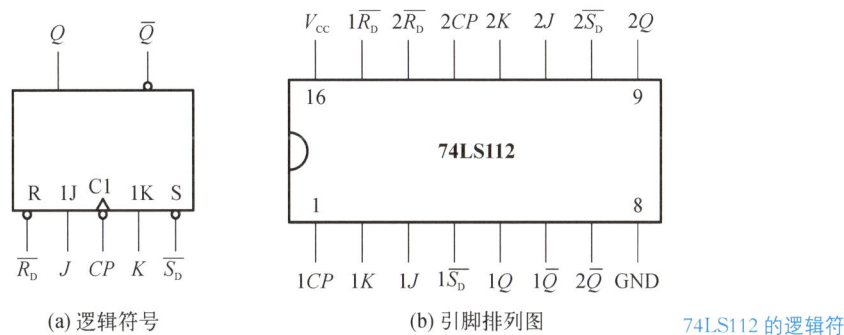

(a) 逻辑符号　　　　　(b) 引脚排列图

图 4－9　74LS112 的逻辑符号和引脚排列图

表 4－5　74LS112 的功能表

输　　　入					输　出	功　　能
$\overline{R_D}$	$\overline{S_D}$	CP	J	K	Q^{n+1}	
0	**1**	×	×	×	**0**	异步置 **0**
1	**0**	×	×	×	**1**	异步置 **1**
1	**1**	↓	**0**	**0**	Q^n	保持
1	**1**	↓	**0**	**1**	**0**	置 **0**
1	**1**	↓	**1**	**0**	**1**	置 **1**
1	**1**	↓	**1**	**1**	$\overline{Q^n}$	翻转

由表 4－5 可看出,74LS112 主要功能如下:

(1) 异步置 **0**。当 $\overline{R_D}=0$, $\overline{S_D}=1$ 时,触发器被直接置 **0**,这与时钟脉冲 CP 及输入信号 J、K 无关,这也是异步置 **0** 的来历。$\overline{R_D}$ 为异步置 **0** 端,又称直接置 **0** 端。

(2) 异步置 **1**。当 $\overline{R_D}=1$, $\overline{S_D}=0$ 时,触发器被直接置 **1**,这与时钟脉冲 CP 及输入信号 J、K 无关,这也是异步置 **1** 的来历。$\overline{R_D}$ 为异步置 **1** 端,又称直接置 **1** 端。

由此可见,$\overline{R_D}$、$\overline{S_D}$ 端的信号对触发器的控制作用优先于 CP 及 J、K 等输入信号。

(3) 保持。当 $\overline{R_D}=\overline{S_D}=1$，$J=K=0$ 时，触发器保持原来的状态不变，即使有 CP 下降沿作用，电路状态仍保持不变，即 $Q^{n+1}=Q^n$。

(4) 置 **0**。当 $\overline{R_D}=\overline{S_D}=1$，$J=0$，$K=1$ 时，在 CP 下降沿作用下，触发器被置 **0**，即 $Q^{n+1}=0$。

(5) 置 **1**。当 $\overline{R_D}=\overline{S_D}=1$，$J=1$，$K=0$ 时，在 CP 下降沿作用下，触发器被置 **1**，即 $Q^{n+1}=1$。

(6) 翻转。当 $\overline{R_D}=\overline{S_D}=1$，$J=K=1$ 时，每输入一个 CP 下降沿，触发器的状态就变化一次，即 $Q^{n+1}=\overline{Q^n}$，这种功能常用于计数。

4.2.2　D 触发器

微视频：D 触发器

D 触发器具有置 **0**、置 **1** 两种功能，其输出端的状态取决于 CP 脉冲边沿时刻到来之前 D 端的状态，因此，在 $CP=1$ 或 $CP=0$ 期间，即使 D 端的数据状态变化，也不会影响触发器输出端的状态。

1. 逻辑功能

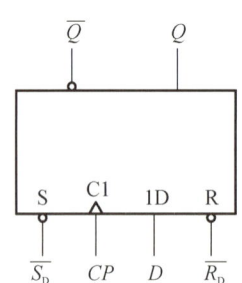

图 4-10
D 触发器逻辑符号

图 4-10 所示是一种上升沿触发的 D 触发器的逻辑符号，只有一个触发输入端 D，因此，逻辑关系非常简单。

图中，D 为数据输入端，$\overline{R_D}$、$\overline{S_D}$ 是异步复位端和异步置位端，用来设置初始状态。Q 和 $\overline{Q}$ 是输出端，CP 是时钟脉冲，只有"∧"没有小圆圈，表示上升沿触发。D 触发器特性表见表 4-6。

表 4-6　D 触发器特性表

CP	D	Q^n	Q^{n+1}	功　能
↑	0	0	0	
↑	0	1	0	输出状态
↑	1	0	1	同 D 状态
↑	1	1	1	

由 D 触发器的特性表得到其特性方程：

$$Q^{n+1}=D \quad (CP \text{ 上升沿有效})$$

D 触发器优点是边沿控制，CP 上升沿触发，在 $CP=1$ 期间有维持阻塞作用存在，触发器状态不发生变化。但 D 触发器在某些情况下使用起来不如 JK 触发器方便。

2. 波形图

D 触发器的波形图如图 4-11 所示。图中，假设触发器的初始状态为 **0**。

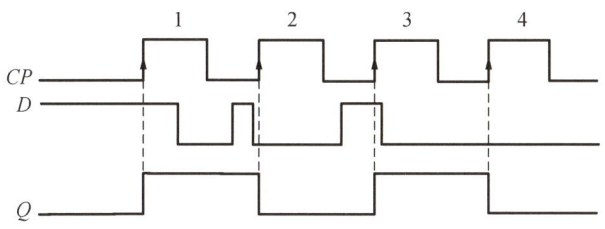

图 4‑11 D 触发器的波形图

图 4‑11 中,当每一个 CP 脉冲的上升沿时刻到来时,D 触发器输出端的状态都由 D 端的状态决定,而在 $CP=0$、$CP=1$ 以及 CP 由高电平跳变到低电平期间,触发器输出端的状态都将保持原状态不变。因此,大大提高了电路工作的可靠性。

3. 双上升沿集成 D 触发器 74LS74

74LS74 为双上升沿集成 D 触发器,由两个独立的上升沿触发的 D 触发器组成,74LS74 的逻辑符号及引脚排列图如图 4‑12 所示。74LS74 的功能表见表 4‑7。

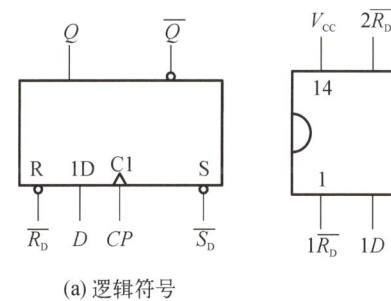

(a) 逻辑符号

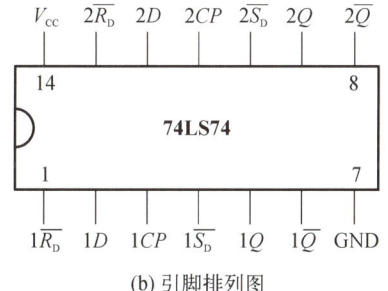

(b) 引脚排列图

图 4‑12
74LS74 的逻辑符号及
引脚排列图

表 4‑7 74LS74 的功能表

输　　　　入				输　出	功　能
$\overline{R_D}$	$\overline{S_D}$	CP	D	Q^{n+1}	
0	**1**	×	×	**0**	异步置 0
1	**0**	×	×	**1**	异步置 1
1	**1**	↑	**0**	**0**	置 0
1	**1**	↑	**1**	**1**	置 1

由表 4‑7 可看出,74LS74 有如下主要功能:

(1) 异步置 0。当 $\overline{R_D}=0$, $\overline{S_D}=1$ 时,触发器被直接置 0,这与时钟脉冲 CP 及输入信号 D 无关。

(2) 异步置 1。当 $\overline{R_D}=1$, $\overline{S_D}=0$ 时,触发器被直接置 1,这与时钟脉冲 CP 及输入信号 D 无关。

(3) 置 0。当 $\overline{R_D}=\overline{S_D}=1$, $D=0$ 时,在 CP 上升沿作用下,触发器被置 0,

即 $Q^{n+1}=0$。

(4) 置 **1**。当 $\overline{R_D}=\overline{S_D}=1$, $D=1$ 时,在 CP 上升沿作用下,触发器被置 **1**,即 $Q^{n+1}=1$。

(5) 保持。当 $\overline{R_D}=\overline{S_D}=1$, CP 不处于上升沿作用下,无论 D 是什么状态,触发器保持原来的状态不变,即 $Q^{n+1}=Q^n$。

4.2.3　T 触发器和 T' 触发器

T 触发器和 T' 触发器主要由 JK 触发器或 D 触发器构成。T 触发器是指根据 T 端输入信号的不同,在时钟脉冲 CP 作用下具有翻转(计数)和保持功能的电路,T 触发器的逻辑符号如图 4-13 所示。而 T' 触发器则是指每输入一个时钟脉冲 CP,状态变化一次的电路。它的功能实际上是 T 触发器的翻转(计数)功能。T 触发器的特性表见表 4-8。

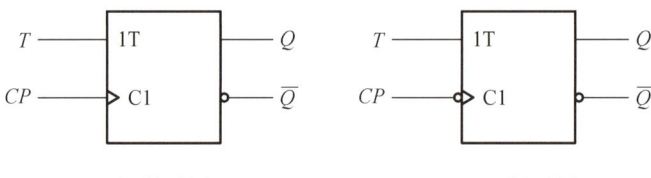

图 4-13　T 触发器的逻辑符号　　　　(a) 上升沿触发　　　　(b) 下降沿触发

表 4-8　T 触发器的特性表

T	Q^n	Q^{n+1}	逻辑功能
0	0	0	保持
0	1	1	
1	0	1	翻转(计数)
1	1	0	

由特性表可得,T 触发器的特性方程为:

$$Q^{n+1}=T\overline{Q^n}+\overline{T}Q^n \quad (CP \text{ 上升沿或下降沿有效})$$

若 $T=1$, 则 T 触发器就转换为 T' 触发器,T' 触发器的特性方程为:

$$Q^{n+1}=\overline{Q^n} \quad (CP \text{ 上升沿或下降沿有效})$$

4.2.4　触发器的相互转换

所谓转换,就是把一种已有的触发器,通过加入转换逻辑电路之后,成为另一种逻辑功能的触发器。

触发器按功能可分为 RS、JK、D、T、T' 五种类型,但最常见的触发器

微视频:触发器的相互转换

是 JK 触发器和 D 触发器。JK 触发器与 D 触发器之间是可以互相转换的，也可用它们转换构成其他类型的触发器，如 T 触发器或 T' 触发器等。触发器相互转换的步骤为：

（1）写出已有触发器和待转换的触发器的特性方程。

（2）变换待转换的触发器的特性方程，使之与已有触发器的特性方程一致。

（3）比较已有触发器的特性方程和变换后的待转换的触发器特性方程，根据两个方程相等的原则，得到转换逻辑关系。

（4）根据转换逻辑画出逻辑图。

1. JK 触发器转换为 D 触发器

首先写出 JK 触发器的特性方程：

$$Q^{n+1} = J\,\overline{Q^n} + \overline{K}Q^n$$

然后，写出待求 D 触发器的特性方程：

$$Q^{n+1} = D$$

最后，求出转换逻辑，即 JK 触发器的驱动方程。为了便于比较，将 D 触发器的特性方程转换为与 JK 触发器的特性方程相似的形式，

$$Q^{n+1} = D = D(\overline{Q^n} + Q^n)$$
$$即\ Q^{n+1} = D\,\overline{Q^n} + DQ^n$$

将 JK 触发器的特性方程和 D 触发器的特性方程比较后，可求得 J、K 的驱动方程：

$$\begin{cases} J = D \\ K = \overline{D} \end{cases}$$

根据求出的转换逻辑，即已有的 JK 触发器的驱动方程，便可画出如图 4-14 所示的 JK 触发器转换为 D 触发器的逻辑图。

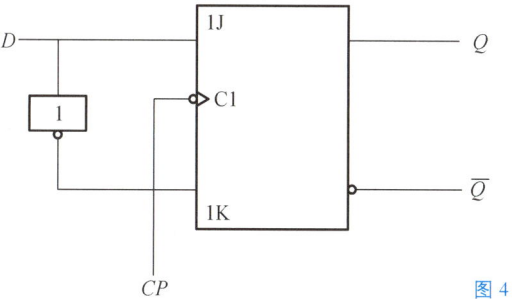

图 4-14　JK 触发器转换为 D 触发器的逻辑图

2. D 触发器转换为 JK 触发器

写出 D 触发器的特性方程：

$$Q^{n+1} = D$$

写出待求 JK 触发器的特性方程：

$$Q^{n+1} = J\,\overline{Q^n} + \overline{K}Q^n$$

比较上述两个特性方程，可得

$$D = J\,\overline{Q^n} + \overline{K}Q^n$$

画出逻辑图，如图 4–15 所示。

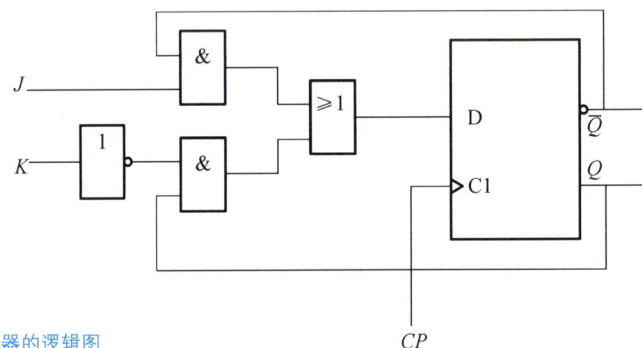

图 4–15　D 触发器转换为 JK 触发器的逻辑图

▌知识拓展▐

CMOS 触发器

CMOS 触发器与 TTL 触发器一样，种类繁多。由于 CMOS 触发器具有功耗低、抗干扰能力强、电源适应范围大等优点，应用很广泛。常用的 CMOS 触发器有 CC4013(D 触发器)、CC4027(JK 触发器)、74HC74(高速 CMOS 边沿 D 触发器)等。

1. 双上升沿 JK 触发器 CC4027

CC4027 的引脚排列图如图 4–16 所示，它是双上升沿 JK 触发器，且其异

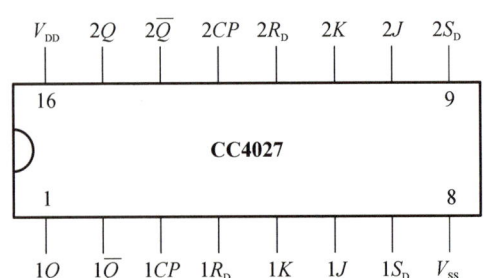

图 4–16　CC4027 的引脚排列图

步输入端 R_D、S_D 为高电平有效。CC4027 的功能表见表 4 - 9。使用时注意 CMOS 触发器电源电压为 3～18 V。

表 4 - 9　CC4027 的功能表

输　　入					输　出	功　　能
R_D	S_D	CP	J	K	Q^{n+1}	
1	0	×	×	×	0	异步置 0
0	1	×	×	×	1	异步置 1
0	0	↑	0	0	Q^n	保持
0	0	↑	0	1	0	置 0
0	0	↑	1	0	1	置 1
0	0	↑	1	1	$\overline{Q^n}$	翻转

2. 双上升沿 D 触发器 CC4013

CC4013 为 CMOS 双上升沿 D 触发器,其引脚排列图如图 4 - 17 所示,且其异步输入端 R_D、S_D 为高电平有效。CC4013 的功能表见表 4 - 10。

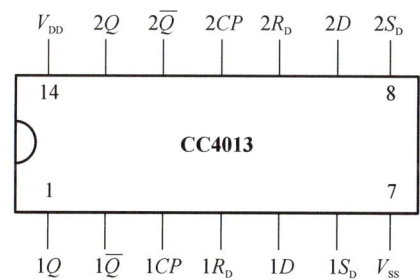

图 4 - 17　CC4013 引脚排列图

表 4 - 10　CC4013 的功能表

输　　入				输　出	功　　能
R_D	S_D	CP	D	Q^{n+1}	
1	0	×	×	0	异步置 0
0	1	×	×	1	异步置 1
0	0	↑	0	0	置 0
0	0	↑	1	1	置 1

▌任务训练▌
集成触发器逻辑功能测试

1. 训练目的

(1) 掌握 JK、D 触发器的逻辑功能及测试方法。

（2）掌握不同触发器之间的转换方法。

2. 训练仪器及器材

（1）数字电子技术实验装置一台。

（2）CC4027 双上升沿 JK 触发器一片，CC4013 双上升沿 D 触发器一片，CC4011 四 2 输入与非门一片，导线若干。

3. 训练内容及步骤

（1）JK 触发器逻辑功能测试

将 CC4027（见图 4 - 16）其中一个触发器的输入端接逻辑电平开关，CP 接单次脉冲，输出端 Q 接逻辑电平指示灯，按表 4 - 11 要求输入信号，先进行异步置 1、异步置 0 功能测试，再进行逻辑功能测试，记录输出状态于表 4 - 11。

表 4 - 11 JK 触发器逻辑功能测试表

输　入					初态	次态	功　能
R_D	S_D	CP	J	K	Q^n	Q^{n+1}	
		×	×	×	×	0	异步置 0
		×	×	×	×	1	异步置 1
0	0	↑	0	0	0		
		↓			0		
		↑			1		
		↓			1		
		↑	0	1	0		
		↓			0		
		↑			1		
		↓			1		
		↑	1	0	0		
		↓			0		
		↑			1		
		↓			1		
		↑	1	1	0		
		↓			0		
		↑			1		
		↓			1		

（2）D 触发器逻辑功能测试

将 CC4013（见图 4 - 17）其中一个触发器的输入端接逻辑电平开关，CP 接单次脉冲，输出端 Q 接逻辑电平指示灯，按表 4 - 12 要求输入信号，先进行异步置 1、异步置 0 功能测试，再进行逻辑功能测试，记录输出状态。

表 4 – 12　D 触发器逻辑功能测试表

输　入				初态	次态	功　能
R_{D}	S_{D}	CP	D	Q^n	Q^{n+1}	
		×	×	×	0	异步置 0
		×	×	×	1	异步置 1
0	0	↑	0		0	
		↓			0	
		↑			1	
		↓			1	
		↑	1		0	
		↓			0	
		↑			1	
		↓			1	

（3）触发器逻辑功能转换

① 将 D 触发器转换成 JK 触发器,画出逻辑图,进行逻辑功能测试。

② 将 D 触发器转换成 T 触发器,画出逻辑图,进行逻辑功能测试。

（4）注意事项:触发器的多余输入端需按要求接地。同时应注意防止静电破坏。

4. 总结思考

根据测试结果,写出 JK 触发器和 D 触发器的特性方程。

项目小结

1. 触发器是数字系统中极为重要的基本逻辑单元。它有两个稳定状态,在外加触发信号的作用下,可以从一种稳定状态转换到另一种稳定状态。当外加信号消失后,触发器仍维持其状态不变,因此,触发器具有记忆功能,每个触发器只能记忆存储 1 位二进制信息。

2. 按动作特点不同,可以把触发器分为基本 RS 触发器、同步触发器、主从触发器和边沿触发器等。

① 基本 RS 触发器的输出状态直接由输入信号 R 和 S 来决定,当输入信号 R 和 S 发生变化时,输出端 Q 的状态作相应的变化。

② 同步触发器克服了基本 RS 触发器直接受输入信号控制的缺点,只在 CP 有效时间内接收信号,但有空翻现象。

③ 边沿触发器的次态,仅取决于 CP 信号的上升沿或下降沿时刻的输入信号状态,而在这以前或以后输入信号的变化对触发器的状态没有影响。

3. 触发器按功能可分为 RS、JK、D、T、T' 几种类型。触发器的逻辑功能可用功能表、特性表、特性方程、逻辑符号和波形图(时序图)来描述。类型不同而功能相同的触发器,其功能表、状态图、特性方程均相同,只是逻辑符号和时序图不同。

4. JK 触发器与 D 触发器之间可以互相转换,也可用它们转换构成其他类型的触发器,如 T 触发器、T' 触发器等。

 **自测题**

1. 填空题

(1) 触发器有两个稳态,即其输出的两个稳定状态为_____、_____。存储 8 位二进制信息需要_____个触发器。

(2) 触发器有两个稳态。把 $Q=0$,$\overline{Q}=1$ 的状态叫作_____状态;把 $Q=1$,$\overline{Q}=0$ 的状态叫作_____状态。

(3) 在**与非**门构成的基本 RS 触发器电路中,当 $\overline{R}=0$、$\overline{S}=1$ 时,$Q=$_____;当 $\overline{R}=1$、$\overline{S}=0$ 时,$Q=$_____。电路中不允许两个输入端同时为_____,否则将出现逻辑混乱。

(4) D 触发器的特性方程是_____,JK 触发器的特性方程是_____。

(5) 欲使 D 触发器按 $Q^{n+1}=Q^n$ 工作,应使输入 $D=$_____。

(6) 根据触发器功能的不同,可将触发器分为_____触发器、_____触发器、_____触发器、T 触发器和 T' 触发器。

(7) 把 JK 触发器_____就构成了 T 触发器,T 触发器具有的逻辑功能是_____和_____。

(8) 将_____触发器的输入端恒输入 **1**,就构成了 T' 触发器,这种触发器仅具有_____功能。

2. 选择题

(1) 触发器由门电路构成,但它不同于门电路,触发器的主要特点是(   )。

A. 多用来实现组合逻辑电路   B. 有记忆功能

C. 没有记忆功能

(2) 欲使 JK 触发器按 $Q^{n+1}=Q^n$ 工作,可使 JK 触发器的输入端(   )。

A. $J=K=0$ B. $J=K=1$

C. $J=\overline{Q}$,$K=Q$ D. $J=Q$,$K=1$

(3) 如图 4-18 所示的触发器的特性方程是(   )。

A. $Q^{n+1}=0$ B. $Q^{n+1}=1$ C. $Q^{n+1}=\overline{Q^n}$ D. $Q^{n+1}=Q^n$

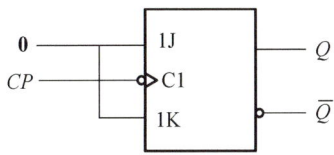

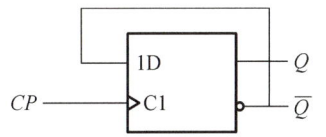

图 4-18　选择题(3)图　　　　　　　　　　　　　　　　图 4-19　选择题(4)图

(4) 如图 4-19 所示的触发器的特性方程是(　　)。

A. $Q^{n+1}=0$ 　　　　　　　　　　　　B. $Q^{n+1}=1$

C. $Q^{n+1}=\overline{Q^n}$ 　　　　　　　　　　D. $Q^{n+1}=Q^n$

(5) 为实现将 JK 触发器转换为 D 触发器,应使(　　)。

A. $J=D$, $K=\overline{D}$ 　　　　　　　　B. $K=D$, $J=\overline{D}$

C. $J-K-D$ 　　　　　　　　　　D. $J=K=\overline{D}$

(6) JK 触发器处于翻转时,输入信号的条件是(　　)。

A. $J=0$, $K=0$ 　　　　　　　　B. $J=0$, $K=1$

C. $J=1$, $K=0$ 　　　　　　　　D. $J=1$, $K=1$

(7) 边沿触发器的触发方式为(　　)。

A. 上升沿触发

B. 下降沿触发

C. 可以是上升沿触发,也可以是下降沿触发

D. 可以是高电平触发,也可以是低电平触发

(8) 由**与非**门组成的 RS 触发器不允许输入的变量组合 RS 为(　　)。

A. 00　　　　　　B. 01　　　　　　C. 11　　　　　　D. 10

(9) D 触发器的 R 端为(　　)。

A. 置 0 端　　　　　　　　　　B. 置 1 端

C. 保持端　　　　　　　　　　D. 反转端

(10) 对于 T 触发器,当 $T=$(　　)时,触发器处于保持状态。

A. 0　　　　　　　　　　　　B. 1

C. 0,1 均可　　　　　　　　　　D. 以上都不对

(11) 为了使触发器克服空翻与振荡,应采用(　　)。

A. CP 高电平触发　　　　　　　B. CP 低电平触发

C. CP 低电位触发　　　　　　　D. CP 边沿触发

3. 判断题

(　　)(1) 同步触发器的异步复位端 R 不受 CP 脉冲的控制。

(　　)(2) 双稳态触发器具有两种稳定的工作状态,故它能表示 2 位二进制代码。

(　　)(3) 触发器是时序逻辑电路的基本单元。

文本：项目 4
自测题答案

（　）（4）JK 触发器只要 J、K 端同时为 **1**，则一定引起状态翻转。

（　）（5）所谓上升沿触发，是指触发器的输出状态变化是发生在 $CP=$ **1** 期间。

（　）（6）D 触发器的输出状态取决于 $CP=$ **1** 期间输入 D 的状态。

（　）（7）RS 触发器、JK 触发器均具有状态翻转功能。

习　题

4－1　如图 4－20a 所示的触发器，输入信号的波形如图 4－20b 所示。试对应画出 Q、$\overline{Q}$ 端的输出波形（设 Q 初态为 **0**）。

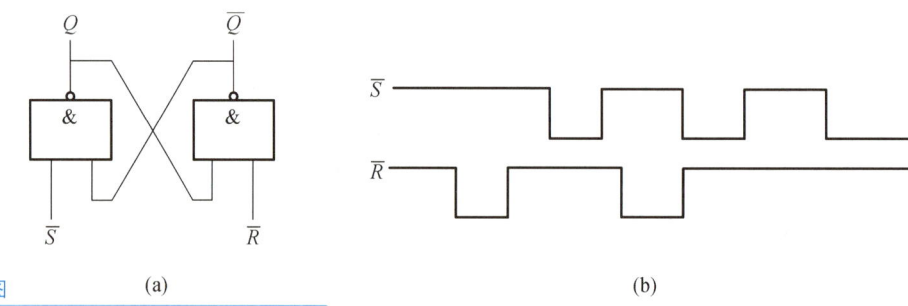

图 4－20　题 4－1 图　　　　（a）　　　　　　　　　　　　（b）

4－2　电路如图 4－21a 所示，CP 端输入波形如图 4－21b 所示。试写出其特性方程，画出 Q 的输出波形（设 Q 初态为 **0**）。

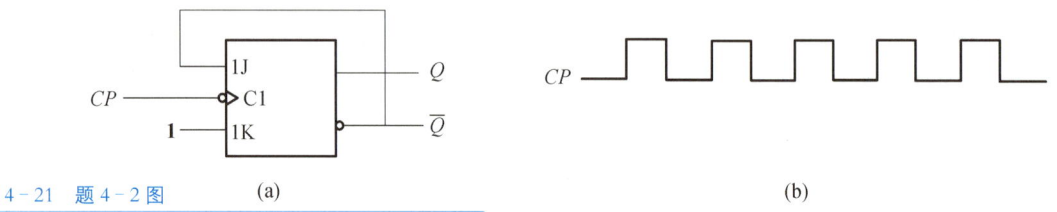

图 4－21　题 4－2 图　　（a）　　　　　　　　　　　　（b）

4－3　电路如图 4－22a 所示，CP 端输入波形如图 4－22b 所示。试写出其特性方程，画出 Q 的输出波形（设 Q 初态为 **0**）。

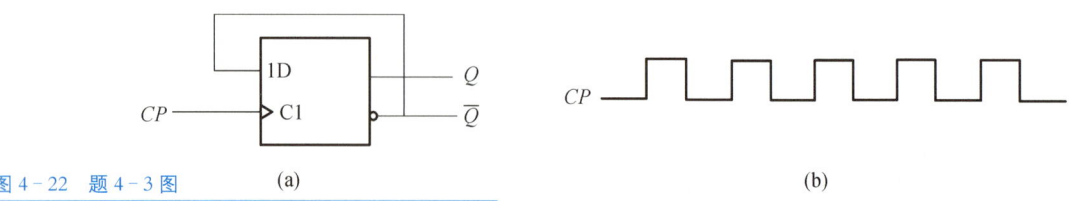

图 4－22　题 4－3 图　　（a）　　　　　　　　　　　　（b）

4－4　电路如图 4－23a 所示，试写出其特性方程，CP、D 端输入波形如图 4－23 所示。画出 Q 的输出波形（设 Q 初态为 **0**）。

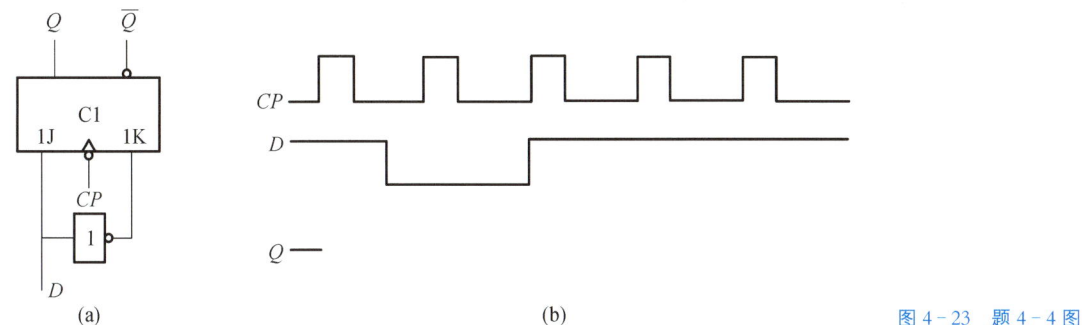

(a)　　　　　　　　　　　　　　　　(b)

图 4 - 23　题 4 - 4 图

4 - 5　已知下降沿触发的 JK 触发器的输入波形如图 4 - 24 所示,写出其特性方程,画出 Q 的输出波形(设 Q 初态为 **0**)。

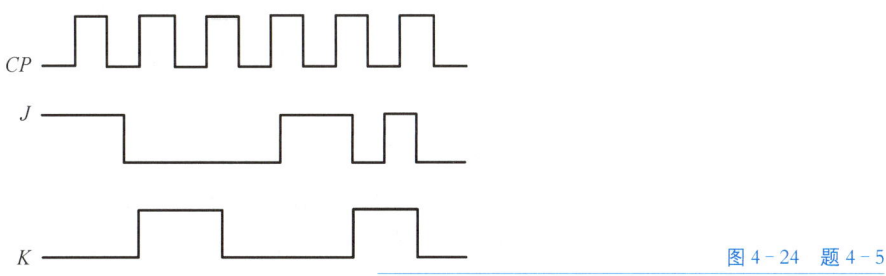

图 4 - 24　题 4 - 5

项目 **5** 汽车流量计数器的制作与测试

 项目描述

为了确定十字路口各个方向的通行时间,需要设计一个流量计数器来计算每个方向上汽车通行的数量。本项目设计的汽车流量计数器能对一个方向行驶的汽车流量进行加计数,计数值范围为 0~99。

1. 电路说明

汽车流量计数器电路图如图 5-1 所示,整个电路包括汽车感应器、0~99 的计数电路、2 位译码显示电路。在此电路中用按键电路模拟汽车感应器,每按一次按键代表经过一辆车,给计数器输入一个脉冲;计数电路由两片 74LS290 构成 0~99 加法计数器;两片 74LS48 为七段显示译码器,分别对计

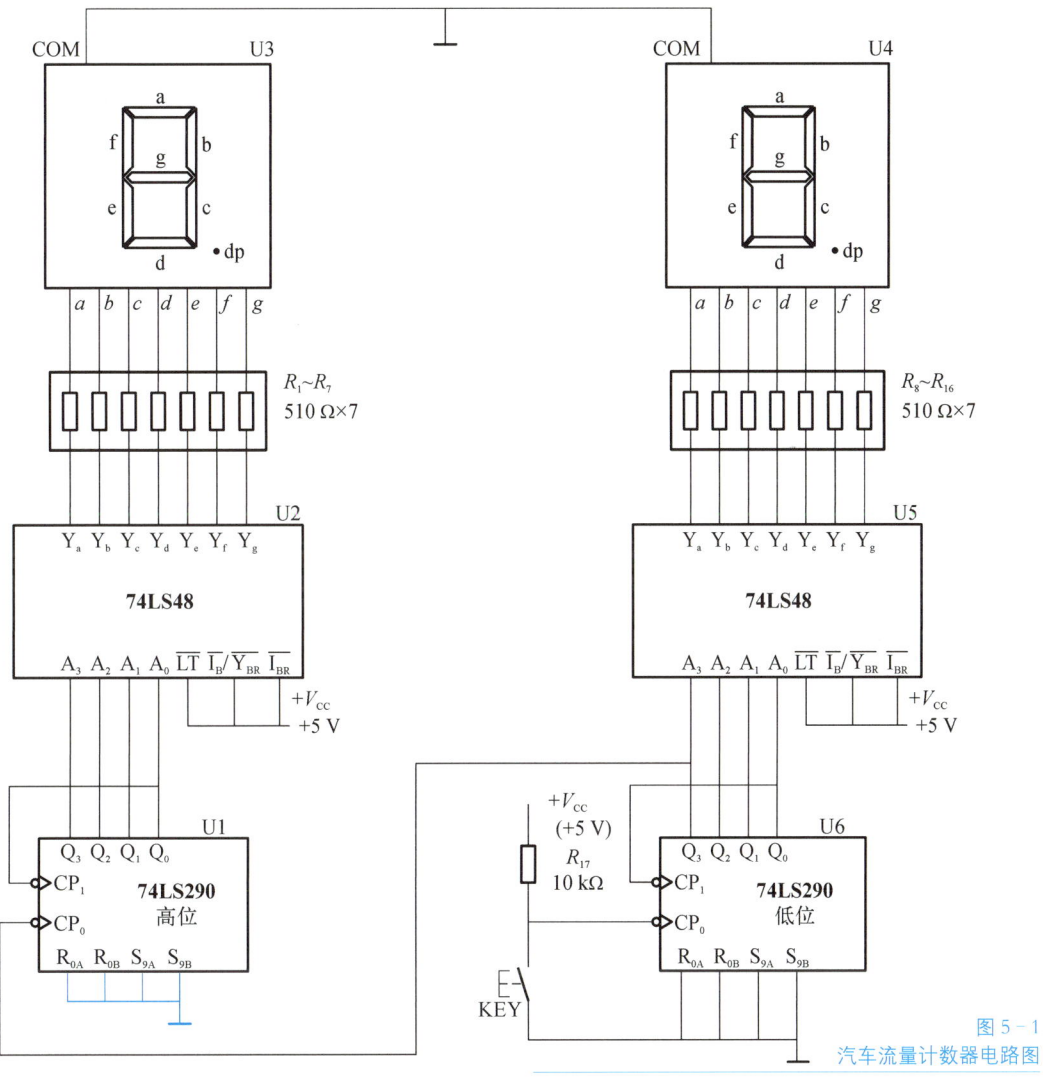

图 5–1
汽车流量计数器电路图

数值的十位和个位译码并送给共阴极数字显示器进行显示。

2. 设备与器材

74LS290 二–五–十进制加法计数器两片,74LS48 七段显示译码器两片,共阴极七段数字显示器两片,电阻、按键、导线若干,函数信号发生器一台,万能板(亦可选用面包板或自制 PCB)一块,直流稳压电源一台。

3. 主要步骤

(1) 按图 5–1 接线,电路可以连接在自制 PCB 上,或在万能板上焊接,也可在面包板上插接。

(2) 检查线路无误后再接通电源。

(3) 按动按键,检测计数情况。

(4) 可用函数信号发生器代替按键电路,改变输出脉冲频率,查看电路输出情况。

4. 注意事项

焊接时正确识别集成电路和数字显示器的引脚;判断按键引脚的通断;若采用 CMOS 集成电路,焊接时还要注意防止静电破坏。

知识链接

5.1 时序逻辑电路

时序逻辑电路(简称时序电路)与组合逻辑电路是数字系统中非常重要的逻辑电路。二者的不同之处在于组合逻辑电路在任一时刻的输出状态只与此刻的输入信号有关;时序逻辑电路在任何一个时刻的输出状态不仅取决于当时的输入信号,而且取决于电路原来的状态。因此,组合逻辑电路不具有记忆功能,而时序逻辑电路具有记忆功能。

5.1.1 时序逻辑电路的特点

时序逻辑电路的结构方框图如图 5‑2 所示,它由两部分组成:一部分是由门电路构成的组合逻辑电路,另一部分是由触发器构成的、具有记忆功能的反馈电路或存储电路。图中,$X_0 \sim X_i$ 代表时序逻辑电路输入的信号,$Z_0 \sim Z_k$ 代表时序逻辑电路输出的信号,$W_0 \sim W_m$ 代表反馈电路或存储电路的现时输入信号,$Q_0 \sim Q_n$ 代表反馈电路或存储电路的现时输出信号,$X_0 \sim X_i$ 和 $Q_0 \sim Q_n$ 共同决定时序逻辑电路的输出状态 $Z_0 \sim Z_k$。 这些信号之间逻辑关系可表示为:

$Z = F(X, Q^n)$ 电路输出的逻辑函数表达式

$W = G(X, Q^n)$ 存储电路的驱动方程

$Q^{n+1} = H(W, Q^n)$ 存储电路的状态方程

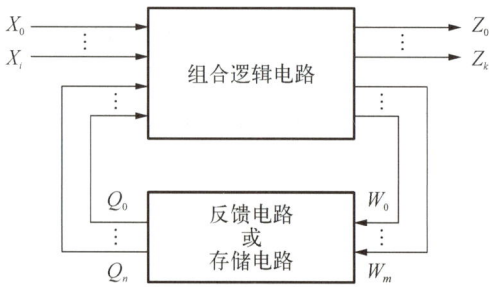

图 5‑2　时序逻辑电路的结构方框图

由此可见,时序逻辑电路具有以下几个特点:

(1) 时序逻辑电路由组合逻辑电路和存储电路(或反馈电路)组成。

(2) 时序逻辑电路存在反馈,因而电路的工作状态与时间因素有关,即时序逻辑电路的输出由电路的输入和电路原来的状态共同决定。

按触发脉冲输入方式的不同,时序逻辑电路可分为同步时序电路和异步时序电路。同步时序电路是指电路中各触发器状态的变化受同一个时钟脉冲控制;而在异步时序电路中,各触发器状态的变化不受同一个时钟脉冲控制。

按逻辑功能不同,时序电路可分为计数器、寄存器、时序信号发生器等。

5.1.2 时序逻辑电路的分析

微视频:时序逻辑电路的分析

时序逻辑电路的分析就是根据给定的逻辑图,通过分析,求出其输出 Z 的变化规律,以及电路状态 Q 的转换规律,进而说明该时序逻辑电路的逻辑功能和工作特性。

时序逻辑电路的分析步骤为:

(1) 根据给定的电路写出时钟方程、驱动方程、输出方程,也就是各个触发器的时钟信号、触发器的输入信号及电路输出信号的逻辑函数表达式。按照触发脉冲的输入方式,判断电路是同步时序电路还是异步时序电路。

(2) 求状态方程。把驱动方程代入相应触发器的特性方程,即可求出电路的状态方程,也就是各个触发器的次态方程。

(3) 列状态表。将电路现态的各种取值代入状态方程和输出方程进行计算,求出相应的次态和输出,从而列出状态表。时序逻辑电路的输出由电路中触发器的现态来决定。如现态的起始值已给定时,则从给定值开始计算。如没有给定,则可设定一个现态起始值依次进行计算。

(4) 画状态图和时序图。状态图是指用图形方式描述电路各状态的转换规律及其关系的示意图。电路的时序图是在时钟脉冲 CP 作用下,各触发器状态变化的波形图。它通常是根据时钟脉冲 CP 和状态表绘制。

(5) 分析逻辑功能。根据状态图及状态表来说明电路的逻辑功能。

例 5-1 分析如图 5-3 所示的时序逻辑电路。

解 (1) 写出相关方程

写出时钟方程: $CP_0 = CP_1 = CP\downarrow$,此电路是一个同步时序电路。

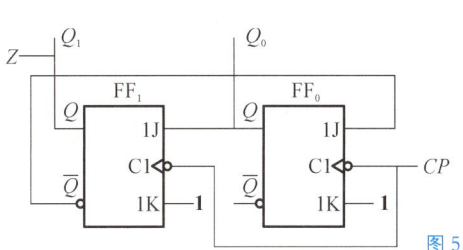

图 5-3 例 5-1 的逻辑图

写驱动方程:

$$\begin{cases} J_0 = \overline{Q_1^n}, & K_0 = 1 \\ J_1 = Q_0^n, & K_1 = 1 \end{cases}$$

写输出方程: $Z = Q_1^n$

（2）求状态方程

将上述驱动方程代入 JK 触发器的特性方程 $Q^{n+1} = J\overline{Q^n} + \overline{K}Q^n$ 中，得到电路的状态方程为：

$$\begin{cases} Q_0^{n+1} = J_0\overline{Q_0^n} + \overline{K_0}\,Q_0^n = \overline{Q_1^n}\,\overline{Q_0^n} \\ Q_1^{n+1} = J_1\overline{Q_1^n} + \overline{K_1}\,Q_1^n = \overline{Q_1^n}\,\overline{Q_0^n} \end{cases}$$

（3）列状态表

在列状态表时可首先假定电路的现态 $Q_1^n Q_0^n$ 为 **00**，将 **00** 代入状态方程，得出电路的次态 $Q_1^{n+1}Q_0^{n+1}$ 为 **01**，再以 **01** 作为现态求出下一个次态 **10**。如此反复进行，即可列出所分析电路的状态表，见表 5-1。

表 5-1 例 5-1 电路的状态表

脉冲	现 态		次 态		输 出
CP	Q_1^n	Q_0^n	Q_1^{n+1}	Q_0^{n+1}	Z
↓	**0**	**0**	**0**	**1**	**0**
↓	**0**	**1**	**1**	**0**	**0**
↓	**1**	**0**	**0**	**0**	**1**
↓	**1**	**1**	**0**	**0**	**1**

（4）画状态图和时序图

根据表 5-1 所示电路的状态表可画出例 5-1 电路的状态图和时序图，如图 5-4 所示。在状态图中，圆圈内标明电路的各个状态，箭头指示状态的转移方向，箭头旁标注状态转换前输入变量值及输出变量值，通常将输入变量值写在斜线上方，输出变量值写在斜线下方。本例中因无输入变量，因此斜线上方没有标注。

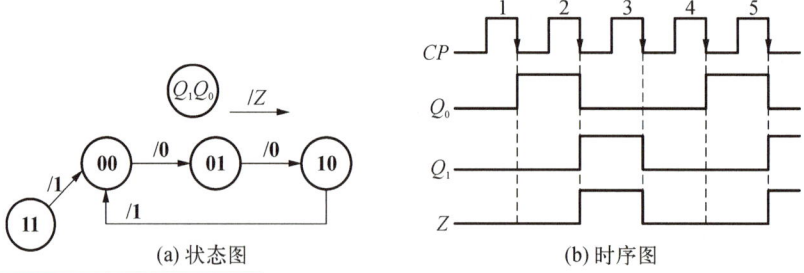

图 5-4
例 5-1 电路的状态图和
时序图

(a) 状态图　　　　　　　　(b) 时序图

图 5-4a 中有一个状态 **11** 称为无效状态或偏离状态。若电路受到干扰进入此状态，则经过一个时钟脉冲 CP 后，能自动转入有效状态 **00**。这种偏离状态能在时钟脉冲 CP 作用下自动转入有效状态的特性，称为具有自启动特性。

（5）分析逻辑功能

由状态表、状态图、时序图均可看出，此电路有 3 个有效工作状态，在时钟

脉冲 CP 的作用下,由初始 **00** 状态依次递增到 **10** 状态,其递增规律为每输入一个 CP 脉冲,电路输出状态按二进制运算规律加 1。所以此电路是一个同步的 1 位三进制加法计数器。

知识链接

5.2　计数器

用以统计输入计数脉冲 CP 个数的电路称作计数器,它主要是由触发器组成的。

计数器种类较多,特点各异,主要可分为以下几种:按计数进制,可分为二进制计数器、十进制计数器、任意进制计数器;按计数的增减方式,可分为加法计数器、减法计数器和加减法计数器;按计数器中触发器翻转是否同步,可分为同步计数器和异步计数器。

5.2.1　同步计数器

同步计数器中,各个触发器都受同一时钟脉冲的控制,因此它们状态的更新是同步的。

1. 同步二进制计数器

由 3 个 JK 触发器组成的同步 3 位二进制减法计数器的逻辑图如图 5-5所示。

微视频:同步二进制减法计数器

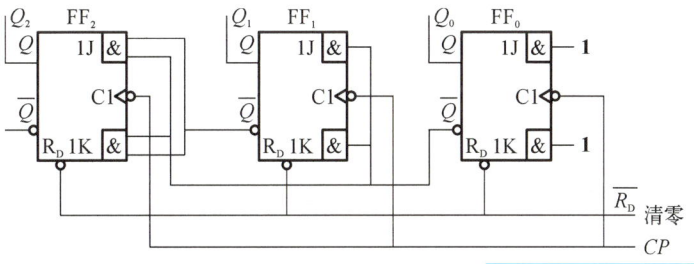

图 5-5
同步三位二进制减法计数器的逻辑图

对此电路进行分析:

(1) 写出相关方程

写出时钟方程: $CP_0 = CP_1 = CP_2 = CP \downarrow$,此电路是一个同步时序电路。

写驱动方程:

$$\begin{cases} J_0 = K_0 = 1 \\ J_1 = K_1 = \overline{Q_0^n} \\ J_2 = K_2 = \overline{Q_0^n}\,\overline{Q_1^n} \end{cases}$$

（2）求状态方程

将上述驱动方程代入 JK 触发器的特性方程 $Q^{n+1} = J\overline{Q^n} + \overline{K}Q^n$ 中，得到电路的状态方程为：

$$\begin{cases} Q_0^{n+1} = J_0\overline{Q_0^n} + \overline{K_0}Q_0^n = \overline{Q_0^n} \\ Q_1^{n+1} = J_1\overline{Q_1^n} + \overline{K_1}Q_1^n = \overline{Q_0^n}\,\overline{Q_1^n} + \overline{\overline{Q_0^n}}Q_1^n = \overline{Q_1^n}\,\overline{Q_0^n} + Q_1^nQ_0^n \\ Q_2^{n+1} = J_2\overline{Q_2^n} + \overline{K_2}Q_2^n = \overline{Q_2^n}\,\overline{Q_1^n}\,\overline{Q_0^n} + Q_2^n\overline{\overline{Q_1^n}\,\overline{Q_0^n}} \end{cases}$$

（3）列状态表

首先假定电路的现态 $Q_2^nQ_1^nQ_0^n$ 为 **000**，将 **000** 代入上述方程式，得出电路的次态 $Q_2^{n+1}Q_1^{n+1}Q_0^{n+1}$ 为 **111**，再以 **111** 作为现态代入状态方程式求出下一个次态 **110**。如此反复进行，列出同步 3 位二进制减法计数器的状态表，见表 5 - 2。

表 5 - 2　同步 3 位二进制减法计数器的状态表

脉冲	现 态			次 态		
CP	Q_2^n	Q_1^n	Q_0^n	Q_2^{n+1}	Q_1^{n+1}	Q_0^{n+1}
↓	0	0	0	1	1	1
↓	1	1	1	1	1	0
↓	1	1	0	1	0	1
↓	1	0	1	1	0	0
↓	1	0	0	0	1	1
↓	0	1	1	0	1	0
↓	0	1	0	0	0	1
↓	0	0	1	0	0	0

（4）画状态图和时序图

根据表 5 - 2 所示的状态表可画出同步 3 位二进制减法计数器的转换图和时序图，如图 5 - 6 所示。

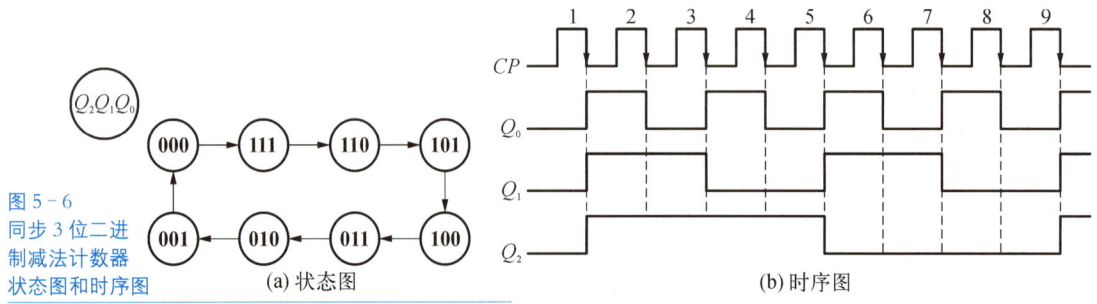

图 5 - 6
同步 3 位二进制减法计数器状态图和时序图

(a) 状态图　　(b) 时序图

从状态图可知，随着 CP 脉冲数的递增，触发器输出 $Q_2Q_1Q_0$ 值是递减的，且经过八个 CP 脉冲完成一个循环过程。因此，此电路是同步 3 位二进制(或 1 位八进制)减法计数器。

2. 同步二进制计数器的连接规律

由 JK 触发器和门电路可构成同步二进制计数器，有 n 个 JK 触发器，就可以构成 N 位同步二进制计数器，其连接规律见表 5 – 3。

表 5 – 3　同步二进制计数器的连接规律

端子	加 法 计 数 器	减 法 计 数 器
J、K	$J_0 = K_0 = \mathbf{1}$ $J_i = K_i = Q_{i-1}^n Q_{i-2}^n \cdots Q_0^n \ (1 \leqslant i \leqslant n-1)$	$J_0 = K_0 = \mathbf{1}$ $J_i = K_i = \overline{Q_{i-1}^n} \ \overline{Q_{i-2}^n} \cdots \overline{Q_0^n} \ (1 \leqslant i \leqslant n-1)$
CP	$CP_0 = CP_1 = \cdots = CP_{n-1} = CP \downarrow (CP \uparrow)$	

根据表 5 – 3 所示连接规律可构成同步任意位二进制计数器，同步 4 位二进制加法计数器如图 5 – 7 所示。

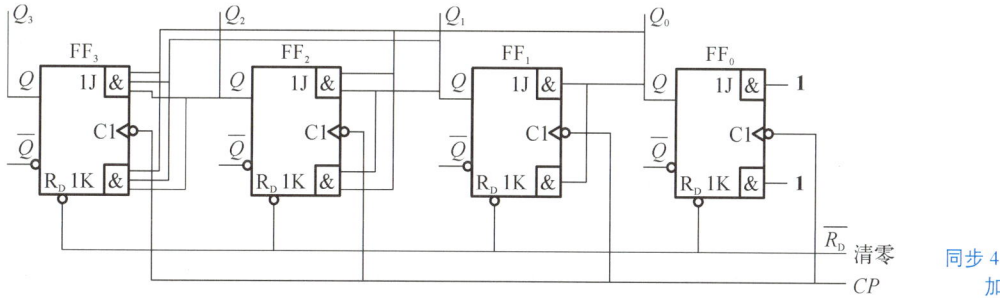

图 5 – 7　同步 4 位二进制加法计数器

由以上分析可知，同步二进制计数器具有以下特点：

(1) 同步二进制计数器中不存在外部反馈，并且计数器进制数 N 和计数器中触发器个数 n 之间满足 $N = 2^n$。

(2) 由于同步计数器的计数脉冲 CP 同时接到各位触发器的时钟脉冲输入端，当计数脉冲到来时，应该翻转的触发器同时翻转，所以计数速度快，并且能避免出现因触发器翻转时刻不一致而产生干扰毛刺现象，但是电路结构较复杂。

3. 集成同步计数器 74LS161

74LS161 是具有多种功能的集成 4 位同步二进制加法计数器，图 5 – 8 所示是 74LS161 的逻辑符号和引脚排列图。其中 CP 为计数脉冲输入端；$\overline{CR}$ 为异步清零端，低电平有效；$\overline{LD}$ 为同步预置数控制输入端，低电平有效；D_3、D_2、D_1、D_0 为数据输入端；CT_P、CT_T 为使能输入端；$Q_3Q_2Q_1Q_0$ 为输出端，CO 为进位输出端，$CO = CT_T \cdot Q_3Q_2Q_1Q_0$。74LS161 的功能表见表 5 – 4。

微视频：同步计数器 74LS161

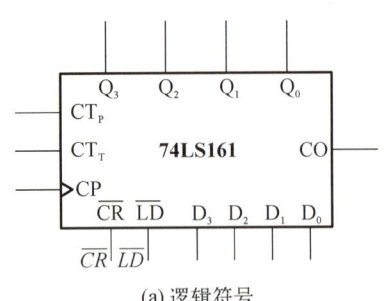

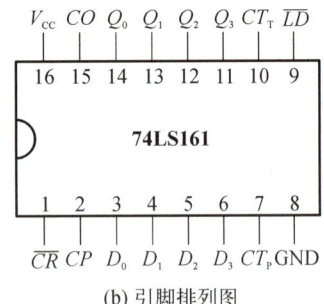

图 5－8
74LS161 的逻辑符号和
引脚排列图

(a) 逻辑符号　　　　　　　　(b) 引脚排列图

表 5－4　74LS161 的功能表

输　入								输　出				功　能
$\overline{CR}$	$\overline{LD}$	CT_T	CT_P	CP	D_3	D_2	D_1	D_0	Q_3	Q_2	Q_1 Q_0	
0	×	×	×	×	×	×	×	×	0	0	0　0	异步清零
1	0	×	×	↑	d_3	d_2	d_1	d_0	d_3	d_2	d_1　d_0	同步置数
1	1	0	×	×	×	×	×	×			保持	数据保持
1	1	×	0	×	×	×	×	×			保持	数据保持
1	1	1	1	↑	×	×	×	×			计数	加法计数

由表 5－4 可知，74LS161 具有以下功能：

(1) 异步清零。当 $\overline{CR}=0$ 时，不管其他输入端的状态如何，不论有无时钟脉冲 CP，计数器输出端将被直接置零，即 $Q_3Q_2Q_1Q_0=0000$，因清零不受 CP 控制，而称其为异步清零。

(2) 同步置数。当 $\overline{CR}=1$、$\overline{LD}=0$ 且 $CP=CP\uparrow$ 时，数据输入端的数据 $d_3d_2d_1d_0$ 被置入计数器的输出端，即 $Q_3Q_2Q_1Q_0=d_3d_2d_1d_0$。由于这个操作要与 CP 上升沿同步，所以称为同步置数。

(3) 数据保持。当 $\overline{CR}=\overline{LD}=1$，且 $CT_T \cdot CT_P=0$，即两个使能输入端中有 0 时，则计数器保持原来的状态不变。

(4) 加法计数。当 $\overline{CR}=\overline{LD}=CT_P=CT_T=1$ 时，在 CP 端输入计数脉冲，计数器进行二进制加法计数。

74LS163 与 74LS161 的功能大致相同，不同之处在于 74LS161 是异步清零，而 74LS163 是同步清零，即同步清零控制端 $\overline{CR}=0$ 且 $CP=CP\uparrow$ 时，计数器才能被清零。

4. 二进制计数器的应用

在数字集成电路中有多种型号的计数器产品，可以用这些数字集成电路来实现所需要的计数功能。常用的方法有反馈清零法和反馈置数法。

(1) 反馈清零法

反馈清零法将计数器的输出状态反馈到清零端，使计数器由此状态返回

到 **0** 重新开始计数,从而实现 N 进制计数器。

由于 74LS161 为低电平异步清零,因此如需利用其异步清零功能实现 N 进制计数时,应在第 N 个计数脉冲 CP 时,将其输出端 $Q_3Q_2Q_1Q_0$ 状态通过与非门控制 $\overline{CR}$ 端,使计数器置 **0**,从而实现 N 进制计数器的功能,具体方法如下:

用 S_1,S_2,$\cdots$,S_N 表示输入 1,2,$\cdots$,N 个计数脉冲时计数器的状态。

① 写出 N 进制计数器状态 S_N 的二进制代码。

② 写出反馈归零函数。根据 S_N 写出异步清零端的逻辑函数表达式。

③ 画连线图。主要根据反馈归零函数画连接线。

例 5‐2　试用反馈清零法,用一片 74LS161 组成一个同步十二进制加法计数器。

解　(1) 写出 S_{12} 的二进制代码,$S_{12} = \mathbf{1100}$。

(2) 写出反馈归零函数。因 74LS161 异步清零为低电平,所以 $\overline{CR} = \overline{Q_3Q_2}$。

(3) 画连线图。反馈清零法实现十二进制计数器电路图如图 5‐9a 所示,状态图如图 5‐9b 所示。

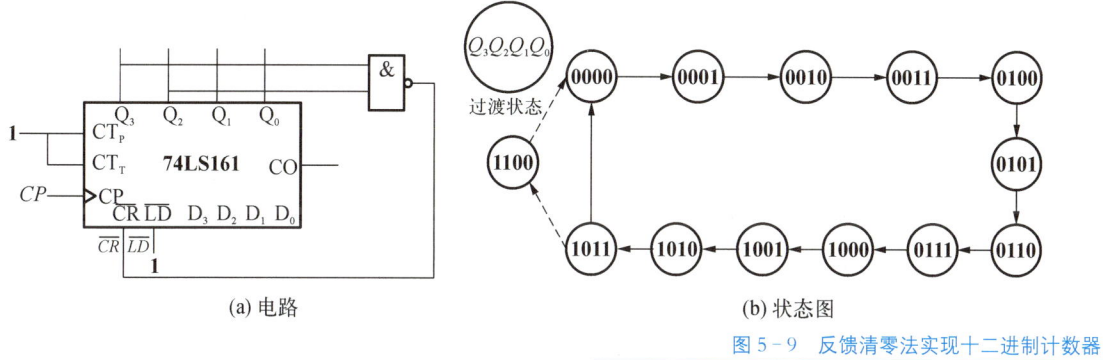

(a) 电路　　　　　　　　　　　　　　(b) 状态图

图 5‐9　反馈清零法实现十二进制计数器

用反馈清零法构成任意(N)进制计数器简单易行,但是存在有过渡状态和清零不可靠的问题。

(2) 反馈置数法

反馈置数法将反馈逻辑电路产生的信号送到预置数控制端,使计数器由此状态返回初始预置数状态重新开始计数,从而实现 N 进制计数器。

74LS161 采用低电平同步置数,利用其同步置数的功能可获得 N 进制计数器。计数时应使计数器的并行数据输入端 $D_3D_2D_1D_0$ 接入计数起始数据,(通常取 $D_3D_2D_1D_0 = \mathbf{0000}$)并置入计数器,在输入第 $N-1$ 个计数脉冲 CP 时,将计数器输出端 $Q_3Q_2Q_1Q_0$ 的状态通过与非门控制 $\overline{LD}$ 端。这样,在输入第 N 个计数脉冲 CP 时,$D_3D_2D_1D_0$ 端的数据被置入计数器,使其返回初始的

预置状态,从而实现 N 进制计数器。具体方法如下:

① 写出 N 进制计数器状态 S_{N-1} 的二进制代码。

② 写出反馈置数函数,即根据 S_{N-1} 写出预置数控制端的逻辑函数表达式。

③ 画连线图,即根据反馈置数函数画连接线。

🔒 **例 5-3** 试用反馈置数法,用一片 74LS161 组成一个同步十二进制加法计数器。

解 (1) 写出 S_{12-1} 的二进制代码, $S_{12-1} = S_{11} = \mathbf{1011}$。

(2) 写出反馈置数函数。$\overline{LD} = \overline{Q_3 Q_1 Q_0}$。

(3) 画连线图。反馈置数法实现十二进制计数器的电路图如图 5-10a 所示,状态图如图 5-10b 所示。

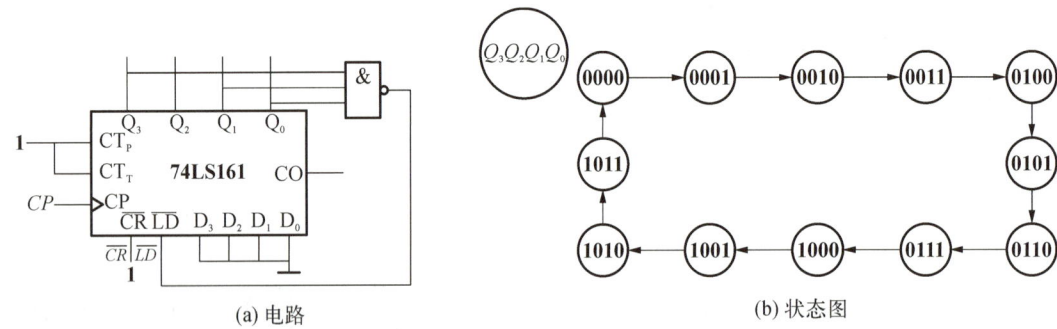

(a) 电路　　　　　　　　　　　　(b) 状态图

图 5-10 反馈置数法实现十二进制计数器

一片 74LS161 只能构成从二进制到十六进制之间任意进制的加法计数器,如若需要构成大于十六进制的加法计数器时,可采用两片或更多的同步集成计数器级联,具体方法为:先决定哪块集成电路为高位,哪块集成电路为低位,将低位集成电路的进位输出端 CO 和高位集成电路的使能输入端 CT_T 或 CT_P 直接连接,外部计数脉冲同时从每片集成电路的 CP 端输入,再根据要求选用反馈清零法或反馈置数法,完成对应电路。

🔒 **例 5-4** 试用采用反馈清零法实现两片 74LS161 组成一个同步五十进制加法计数器的设计。

解 (1) 写出五十进制计数器状态 S_{50} 的二进制代码。

$50 \div 16 = 3 \cdots 2$,所以高位 $(3)_{10} = (\mathbf{0011})_2$,低位 $(2)_{10} = (\mathbf{0010})_2$

(2) 写出反馈归零函数。根据 S_{50} 写出置 $\mathbf{0}$ 端的逻辑函数表达式

$$\overline{CR} = \overline{Q_5 Q_4 Q_1}$$

(3) 画连线图。每片集成电路的计数时钟输入端 CP 端均连接同一个 CP 信号,利用芯片的使能输入端 CT_P、CT_T 和进位输出端 CO,将低位集成电路的

CO 与高位集成电路的 CT_P、CT_T 相连；把 $(3)_{10} = (0011)_2$ 作为高位输出，$(2)_{10} = (0010)_2$ 作为低位输出，对应产生的清零信号同时送到每片集成电路的异步清零端 $\overline{CR}$，从而完成五十进制计数，74LS161 构成五十进制计数器电路如图 5-11 所示。

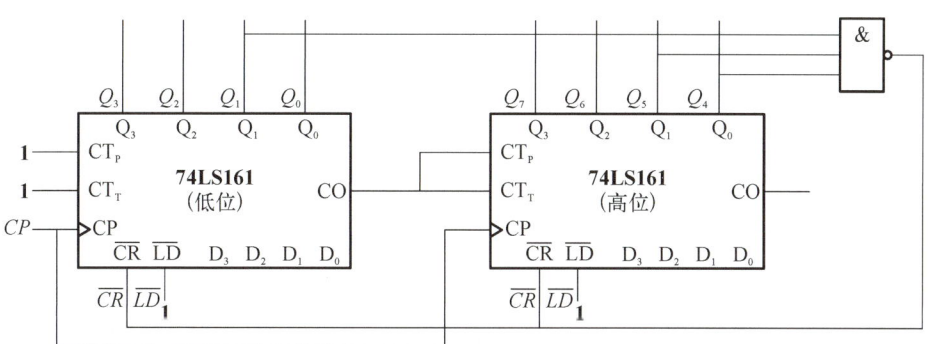

图 5-11　74LS161 构成五十进制计数器电路

▌知识拓展 ▌
十进制计数器 74LS160

文本：同步计数器 74LS160

74LS160 是集成十进制计数器，图 5-12 是其逻辑符号和引脚排列图。其中 CP 为计数脉冲输入端；$\overline{CR}$ 为异步清零端，低电平有效；$\overline{LD}$ 为预置数控制输入端，低电平有效；D_3、D_2、D_1、D_0 为数据输入端；CT_P、CT_T 为使能输入端；$Q_3 Q_2 Q_1 Q_0$ 为输出端，CO 为进位输出端。74LS160 的功能表见表 5-5。

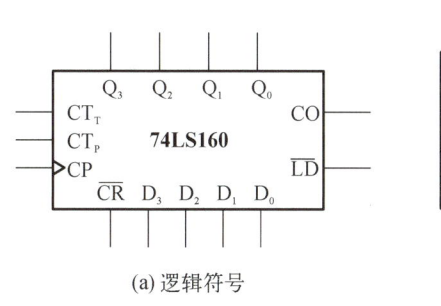

(a) 逻辑符号

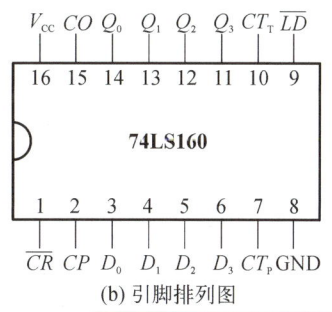

(b) 引脚排列图

图 5-12
74LS160 的逻辑符号和
引脚排列图

由表 5-5 可知，74LS160 具有以下功能：

(1) 异步清零。当 $\overline{CR} = 0$ 时，不管其他输入端的状态如何，不论有无时钟脉冲 CP，计数器输出端将被直接置 0，即 $Q_3 Q_2 Q_1 Q_0 = 0000$，因清零不受 CP 控制，而称其为异步清零。

表 5-5 74LS160 的功能表

输　入									输　出				功　能
$\overline{CR}$	$\overline{LD}$	CT_T	CT_P	CP	D_3	D_2	D_1	D_0	Q_3	Q_2	Q_1	Q_0	
0	×	×	×	×	×	×	×	×	**0**	**0**	**0**	**0**	异步清零
1	**0**	×	×	↑	d_3	d_2	d_1	d_0	d_3	d_2	d_1	d_0	同步置数
1	**1**	**0**	×	×	×	×	×	×	保持				数据保持
1	**1**	×	**0**	×	×	×	×	×	保持				数据保持
1	**1**	**1**	**1**	↑	×	×	×	×	计数				加法计数

(2) 同步置数。当 $\overline{CR}=\mathbf{1}$、$\overline{LD}=\mathbf{0}$ 时,在输入时钟脉冲 CP 上升沿的作用下,并行输入端的数据 $d_3d_2d_1d_0$ 被置入计数器的输出端,即 $Q_3Q_2Q_1Q_0=d_3d_2d_1d_0$。

(3) 数据保持。当 $\overline{CR}=\overline{LD}=\mathbf{1}$,且 $CT_T \cdot CT_P=\mathbf{0}$,即两个使能输入端中有 **0** 时,则计数器保持原来的状态不变。

(4) 加法计数。当 $\overline{CR}=\overline{LD}=CT_P=CT_T=\mathbf{1}$ 时,在 CP 端输入计数脉冲,计数器进行二进制加法计数。

从以上可以看出,74LS160 和 74LS161 从外观到功能都是一样的,区别是计数的模式不同。它们的使用方法也相同,74LS160 可以采用反馈清零法或反馈置数法实现十以内的任意进制计数器,还可采用级联的方法实现十以上的任意进制的计数器。

5.2.2　异步计数器

异步二进制计数器的电路结构比同步二进制计数器简单。由于异步计数器的计数脉冲不是同时加到所有触发器的 CP 端,而只加到最低位触发器的 CP 端,其他触发器则是由低位触发器的进位信号来触发的。因此,分析异步计数器时必须写出其时钟方程,需要注意的是它的各位触发器不是同时翻转的。

1. 异步二进制加法计数器

如图 5-13 所示为由 4 个下降沿触发的 JK 触发器组成的异步 4 位二进制加法计数器的逻辑图。图中,JK 触发器的输入端 $J=K=1$,即在时钟脉冲处于下降沿时,触发器将翻转。当 CP 是下降沿时,触发器 FF$_0$ 翻转;Q_0 是下降沿时,触发器 FF$_1$ 翻转;Q_1 是下降沿时,触发器 FF$_2$ 翻转;Q_2 是下降沿时,触发器 FF$_3$ 翻转。

由于该电路的连线简单且规律性强,无须用前面介绍的分析步骤进行分析,只需作简单的观察与分析就可画出时序图或状态图,这种分析方法称为"观察法"。

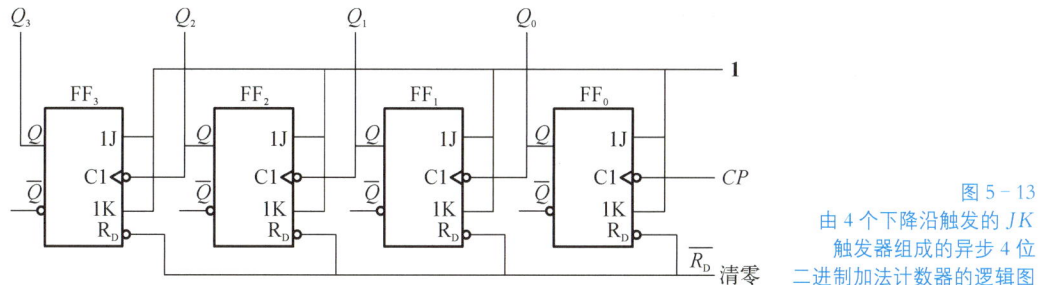

图 5–13
由 4 个下降沿触发的 JK
触发器组成的异步 4 位
二进制加法计数器的逻辑图

用"观察法"作出该电路的时序图如图 5–14a 所示,状态图如图 5–14b 所示。由状态图可见,从初态 **0000**(由清零脉冲置 **0**)开始,每输入一个计数脉冲,计数器加 1,所以此电路是 4 位二进制加法计数器。又因为该计数器有 **0000**~**1111** 共 16 个状态,所以也称异步 1 位十六进制加法计数器。

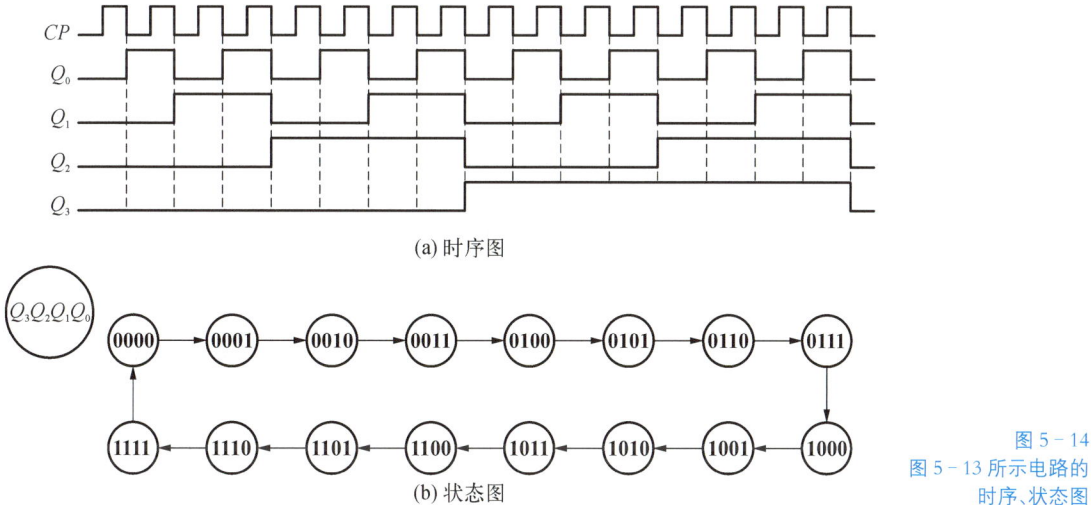

(a) 时序图

(b) 状态图

图 5–14
图 5–13 所示电路的
时序、状态图

2. 异步二进制计数器连接规律

异步二进制计数器结构简单,改变级联触发器的个数,可以很方便地改变二进制计数器的位数,n 个触发器构成 N 位二进制计数器。用触发器构成异步二进制计数器的连接规律见表 5–6。

表 5–6 异步二进制计数器的连接规律

端　　子	加 法 计 数 器	减 法 计 数 器
J、K	$J_i = K_i = 1$	
T	$T_i = 1$	
D	$D_i = \overline{Q_i^n}(0 \leqslant i \leqslant n-1)$	
CP(上升沿触发)	$CP_i = \overline{Q_{i-1}^n}(i \geqslant 1)$	$CP_i = Q_{i-1}^n(i \geqslant 1)$
CP(下降沿触发)	$CP_i = Q_{i-1}^n(i \geqslant 1)$	$CP_i = \overline{Q_{i-1}^n}(i \geqslant 1)$

3. 异步二-五-十进制计数器 74LS290

如图 5－15a 所示为集成异步二-五-十进制计数器 74LS290 的电路结构图（未画出置 0 输入端和置 9 输入端）。可以看出，74LS290 由一个 1 位二进制计数器和一个五进制计数器组成。如图 5－15b、c 所示为 74LS290 的逻辑功能示意图和引脚排列图。图中 R_{0A} 和 R_{0B} 为置 0 输入端，S_{9A} 和 S_{9B} 为置 9 输入端，表 5－7 为 74LS290 的功能表。

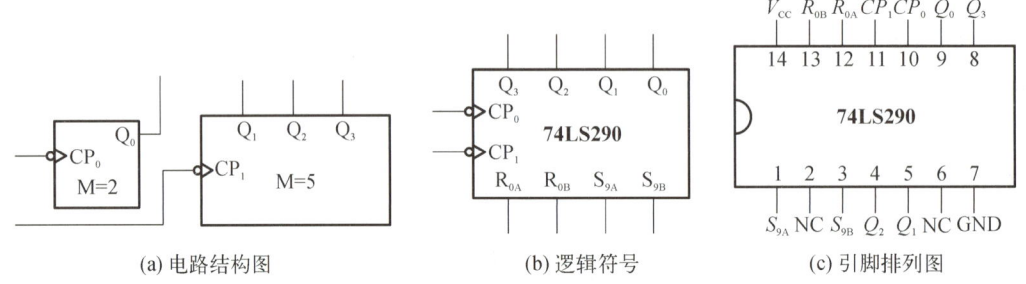

(a) 电路结构图　　　(b) 逻辑符号　　　(c) 引脚排列图

图 5－15　异步二-五-十进制计数器 74LS290

表 5－7　74LS290 的功能表

	输		入			输		出	
S_{9A}	S_{9B}	R_{0A}	R_{0B}	CP_0	CP_1	Q_3	Q_2	Q_1	Q_0
1	1	×	×	×	×	1	0	0	1
0	×	1	1	×	×	0	0	0	0
×	0	1	1	×	×	0	0	0	0
$S_{9A} \cdot S_{9B} = 0$ $R_{0A} \cdot R_{0B} = 0$				$CP\downarrow$	0	二进制			
				0	$CP\downarrow$	五进制			
				$CP\downarrow$	$Q_0\downarrow$	8421BCD 码十进制			
				$Q_3\downarrow$	$CP\downarrow$	5421BCD 码十进制			

(1) 逻辑功能

由表 5－7 可知 74LS290 具有以下功能：

置 9 功能：当 $S_{9A} \cdot S_{9B} = 1$ 时，不论其他输入端状态如何，计数器输出 $Q_3Q_2Q_1Q_0 = 1001$，而 $(1001)_2 = (9)_{10}$，故又称异步置 9 功能。

置 0 功能：当 S_{9A} 和 S_{9B} 不全为 1，即 $S_{9A} \cdot S_{9B} = 0$，并且 $R_{0A} \cdot R_{0B} = 1$ 时，不论其他输入端状态如何，计数器输出 $Q_3Q_2Q_1Q_0 = 0000$，故又称异步清零功能或复位功能。

计数功能：当 S_{9A} 和 S_{9B} 不全为 1，并且 R_{0A} 和 R_{0B} 不全为 1，输入计数脉冲 CP 由高电平跳转到低电平时，计数器开始计数。有下面四种计数情况：

① 计数脉冲 CP 由 CP_0 输入，Q_0 为输出，构成 1 位二进制计数器。

② 计数脉冲 CP 由 CP_1 输入，$Q_3Q_2Q_1$ 为输出，构成异步五进制计数器。

③ 计数脉冲 CP 由 CP_0 输入，CP_1 与 Q_0 相连，$Q_3Q_2Q_1Q_0$ 为输出，构成 8421BCD 码十进制计数器。

④ 计数脉冲 CP 由 CP_1 输入，CP_0 与 Q_3 相连，$Q_0Q_3Q_2Q_1$ 为输出，构成 5421BCD 码十进制计数器。

（2）N 进制计数器

由于 74LS290 为高电平异步置 **0**，因此利用其异步置 **0** 功能可获得 N 进制计数器。在计数时应在第 N 个计数脉冲 CP 时，将其计数器输出端状态通过一个**与门**控制 R_{0A} 和 R_{0B} 端，使计数器置 **0**，从而实现 N 进制计数器。具体方法如下：

用 S_1，S_2，$\cdots$，S_N 表示输入 1，2，$\cdots$，N 个计数脉冲时计数器的状态。

① 写出 N 进制计数器状态 S_N 的二进制代码。

② 写出反馈归零函数。这实际上是根据 S_N 写出置 **0** 输入端的逻辑函数表达式。

③ 画连线图。可以先画出 8421BCD 码十进制计数器连线图，再根据反馈归零函数画反馈复位连线图。

🔒 **例 5 - 5**　试用 74LS290 构成 8421BCD 码六进制和九进制计数器

解　（1）写出 S_6 的二进制代码：$S_6 = \mathbf{0110}$。

（2）写出反馈归零函数。$R_0 = R_{0A} \cdot R_{0B} = Q_2 \cdot Q_1$。

（3）画连线图，先将其接成 8421BCD 码十进制计数器结构，根据反馈归零函数画反馈复位连线图，如图 5 - 16a 所示。

用同样的方法，也可将 74LS290 构成九进制计数器，电路如图 5 - 16b 所示。

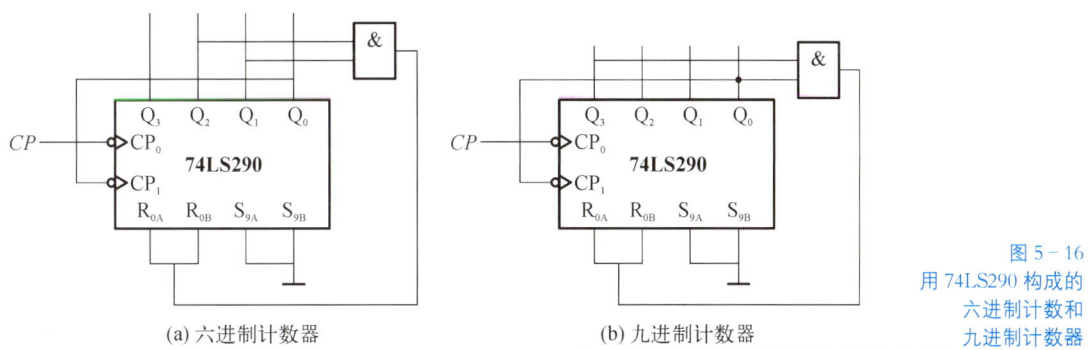

(a) 六进制计数器　　　　　(b) 九进制计数器

图 5 - 16
用 74LS290 构成的
六进制计数和
九进制计数器

当构成十以上任意进制计数器时，需采用两片或两片以上集成计数器进行级联。图 5 - 17 所示为两片 74LS290 构成的 8421BCD 码三十六进制计数器，低位的输出端 Q_3 与高位的 CP_0 相连。

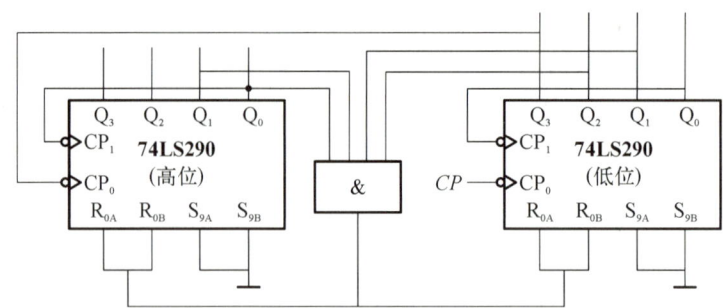

图 5 - 17
两片 74LS290 构成的
8421BCD 码三十六进制计数器

互动练习：时
序逻辑电路与
计数器

▌任务训练▌
六十进制计数器的组装与测试

1. 训练目的

(1) 掌握集成异步十进制计数器的使用方法。

(2) 熟悉计数器、译码器和数字显示器的应用。

(3) 完成六十进制计数、译码、显示电路，并掌握测试技能。

2. 训练准备

(1) 数字电子技术实验装置一台。

(2) 74LS390 双二-五-十进制计数器、74LS00 四 2 输入与非门各一片；74LS48 七段显示译码器、2ES102 数字显示器各两片；电阻、导线若干。

3. 训练内容及步骤

根据给定的设备和主要元件，制作一个六十进制的计数、译码、显示电路，能够完成从 0～59 的循环显示。

(1) 熟悉 74LS390 的功能

74LS390 双二-五-十进制计数器，图 5 - 18 所示为 74LS390 的逻辑符号和引脚排列图，74LS390 的功能表见表 5 - 8。

文本：异步计
数器 74LS390

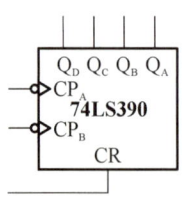

图 5 - 18
双四位十进制计数器
74LS390 的逻辑符号和引脚排列图

(a) 逻辑符号

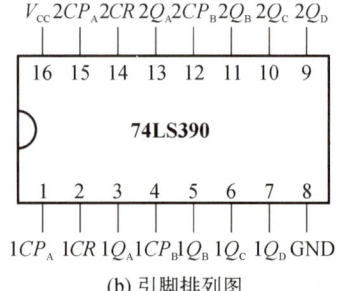

(b) 引脚排列图

表 5 - 8　74LS390 的功能表

输　　入			输　　出			
CR	CP_A	CP_B	Q_D	Q_C	Q_B	Q_A
1	×	×	**0**	**0**	**0**	**0**
0	$CP\downarrow$	**0**	二进制,Q_A输出			
0	**0**	$CP\downarrow$	五进制,$Q_DQ_CQ_B$输出			
0	$CP\downarrow$	$Q_A\downarrow$	8421BCD 码十进制,$Q_DQ_CQ_BQ_A$输出			
0	$Q_D\downarrow$	$CP\downarrow$	5421BCD 码十进制,$Q_AQ_DQ_CQ_B$输出			

（2）用 74LS390 构成六十进制计数器电路

① 在图 5 - 19 上,将 74LS390 分别接成 8421BCD 码十进制计数器和六进制计数器,并将各输出端连接到对应的逻辑电平指示灯上,将各输出端状态记录于表 5 - 9 中。

② 在完成①的前提下,将电路构成六十进制计数器。

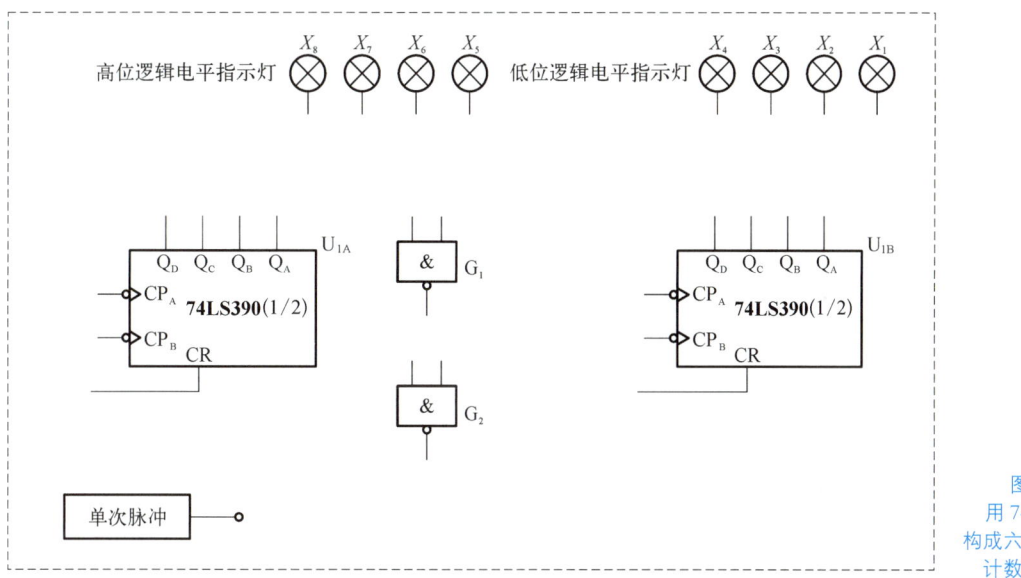

图 5 - 19
用 74LS390
构成六十进制
计数器电路

表 5 - 9　74LS390 构成六十进制计数器电平指示

CP	高位　六进制计数				低位　十进制计数				CP	高位　六进制计数				低位　十进制计数			
	X_8	X_7	X_6	X_5	X_4	X_3	X_2	X_1		X_8	X_7	X_6	X_5	X_4	X_3	X_2	X_1
0									5								
1									6								
2									7								
3									8								
4									9								

注意：观察计数器是 CP 脉冲上升沿触发还是下降沿触发?

（3）六十进制计数、译码、显示电路

将 74LS390,74LS48（或 74LS248）,2ES102 数字显示器组成六十进制计数、译码、显示电路,完成图 5 – 20 所示电路图的连线。

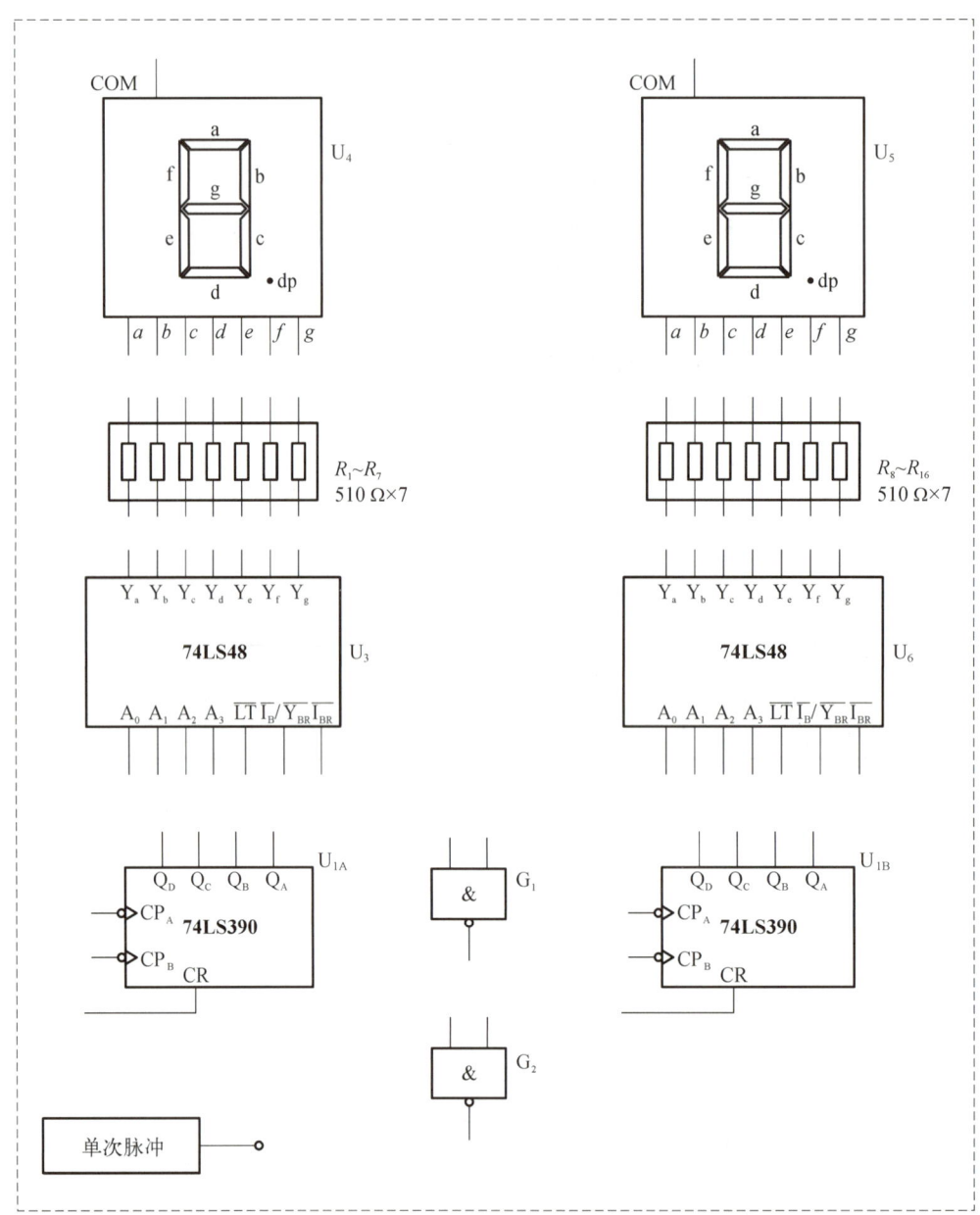

图 5 – 20　六十进制计数、译码、显示电路

由于本电路中器件较多,设计前必须合理安排各器件在实验装置上的位置,要保证电路逻辑清楚,接线整齐。设计时要按照设计任务的次序,将各

计数、译码、显示电路逐个进行接线和调试,待各电路工作正常后,再逐级连接起来进行调试,直到六十进制的显示电路能正常工作。在检查电路的连接无误后,接入电源,由 CP 端输入单次脉冲,观察电路的计数、译码、显示功能。若显示不正确,按故障排查的方法检测线路和器件,排除故障直至显示正确。

若单次脉冲的频率是 1 Hz,该电路可作为电子钟的秒显示电路使用。

(4) 注意事项

如果采用的是 CMOS 集成电路,多余输入端不能悬空,必须按要求接电源或接地,并注意防止静电破坏。译码器和数字显示器要配套使用,74LS47(或 74LS247)配共阳极的七段数字显示器,74LS48(或 74LS248)配共阴极的七段数字显示器。

4. 总结思考

(1) 将电路改成十八进制计数、译码、数字显示电路。

(2) 把上述实验中六十进制计数、译码、数字显示电路中的 74LS390 接成 5421BCD 码工作方式,其余均不改变,当输入单次脉冲信号时,显示器能否正确显示 0、1、2、3、4、5、6、7、8、9? 为什么?

(3) 若要上述六十进制计数、译码、显示电路中个位数正常显示 0~9,而十位数的显示器仅在当这二位数为 00、10、20、30、40、50 时有显示,其余情况不显示,应如何改进线路?

知识链接

5.3　寄存器

寄存器是一种重要的数字电路,常用来存放数据、指令等。因为一个触发器有两个稳定状态,可以存储 1 位二进制代码,所以用 n 个触发器就可以组成能存储 N 位二进制代码的寄存器。

一般寄存器都是借助于时钟脉冲的作用而把数据存放到触发器中,因此,寄存器的电路组成除了触发器外,还必须有控制作用的门电路。

寄存器按功能可分为数据寄存器和移位寄存器两大类。

5.3.1　数据寄存器

数据寄存器又称数据缓冲器或数据锁存器,是存储二进制数码的时序逻辑电路组件,具有接收和寄存二进制代码的逻辑功能。

如图 5-21a 所示是由 D 触发器组成的 4 位集成寄存器 74LS175 的逻辑图,其引脚排列图如图 5-21b 所示。其中,$\overline{R_D}$ 是异步清零控制端。$D_0 D_1 D_2 D_3$ 是并行数据输入端，CP 为时钟脉冲端，$Q_0 Q_1 Q_2 Q_3$ 是并行数据输出端，$\overline{Q_0}\ \overline{Q_1}\ \overline{Q_2}\ \overline{Q_3}$ 是反码数据输出端。74LS175 的功能表见表 5-10。由表 5-10 可知，当 $\overline{R_D}=\mathbf{0}$ 时，输出端 $Q_0 Q_1 Q_2 Q_3=\mathbf{0000}$；当 $\overline{R_D}=\mathbf{1}$ 且 CP 上升沿到来时，$Q_0 Q_1 Q_2 Q_3=D_0 D_1 D_2 D_3$，实现数据锁存。

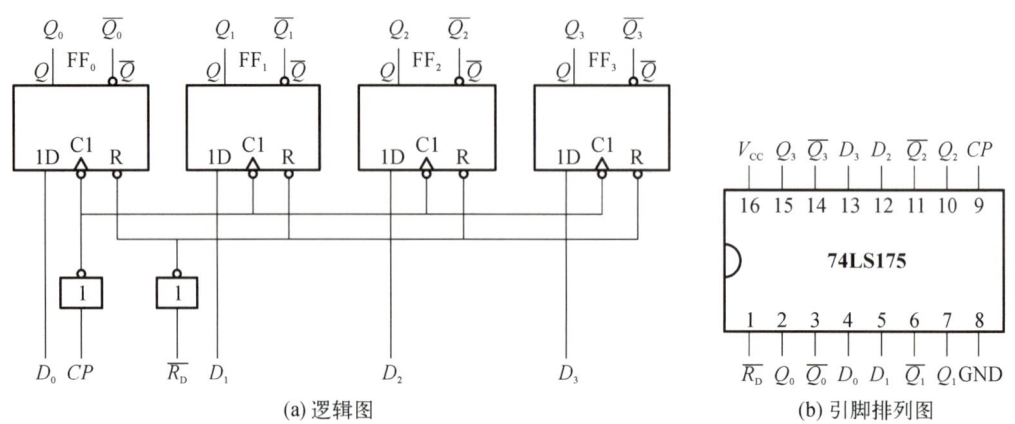

(a) 逻辑图   (b) 引脚排列图

图 5-21　4 位集成寄存器 74LS175

表 5-10　74LS175 的功能表

清零	时钟	输　　入				输　　出				工作模式
$\overline{R_D}$	CP	D_0	D_1	D_2	D_3	Q_0	Q_1	Q_2	Q_3	
0	×	×	×	×	×	**0**	**0**	**0**	**0**	异步清零
1	↑	d_0	d_1	d_2	d_3	d_0	d_1	d_2	d_3	数码寄存
1	1	×	×	×	×	保持				数据保持
1	0	×	×	×	×	保持				数据保持

该电路的数据接收过程为：将需要存储的 4 位二进制代码送到数据输入端 $D_0 D_1 D_2 D_3$，在 CP 脉冲上升沿作用下，4 位代码并行地出现在 4 个触发器 Q 端。

5.3.2　移位寄存器

移位寄存器不但可以接收、存储、输出数据，还可以在一个移位脉冲作用下，根据需要将其中寄存的数据向左或向右移动一位。移位寄存器也是数字系统和计算机中应用很广泛的基本逻辑部件。

1. 单向移位寄存器

图 5-22 为由 D 触发器组成的 4 位右移移位寄存器。图中，第一个 D 触发器 FF_0 的输入端接收输入信号，其余触发器的输入端均与前一个触发器的输出端相连。各触发器的时钟脉冲控制端与同一个时钟脉冲信号 CP 相连，都是在 CP 脉冲的上升沿触发。因此，此电路为同步时序电路。

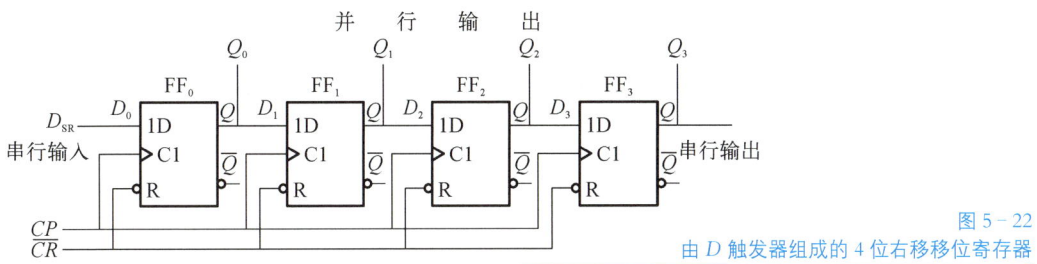

图 5 - 22
由 D 触发器组成的 4 位右移移位寄存器

设移位寄存器的初始状态为 **0000**,随着 CP 脉冲的递增,触发器输入端 D_{SR} 从高位到低位依次输入数据 **1、0、1、1**。在 4 个移位脉冲上升沿作用后,输入的 4 位串行数据 **1011** 全部存入了寄存器中。4 位右移移位寄存器的状态表见表 5 - 11,其时序图如图 5 - 23 所示。

表 5 - 11　4 位右移移位寄存器的状态表

移位脉冲	输　入	输　　出			
CP	D_{SR}	Q_0	Q_1	Q_2	Q_3
0		0	0	0	0
1	1	1	0	0	0
2	0	0	1	0	0
3	1	1	0	1	0
4	1	1	1	0	1

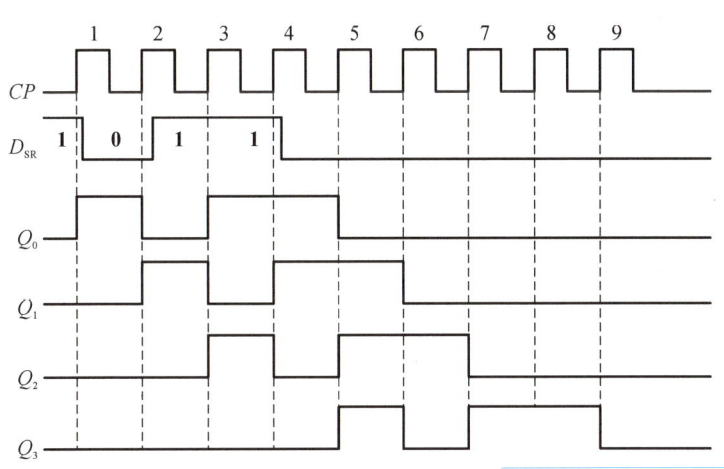

图 5 - 23
4 位右移移位寄存器
的时序图

数据输出有两种方式：数据从最右端 Q_3 依次输出,称为串行输出;由 $Q_0Q_1Q_2Q_3$ 端同时输出,称为并行输出。串行输出需要经过 8 个 CP 脉冲才能将输入的 4 个数据全部输出,而并行输出只需 4 个 CP 脉冲。如图 5 - 23 所示,依次输入 4 位二进制代码 **1011**,经过 4 个 CP 脉冲后,同时从 4 个触发器的输出端 $Q_3Q_2Q_1Q_0$ 并行输出二进制代码 **1011**,实现串行输入-并行输出。继续输入 4 个移位脉冲(第 5 到第 8 个 CP 脉冲)后,才能将寄存器中存放的 4 位数据 **1011** 依次从 Q_3 串行输出,实现串行输入-串行输出。所以,移位寄存器具有串行输入-并行输出和串行输入-串行输出两种工作方式。

D 触发器组成的 4 位左移移位寄存器电路如图 5-24 所示,其逻辑功能读者可自行分析。

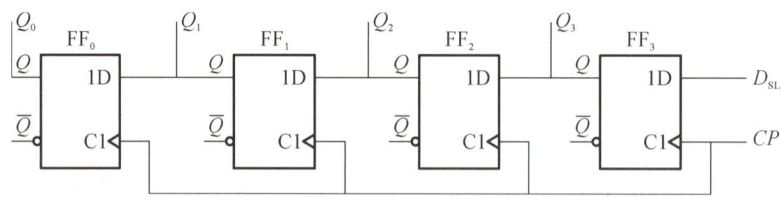

图 5-24
D 触发器组成的 4 位左移移位寄存器

通过分析如图 5-22 和图 5-24 所示的电路可知:数据串行输入端在电路最左侧为右移,反之为左移。无论左移、右移,串行输入数据必须先传送离输入端最远的触发器要存放的数据。列状态表时,要按照电路结构实际的移位顺序来排列。画时序图时,要结合状态表,先画离数据输入端 D 端最近的触发器的输出。

2. 双向移位寄存器

双向移位寄存器可将数据左移和右移功能综合在一起的移位寄存器。74LS194 就是由四个触发器组成的双向 4 位移位寄存器,具有异步清零、双向移位、并行置数和数据保持等功能。如图 5-25 所示为 74LS194 的逻辑符号和引脚排列图。

微视频:双向移位寄存器 74LS194

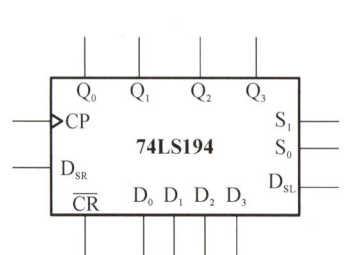

图 5-25　74LS194 的逻辑符号和引脚排列图　(a) 逻辑符号　(b) 引脚排列图

图中 $D_0 D_1 D_2 D_3$ 为并行输入端;$Q_0 Q_1 Q_2 Q_3$ 为并行输出端;D_{SR} 为右移串行输入端;D_{SL} 为左移串行输入端;S_1、S_0 为操作模式控制端;$\overline{CR}$ 为异步清零端;CP 为时钟脉冲输入端。

74LS194 双向 4 位移位寄存器的工作状态是由操作模式控制端 S_0、S_1 实现的。表 5-12 为 74LS194 功能表,由该表可知 74LS194 具有以下逻辑功能:

(1) 异步清零。当 $\overline{CR} = \mathbf{0}$ 时,寄存器输出清零,即 $Q_0 Q_1 Q_2 Q_3 = \mathbf{0000}$,与 CP 无关。

表 5－12   74LS194 功能表

$\overline{CR}$	S_1	S_0	D_{SL}	D_{SR}	CP	D_0	D_1	D_2	D_3	Q_0	Q_1	Q_2	Q_3	逻辑功能
0	×	×	×	×	×	×	×	×	×	**0**	**0**	**0**	**0**	异步清零
1	**0**	**0**	×	×	×	×	×	×	×	Q_0^n	Q_1^n	Q_2^n	Q_3^n	数据保持状态
1	**0**	**1**	×	**1**	↑	×	×	×	×	**1**	Q_0^n	Q_1^n	Q_2^n	右移工作状态
1	**0**	**1**	×	**0**	↑	×	×	×	×	**0**	Q_0^n	Q_1^n	Q_2^n	
1	**1**	**0**	**1**	×	↑	×	×	×	×	Q_1^n	Q_2^n	Q_3^n	**1**	左移工作状态
1	**1**	**0**	**0**	×	↑	×	×	×	×	Q_1^n	Q_2^n	Q_3^n	**0**	
1	**1**	**1**	×	×	↑	d_0	d_1	d_2	d_3	d_0	d_1	d_2	d_3	并行置数

（2）数据保持状态。当 $\overline{CR}=1$，$S_1=S_0=0$ 时，移位寄存器处于数据保持状态，不论串行输入端和移位脉冲输入端有何变化，移位寄存器各输出端 $Q_0Q_1Q_2Q_3=Q_0^nQ_1^nQ_2^nQ_3^n$。

（3）右移工作状态。当 $\overline{CR}=1$，$S_1=0$，$S_0=1$ 时，移位寄存器处于右移工作状态，D_{SR} 为串行输入端，Q_3 为串行输出端，移位寄存器各输出端 $Q_0Q_1Q_2Q_3=D_{SR}Q_0^nQ_1^nQ_2^n$。

（4）左移工作状态。当 $\overline{CR}=1$，$S_1=1$，$S_0=0$ 时，移位寄存器处于左移工作状态，D_{SL} 为串行输入端，Q_0 为串行输出端，移位寄存器各输出端 $Q_0Q_1Q_2Q_3=Q_1^nQ_2^nQ_3^nD_{SL}$。

（5）并行置数。当 $\overline{CR}=1$，$S_1=1$，$S_0=1$ 时，移位寄存器处于并行置数状态，串行输入端的数据不起任何作用，当移位脉冲 CP 处于上升沿时，移位寄存器各输出端 $Q_0Q_1Q_2Q_3=d_0d_1d_2d_3$。

3. 移位寄存器的应用

移位寄存器除了可实现数据传输方式的转换（串行输入转换为并行输出和串行输出）外，还可构成环形计数器和扭环形计数器。

（1）环形计数器

环形计数器是将单向移位寄存器的串行输入端和串行输出端相连，构成一个闭合的环。实现环形计数器时，电路必须预先设置适当的初态，且输出端初始状态不能全为 **1** 或 **0**。

图 5－26a 所示为由 4 个 D 触发器构成的环形计数器的逻辑图，其状态图如图 5－26b 所示（电路中初态为 **1001**）。

环形计数器的进制数 N 与移位寄存器内的触发器个数 n 相等，即 $N=n$。

把双向移位寄存器 74LS194 的输出信号反馈到它的串行输入端，就可以进行循环移位，实现环形计数，用 74LS194 构成环形计数器的逻辑图如图

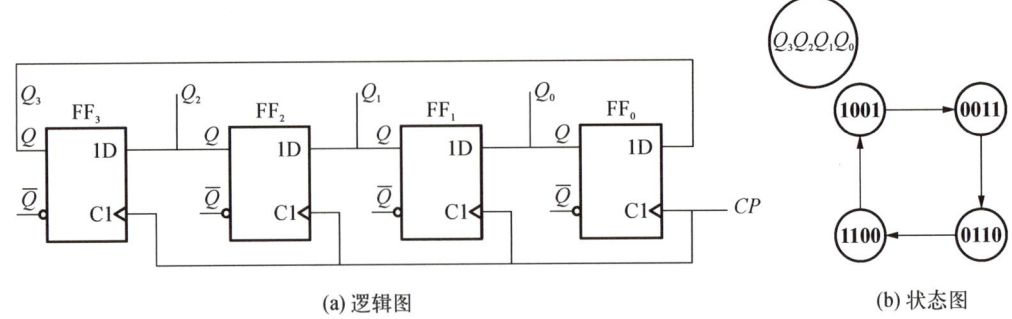

(a) 逻辑图　　　　　　　　　　　　　　(b) 状态图

图 5‑26　由 4 个 D 触发器构成的环形计数器

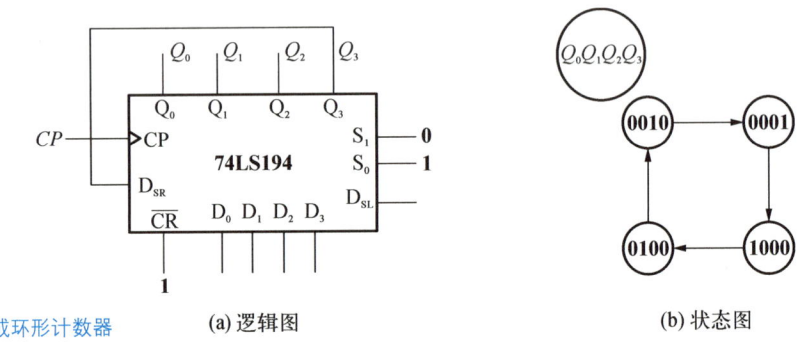

图 5‑27　用 74LS194 构成环形计数器　(a) 逻辑图　　　　　　　(b) 状态图

5‑27a 所示。设初态 $Q_0Q_1Q_2Q_3 = \mathbf{0010}$，逻辑功能设为右移工作状态，则在 CP 作用下,输出的状态图如图 5‑27b 所示。

（2）扭环形计数器

扭环形计数器是将单向移位寄存器的串行输入端和串行反相输出端相连,构成一个闭合的环。实现扭环形计数器时,电路不必设置初态。

如图 5‑28a 所示为由 4 个 D 触发器构成的扭环形计数器的逻辑图,其状态图如图 5‑28b 所示(电路中初态为 $\mathbf{0010}$)。

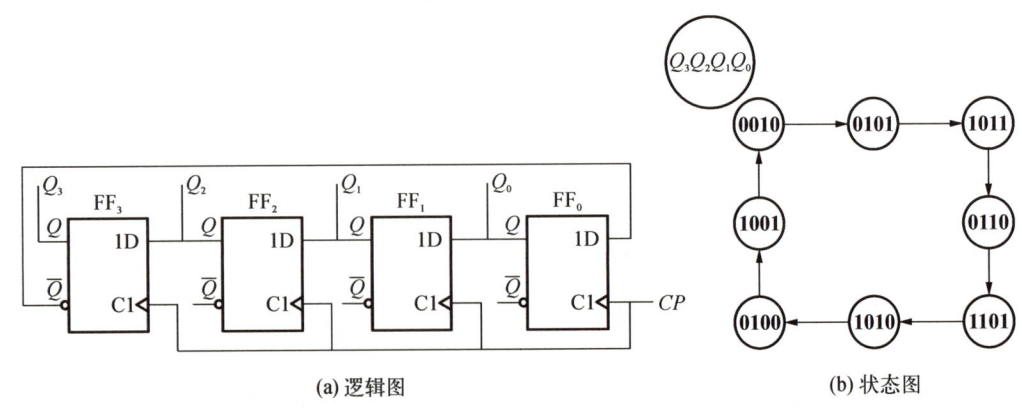

(a) 逻辑图　　　　　　　　　　　　　　(b) 状态图

图 5‑28　由 4 个 D 触发器构成的扭环形计数器

扭环形计数器的进制数 N 与移位寄存器内的触发器个数 n 满足 $N=2n$ 的关系。

用 74LS194 构成的扭环形计数器的逻辑图如图 5‑29a 所示，设初态 $Q_0Q_1Q_2Q_3=\textbf{1000}$，逻辑功能设为右移工作状态，则在 CP 作用下，输出的状态图如图 5‑29b 所示。

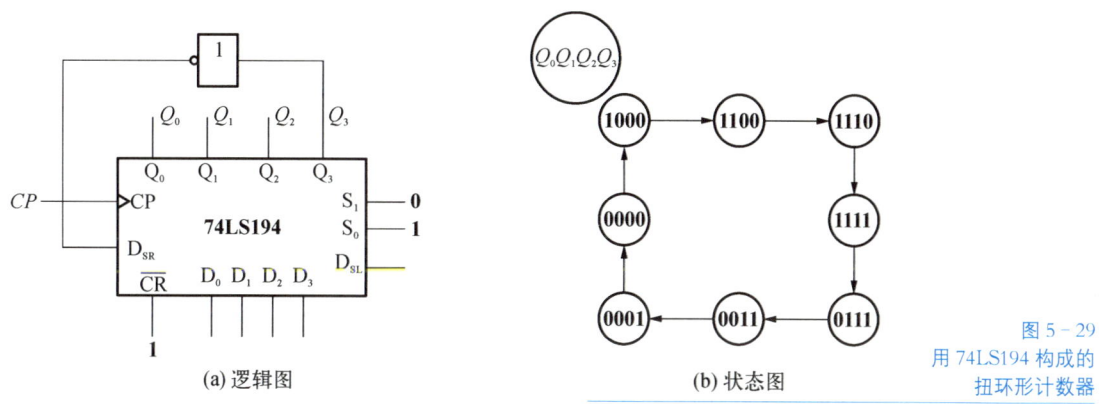

(a) 逻辑图　　　　　　　　　　(b) 状态图

图 5‑29
用 74LS194 构成的
扭环形计数器

例 5‑6　试分析如图 5‑30 所示电路的功能。

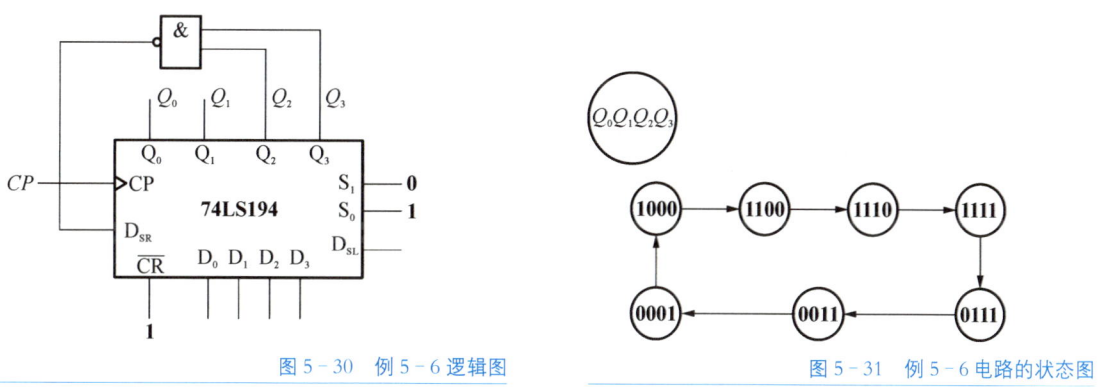

图 5‑30　例 5‑6 逻辑图　　　　　　　图 5‑31　例 5‑6 电路的状态图

解　该电路是由双向移位寄存器 74LS194 构成的扭环形计数器，它是将输出端 Q_2 和 Q_3 的信号通过**与非门**连接在右移串行输入端 D_{SR} 上，即 $D_{SR}=\overline{Q_2Q_3}$，说明 D_{SR} 的取值由 Q_2 和 Q_3 共同决定。设双向寄存器 74LS194 的初始状态 $Q_0Q_1Q_2Q_3=\textbf{1000}$，$\overline{CR}$ 为高电平 **1**。由于 $S_1S_0=\textbf{01}$，因此，电路在计数脉冲 CP 作用下，执行右移操作，电路的状态图如图 5‑31 所示。

由图 5‑31 可看出：电路输入七个计数脉冲时，电路返回初始状态 $Q_0Q_1Q_2Q_3=\textbf{1000}$，所以此电路为七进制扭环形计数器，也是一个七分频电路。

利用移位寄存器组成扭环形计数器是相当普遍的，并有一定的规律。如 4

位移位寄存器的第 4 个输出端 Q_3 通过非门连接到 D_{SR} 端,即 $D_{SR} = \overline{Q_3}$,如图 5–29 所示。由 $2 \times 4 = 8$ 可知,此电路构成了八进制扭环形计数器,即八分频电路。当由移位寄存器的第 N 位输出通过非门连接到 D_{SR} 端时,则构成 $2N$ 进制扭环形计数器,即偶数分频电路。如将移位寄存器的第 N 和 $N-1$ 位的输出通过与非门连接到 D_{SR} 端时,则构成 $2N-1$ 进制扭环形计数器,即奇数分频电路。在图 5–30 中,Q_3 为第 4 位输出,Q_2 为第 3 位输出,由 $2 \times 4 - 1 = 7$ 可知,此电路为七进制扭环形计数器,即七分频电路。

扭环形计数器的优点是电路比较简单。它的主要缺点是电路状态利用率不高。

互动练习:寄存器

知识拓展

半导体存储器

存储器(Memory)是数字电路中记忆大量信息的部件,主要用于存放不同程序的操作指令及各种需要计算、处理的数据,相当于系统存储信息的仓库。典型的存储器由数以千万计的、有记忆功能的存储单元组成,每个存储单元可存放一位二进制代码和信息。随着大规模集成电路制作技术的发展,半导体存储器因其集成度高、体积小、速度快,已逐渐取代穿孔卡片、纸带、磁芯存储器等旧的存储手段,广泛应用于各种数字系统中。

半导体存储器按照内部信息的存取方式不同,分为只读存储器(ROM)和随机存取存储器(RAM)两大类。不同的存储器,存储容量不同,功能也有一定的差异。

1. 只读存储器(ROM)

只读存储器(ROM)中的信息一旦被写入,在正常工作时,只能读出信息而不能修改,其所存信息在断电后仍能保持,因而常用于存储各种固定的程序和数据。

只读存储器(ROM)按其数据写入方式,可分为掩模只读存储器(ROM)、可编程只读存储器(PROM)、可擦除可编程只读存储器(EPROM)和电可擦除可编程只读存储器(EEPROM)几种。

(1) 掩模只读存储器(ROM)是在制造时把信息存放在此存储器中,使用时不再重新写入,需要时读出即可;它只能读取所存储的信息,而不能改变已存内容,并且在断电后不丢失其中存储内容,故又称固定只读存储器。

(2) 可编程只读存储器(PROM)可由使用者根据编程要求,将应该存储信息一次写入 PROM 中,写好之后的 PROM 就不可更改了。

(3) 可擦除可编程只读存储器(EPROM)的存储内容可以根据需要用高电压将资料编程写入,当需要更新存储内容时,将线路曝光于紫外线下则可以将原存储内容擦除,再写入新的内容。通常在 EPROM 封装外壳上会预留一个石英透明窗以方便曝光。

(4) 电可擦除可编程只读存储器(EEPROM)的工作原理类似于 EPROM,通过高电压的作用来编程和擦除存储器内的资料。不像 EPROM, EEPROM 不需从计算机中取出即可修改。EEPROM 常用在接口卡中,用来存放硬件设置数据。

2. 随机存取存储器(RAM)

随机存取存储器(RAM)可以在任意时刻、任意选中的存储单元中进行信息的存入(写)或取出(读)的信息操作。当电源断电时,这种存储器存储的信息便消失。由于它既能读出又能写入数据,所以又叫"读/写存储器"。显然,它的功能比 ROM 完善,电路也比 ROM 复杂。

RAM 分为双极型和 MOS 型两种。双极型 RAM 工作速度高,但制造工艺复杂,成本高,功耗大,集成度低,主要用于高速场合;MOS 型 RAM 又分为静态 MOS 和动态 MOS 两种,制造工艺简单,成本低,功耗小,集成度高,但工作速度比双极型 RAM 低。目前大容量的 RAM 都采用 MOS 型存储器。

RAM 的优点是读写方便,使用灵活;缺点是断电后存于 RAM 的信息会丢失。

▌任务训练▌
移位寄存器逻辑功能测试

1. 训练目的

(1) 熟悉移位寄存器的逻辑功能和各控制端作用。

(2) 掌握 4 位双向移位寄存器的功能测试和使用方法。

2. 训练准备

(1) 数字电子技术实验装置一台。

(2) CC4013 双上升沿 D 触发器两片;74LS194 移位寄存器一片;导线若干。

3. 训练内容及步骤

(1) 由两片 CC4013 构成 4 位右移、左移移位寄存器。

4 位右移、左移移位寄存器的 CP 脉冲由单次脉冲生成,S_D、R_D 和输入数据 D_R、D_L 由逻辑电平开关控制,输出状态 Q 由逻辑电平指示灯显示。

① 在图 5 – 32 中完成 4 位右移移位寄存器的电路图,并将测试数据记录于表 5 – 13。

② 在图 5 – 33 中完成 4 位左移移位寄存器的电路图,并将测试数据记录于表 5 – 13。

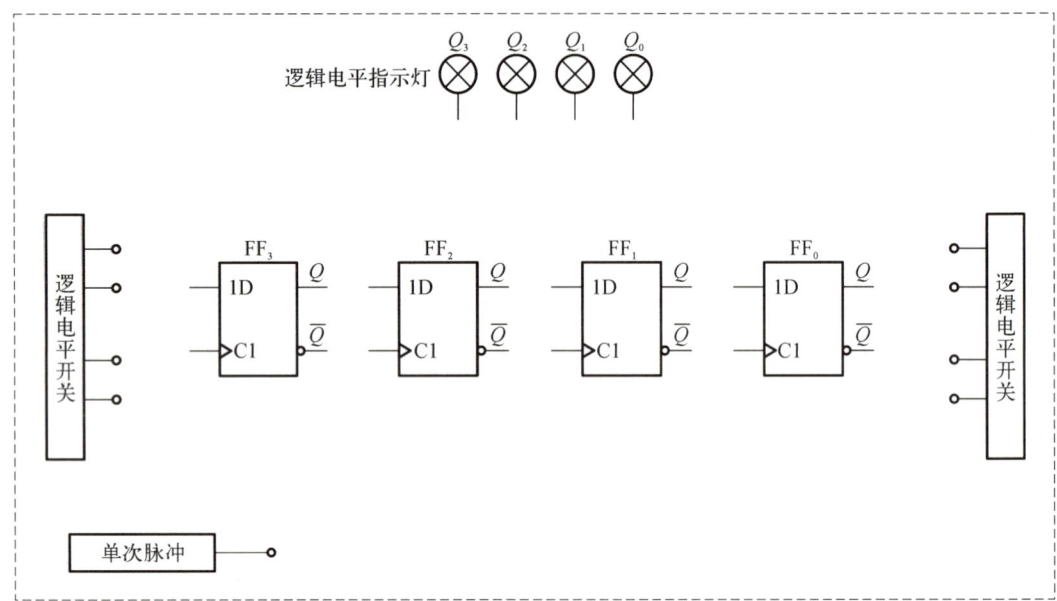

图 5 - 32　4 位右移移位寄存器的电路图

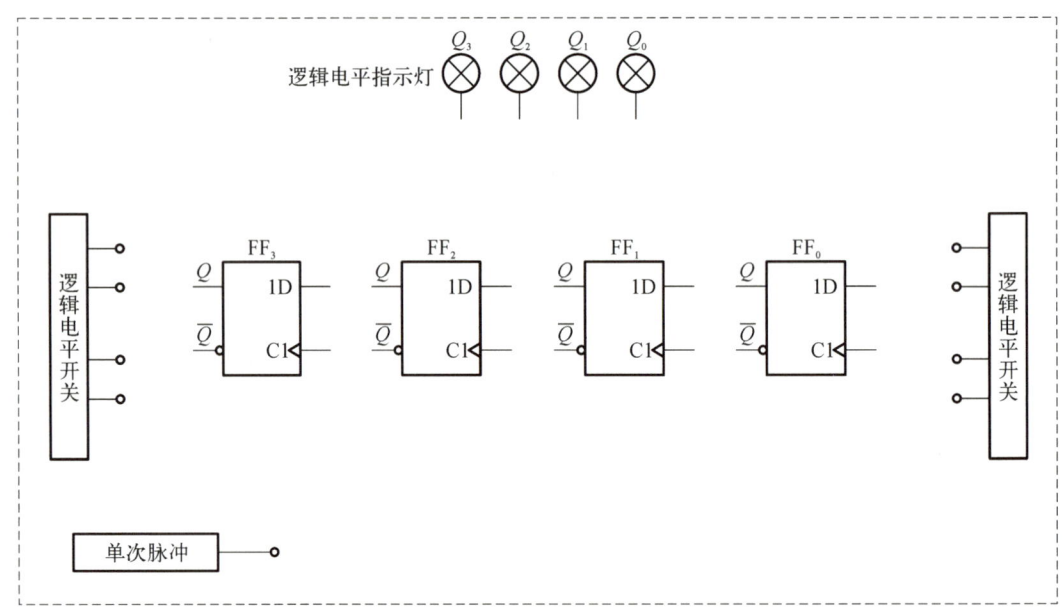

图 5 - 33　4 位左移移位寄存器的电路图

　　表格中逻辑电平指示灯亮用 **1** 表示,灭用 **0** 表示;开关接上端用 **1** 表示,接下端用 **0** 表示。

　　注意:CMOS 器件的多余输入端不能悬空,必须按要求接地或接电源,并注意防止静电破坏。

表 5‑13　4 位右移、左移移位寄存器测试表

CP	R_D	S_D	D_R	D_L	右 移 输 出				左 移 输 出			
					Q_3	Q_2	Q_1	Q_0	Q_3	Q_2	Q_1	Q_0
0	**1**	**0**	×	×	**0**	**0**	**0**	**0**	**0**	**0**	**0**	**0**
1	**0**	**0**	**1**	**1**								
2	**0**	**0**	**1**	**0**								
3	**0**	**0**	**0**	**1**								
4	**0**	**0**	**1**	**1**								
5	**0**	**0**	**0**	**0**								
6	**0**	**0**	**0**	**0**								
7	**0**	**0**	**0**	**0**								
8	**0**	**0**	**0**	**0**								

（2）移位寄存器 74LS194 测试电路

在图 5‑34 中完成移位寄存器 74LS194 测试电路的连线。时钟脉冲输入端 CP 接单次脉冲,并行输入端 $D_0 \sim D_3$ 分别接逻辑电平开关,并行输出端 $Q_0 \sim Q_3$ 接逻辑电平指示灯。按照表 5‑14 要求的输入状态进行测试并将输出结果记录于表 5‑14。表格中电平指示灯亮用 **1** 表示,灭用 **0** 表示;开关接上端用 **1** 表示,接下端用 **0** 表示。

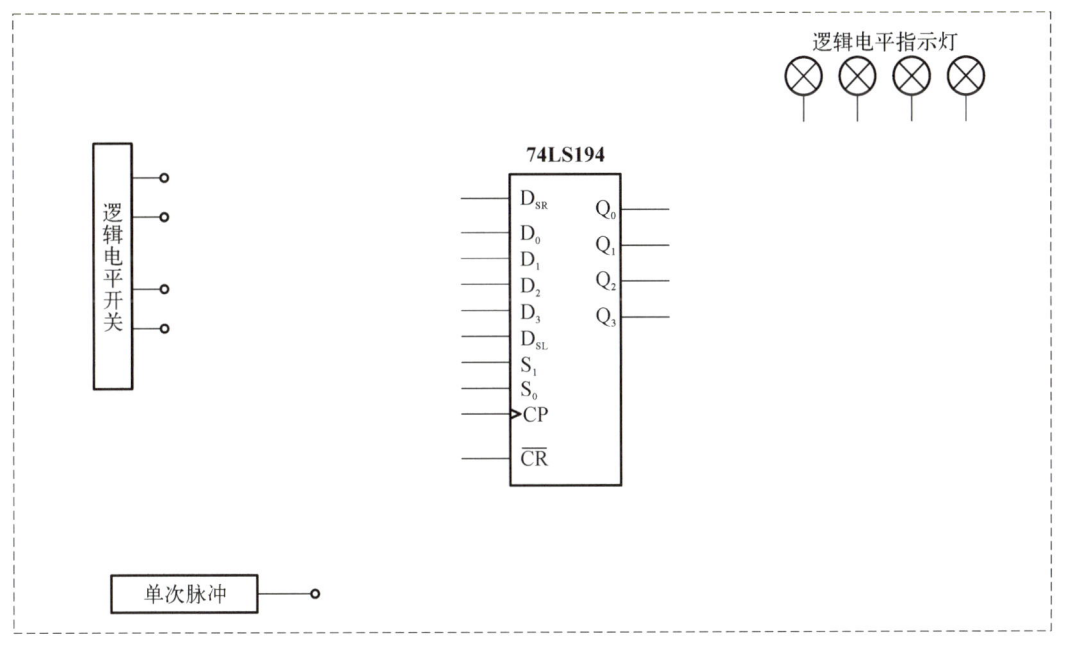

图 5‑34　移位寄存器 74LS194 测试电路

表 5 – 14　移位寄存器 74LS194 测试表

输　　入				输　　出			
S_1	S_0	D 输入端	CP	Q_0	Q_1	Q_2	Q_3
1	**1**	$D_0 D_1 D_2 D_3 = $ **1101**	1				
		$D_{SR} = $　　**1**	2				
		1	3				
		0	4				
0	**1**	**1**	5				
		0	6				
		0	7				
		0	8				
		0	9				
0	**0**		10				
		$D_{SL} = $　　**1**	11				
		0	12				
		1	13				
1	**0**	**1**	14				
		0	15				
		0	16				
		0	17				
		0	18				
0	**0**		19				

4. 总结思考

(1) 能否用 CC4013 构成环形计数器和扭环形计数器? 试画出对应的逻辑图。

(2) 试用 74LS194 构成五进制扭环形计数器,画出其逻辑图。

 项目小结

1. 时序逻辑电路在任何一个时刻的输出状态不仅取决于当时的输入信号,还与电路的原状态有关。因此时序逻辑电路中必须含有具有记忆能力的存储器件,触发器是最常用的存储器件。

2. 时序逻辑电路的分析步骤一般为: 逻辑图→时钟方程(异步)、驱动方程、输出方程→状态方程→状态表→状态图和时序图→逻辑功能。

3. 计数器是一种简单而又常用的时序逻辑器件。它们在计算机和其他数字系统中起着非常重要的作用。计数器不仅能用于统计输入时钟脉冲的个数,还能用于分频、定时、产生节拍脉冲等。

4. 用已有的 M 进制集成计数器可以构成 N(任意)进制的计数器,采用的方法有反馈清零法、反馈置数法,根据集成计数器的清零方式和置数方式来选择。当 $M > N$ 时,用一片 M 进制计数器即可;当 $M < N$ 时,要用多片 M 进制计数器组合起来,才能构成 N 进制计数器。当需要扩大计数器的容量时,可将多片集成计数器进行级联。

5. 寄存器也是一种常用的时序逻辑器件。寄存器分为数据寄存器和移位寄存器两种,移位寄存器又分为单向移位寄存器和双向移位寄存器。集成移位寄存器使用方便、功能全、输入和输出方式灵活。用移位寄存器可实现数据的串行–并行转换,组成环形计数器、扭环形计数器等。

 自测题

1. 填空题

(1) 数字电路按照是否有记忆功能通常可分为两类:＿＿＿＿＿、＿＿＿＿＿。

(2) 时序逻辑电路的输出不仅和＿＿＿＿＿有关,而且还与＿＿＿＿＿有关。

(3) 构造一个六进制计数器需要＿＿＿＿＿个状态,＿＿＿＿＿个触发器。

(4) 寄存器按照功能不同(数码的存取方式)可分为两类:＿＿＿＿＿寄存器和＿＿＿＿＿寄存器。

(5) 移位寄存器按移位方向可分为＿＿＿＿＿、＿＿＿＿＿和双向移位寄存器。

2. 选择题

(1) 时序逻辑电路中一定是含有(　　　)。

A. 触发器　　　　　　　　　B. 组合逻辑电路

C. 移位寄存器　　　　　　　D. 译码器

(2) 时序逻辑电路的输出状态的改变(　　　)。

A. 仅与该时刻输入信号的状态有关

B. 仅与时序逻辑电路的原来状态有关

C. 与 A、B 所述两个状态皆有关

(3) 下列逻辑电路中为时序逻辑电路的是(　　　)。

A. 变量译码器　　B. 加法器　　　C. 数据寄存器　　D. 数据选择器

(4) 同步时序电路和异步时序电路比较,其差别在于后者(　　　)。

A. 没有触发器　　　　　　　B. 没有统一的时钟脉冲控制

C. 没有稳定状态　　　　　　D. 输出只与内部状态有关

(5) 已知由 D 触发器构成的 4 位右移移位寄存器,其初态为 **1100**,则在一个有效时钟脉冲信号作用下,次态为(　　　)。

A. **1001** 或 **0110**　　　　　　　B. **0001** 或 **0101**

C. **0010** 或 **0110**　　　　　　　D. **1110** 或 **0110**

(6) N 个触发器可以构成能寄存(　　)位二进制代码的寄存器。

A. $N-1$　　　　B. N　　　　C. $N+1$　　　　D. 2^N

(7) 4 位移位寄存器构成环形计数器,其最大计数长度的计数器是(　　)。

A. 四进制　　　B. 八进制　　　C. 十进制　　　D. 十六进制

(8) 4 位移位寄存器构成扭环形计数器,其最大计数长度的计数器是(　　)。

A. 四进制　　　B. 八进制　　　C. 十进制　　　D. 十六进制

3. 判断题

(　　)(1) 时序逻辑电路中一定含有门电路。

(　　)(2) 将几个 D 触发器进行串接,所有的 CP 脉冲并接,前一级触发器的输出与后一级触发器的输入连接起来,就构成了移位寄存器。

(　　)(3) 移位寄存器不能存放数据,只能对数据进行移位操作。

(　　)(4) n 位的移位寄存器构成的环形计数器,其最大的计数长度是 $2n$。

(　　)(5) N 进制计数器可以实现 N 分频。

文本:项目 5
自测题答案

 习　题

5-1　什么是时序逻辑电路,时序逻辑电路有什么特点?

5-2　试分析如图 5-35 所示的时序逻辑电路的逻辑功能。写出电路的驱动方程、输出方程、状态方程、列状态表、画出电路的状态转换图和时序图,说明电路能否有自启动特性。

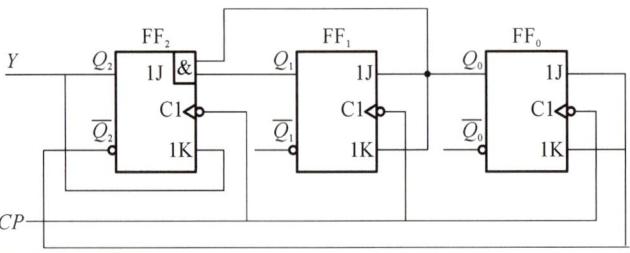

图 5-35
题 5-2 的逻辑电路图

5-3　试分析图 5-36 所示电路为几进制计数器。

5-4　试分别用 74LS161 的异步置 **0** 和同步置数功能构成下列计数器。

(1) 十进制计数器　　　(2) 二十四进制计数器

5-5　试分析如图 5-37 所示时序逻辑电路的逻辑功能。写出它的驱动方程、输出方程、状态方程、列出状态表。并画出 Q_0Q_1 和 Z 的状态图和波形图。

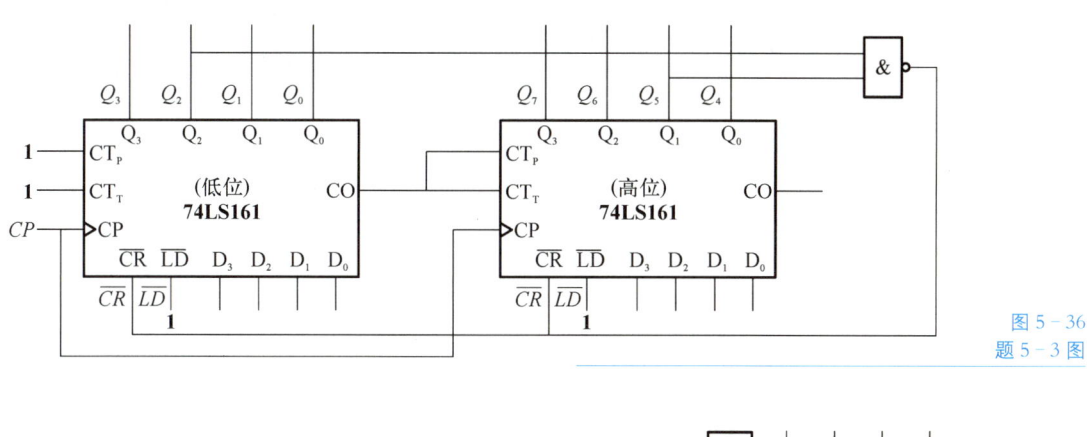

图 5 - 36
题 5 - 3 图

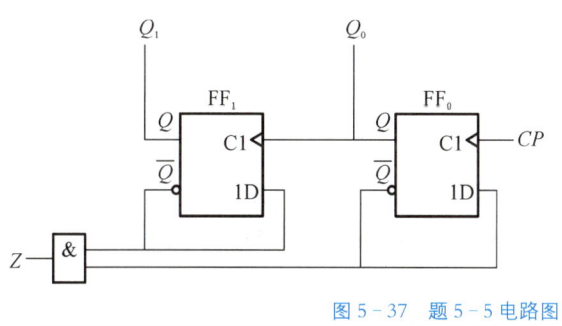

图 5 - 37　题 5 - 5 电路图

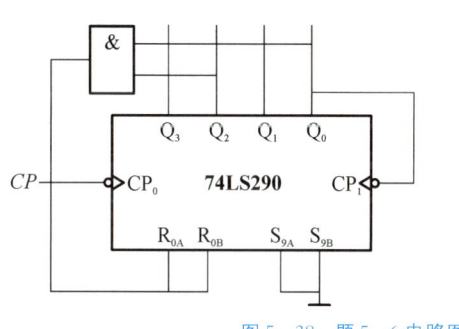

图 5 - 38　题 5 - 6 电路图

5 - 6　试分析如图 5 - 38 所示电路,说明该电路构成几进制计数器,并画出状态图。

5 - 7　用 74LS290 构成七进制和二十四进制计数器,画出连线图。

5 - 8　试分析如图 5 - 39 所示电路为几分频电路。

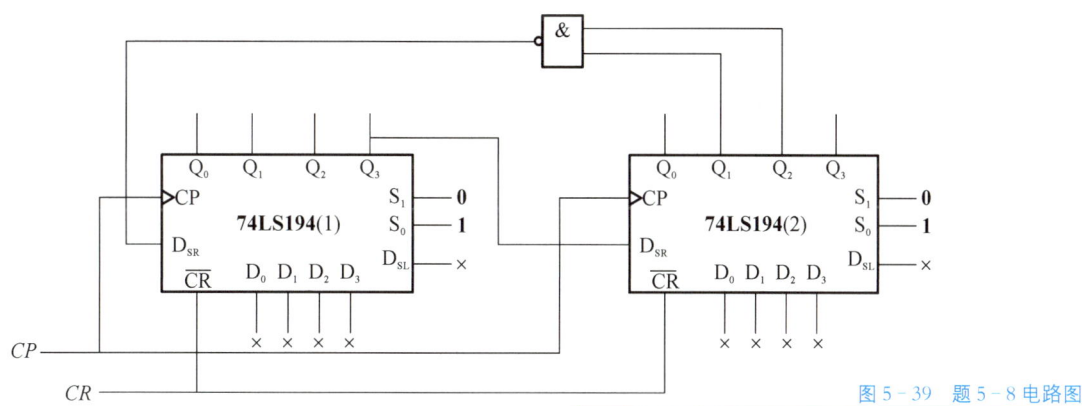

图 5 - 39　题 5 - 8 电路图

5 - 9　试用 74LS194 构成下列扭环形计数器(分频电路):

(1)三分频电路　　(2)十分频电路

【知识目标】

❖ 了解 555 定时器的组成及工作原理。

❖ 掌握 555 定时器的功能、逻辑符号。

❖ 掌握用 555 定时器构成的多谐振荡器、单稳态触发器、施密特触发器的工作原理。

❖ 熟悉救护车电子鸣笛电路的电路组成及工作原理。

【能力目标】

❖ 会对 555 定时器的功能进行测试。

❖ 会用 555 定时器构成单稳态触发器、施密特触发器、多谐振荡器，并进行调试。

❖ 能完成救护车电子鸣笛电路的安装与测试。

【素养目标】

❖ 通过学习定时器基础功能，学会做出恰当的选择，培养正确的价值观。

❖ 通过确定定时器周期频率参数，培养精益求精的工匠精神。

 项目描述

生活中常听到一些用于提醒、警戒的不同频率的电子鸣笛声，救护车电子鸣笛电路是一种能产生两种音频变化的变音电路。

1. 电路说明

救护车电子鸣笛器电路如图 6-1 所示。由 555 定时器构成两级多谐振荡器，第一级的工作频率由 R_1、R_2 和 C_1 决定，$f_1 \approx 1.43/[(R_1+2R_2)C_1]$，第一级的输出 u_{O1} 通过 R_P 控制第二级的电压输出端（5 脚）电平，用来控制第二级的工作频率。当 u_{O1} 输出高电平，第二级的电压控制端（5 脚）为高电平，其输出 u_{O2} 频率较低；当 u_{O1} 输出低电平，第二级的电压控制端（5 脚）为低电平，其输出 u_{O2} 频率较高，使扬声器发出"嘀-嘟-嘀-嘟"的声响，与救护车的鸣笛声相似。调节电位器 R_P 可改变输出 u_{O2} 的高、低音频的间隔时间。

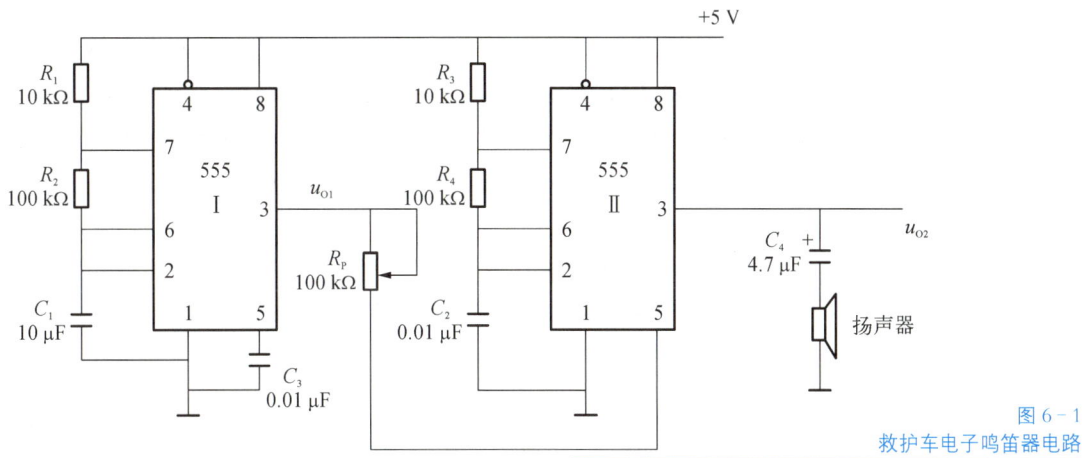

图 6 - 1
救护车电子鸣笛器电路

2. 设备与器材

NE555 定时器两片,扬声器一个,电阻、电容若干,万能板(亦可选用面包板或自制 PCB)一块,直流稳压电源一台,示波器一台。

3. 主要步骤

(1) 按图 6 - 1 接线,先不接扬声器。电路可以连接在万能板或自制的 PCB 上,或在面包板上插接。

(2) 检查路线无误后再接电源,用示波器分别观察 u_{O1}、u_{O2} 的波形。

(3) 将片 II 的 3 脚接扬声器,调节 R_P,试听扬声器发出的声音。

(4) 分别改变 R_2 和 C_1、R_4 和 C_2 的值,试听其效果。

4. 注意事项

焊接 555 定时器时注意集成电路的引脚,电解电容注意极性,若采用 CMOS 集成电路,焊接时注意防止静电破坏。

知识链接

6.1　脉冲信号的产生

救护车电子鸣笛电路中的音频信号是矩形波。矩形波是数字电路中的基本工作脉冲信号,其获取方式可由脉冲振荡电路产生,也可利用整形电路变换得到。

6.1.1　555 定时器

555 定时器又称 555 时基电路,是一种多用途的模数混合集成电路。该电路只需外接少量阻容元件,就可以构成各种功能电路。由于其性能优良、使用方便,因而在脉冲信号的产生与变换、控制与检测以及家用电器等领域都有着

微视频:救护车鸣笛电路的调试

文本:救护车鸣笛电路的制作

微视频:555定时器

广泛的应用。

555 定时器有 TTL 型和 CMOS 型两种,又有单定时器、双定时器型,产品型号繁多。所有的 TTL 单定时器的最后 3 位数字为 555,双定时器的为 556,电源电压范围为 4.5~16 V,最大负载电流可达 200 mA;所有的 CMOS 单定时器的最后 4 位数字为 7555,双定时器的为 7556,电源电压范围为 3~18 V,最大负载电流为 20 mA。TTL 型的最大优点是有较强的驱动能力;而 CMOS 型则具有功耗低、最低工作电压小、输入电流小等一系列优点。

TTL 型和 CMOS 型 555 定时器的结构与工作原理基本相似,逻辑功能和引脚排列完全相同。下面以 TTL 型单定时器的典型产品 5G555 为例进行介绍。

1. 电路结构

5G555 定时器如图 6‑2 所示。其中,图 6‑2a 为电路图,图 6‑2b 为引脚排列图。

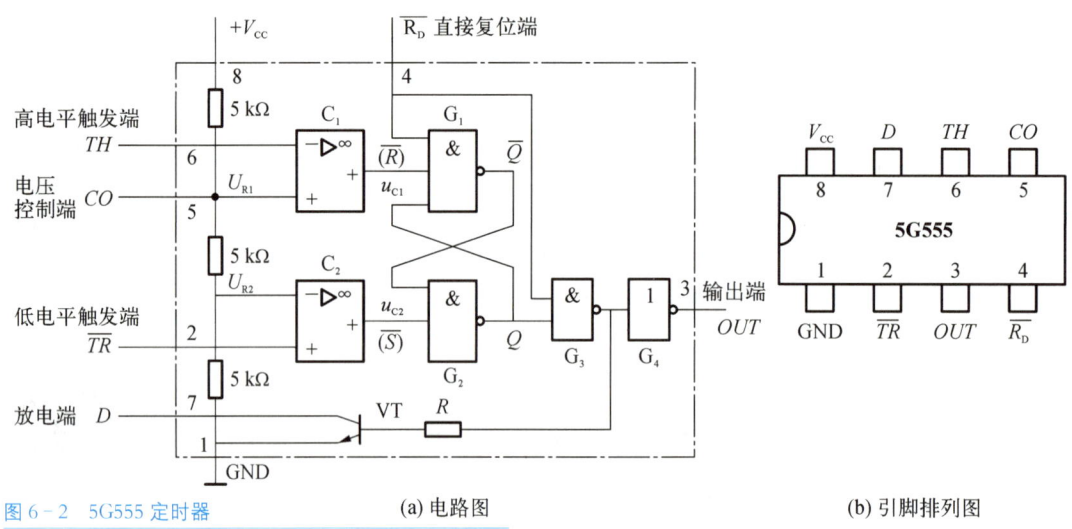

图 6‑2 5G555 定时器   (a) 电路图   (b) 引脚排列图

555 定时器一般由电阻分压器、电压比较器、基本 RS 触发器、放电开关及输出缓冲器等电路组成。

(1) 电阻分压器

电阻分压器由三个 5 kΩ 电阻组成,串接在电源电压 $+V_{CC}$ 与地之间,它的作用是为两个电压比较器提供基准电压。当电压控制端 CO 不加控制电压,则电压比较器 C_1 的基准电压为 $U_{R1} = \dfrac{2}{3}V_{CC}$,$C_2$ 的基准电压为 $U_{R2} = \dfrac{1}{3}V_{CC}$。若在电压控制端 CO 处加控制电压 U_{CO},则 C_1、C_2 的基准电压分别变为 U_{CO}、$\dfrac{1}{2}U_{CO}$。当 CO 端不需要外加控制电压时,一般通过 0.01 μF 的电容接地,以防外部的干扰。

（2）电压比较器

电压比较器 C_1、C_2 由两个结构相同的集成运放构成，C_1 的反相输入端 TH 为高电平触发端，C_2 的同相输入端 $\overline{TR}$ 为低电平触发端。

当高电平触发端的触发电压 $u_{TH} > U_{R1}$ 时，C_1 输出低电平；当 $u_{TH} < U_{R1}$ 时，C_1 输出高电平。当低电平触发端的触发电压 $u_{\overline{TR}} > U_{R2}$ 时，C_2 输出高电平，反之，C_2 输出低电平。

（3）基本 RS 触发器

基本 RS 触发器由两个与非门组成，其输出状态 Q 取决于两个电压比较器的输出。

当 $u_{C1}(\overline{R}) = 1$，$u_{C2}(\overline{S}) = 0$ 时，$Q = 1$，$\overline{Q} = 0$；

当 $u_{C1}(\overline{R}) = 0$，$u_{C2}(\overline{S}) = 1$ 时，$Q = 0$，$\overline{Q} = 1$；

当 $u_{C1}(\overline{R}) = 1$，$u_{C2}(\overline{S}) = 1$ 时，Q 保持原状态。

$\overline{R_D}$ 为直接复位端。若 $\overline{R_D} = 0$，则无论触发器是什么状态，与非门 G_3 输出高电平，电路输出端则为低电平。当不使用直接复位端时，应使 $\overline{R_D} = 1$，即将 $\overline{R_D}$ 端接到电源端。

（4）放电开关

放电开关 VT 管是集电极开路的三极管，相当于一个受控开关，其集电极接放电端 D，如果将其通过一个外接电阻接至电源，构成泄放电路。放电管基极受与非门 G_3 控制。当 $Q = 0$ 时，与非门 G_3 输出高电平，VT 管导通，放电端 D 通过导通的三极管为外电路提供放电的通路；当 $Q = 1$ 时，与非门 G_3 输出低电平，VT 管截止，放电通路被阻断。

（5）输出缓冲器

输出缓冲器由与非门 G_3 和与非门 G_4 构成，用来提高 555 定时器的负载能力，并隔离负载对定时器的影响。

2. 工作原理

555 定时器的功能见表 6-1，控制端 CO 不加控制电压。

表 6-1　555 定时器的功能

输　　　　入			输　　出	
$\overline{R_D}$	u_{TH}	$u_{\overline{TR}}$	OUT	VT 管的状态
0	$\times$	$\times$	**0**	导通
1	$> \dfrac{2}{3}V_{CC}$	$> \dfrac{1}{3}V_{CC}$	**0**	导通
1	$< \dfrac{2}{3}V_{CC}$	$> \dfrac{1}{3}V_{CC}$	不变	不变
1	$< \dfrac{2}{3}V_{CC}$	$< \dfrac{1}{3}V_{CC}$	**1**	截止

当直接复位端 $\overline{R}_\text{D}$ 为低电平时,与非门 G_3 输出高电平,电路输出低电平,VT 管导通。电路输出低电平称为复位或置 **0**。

当 $\overline{R}_\text{D}$ 为高电平时,电路有三种工作状态:

① $u_\text{TH} > \dfrac{2}{3}V_\text{CC}$, $u_\overline{\text{TR}} > \dfrac{1}{3}V_\text{CC}$, C_1 输出低电平,C_2 输出高电平,Q 为低电平,输出 OUT 为低电平,VT 管导通。

② $u_\text{TH} < \dfrac{2}{3}V_\text{CC}$, $u_\overline{\text{TR}} > \dfrac{1}{3}V_\text{CC}$, C_1 输出高电平,C_2 输出高电平,基本 RS 触发器保持原状态不变,输出 OUT 及 VT 管将保持原状态不变。

③ $u_\text{TH} < \dfrac{2}{3}V_\text{CC}$, $u_\overline{\text{TR}} < \dfrac{1}{3}V_\text{CC}$, C_1 输出高电平,C_2 输出低电平,Q 为高电平,输出 OUT 为高电平,VT 管截止。

6.1.2 多谐振荡器

多谐振荡器亦称矩形波发生器,是一种无稳态电路,但有两个暂稳态。该电路接通电源后,无须外加触发信号,就能在两个暂稳态之间来回跳变,产生一定频率和幅值的矩形波。由于矩形波的波形是由基波和许多高次谐波组成,故称为多谐振荡器。

1. 电路组成

555 定时器构成的多谐振荡器电路图如图 6 - 3a 所示,555 定时器的高电平触发端(6 脚)和低电平触发端(2 脚)直接相连,放电端(7 脚)接在两个电阻之间,无外加信号,R_1、R_2、C 为定时元件。

微视频:多谐振荡器仿真

图 6 - 3
555 定时器构成的多谐振荡器

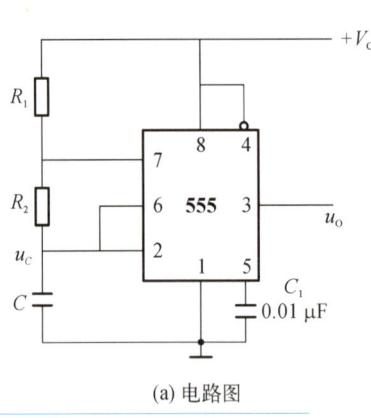
(a) 电路图

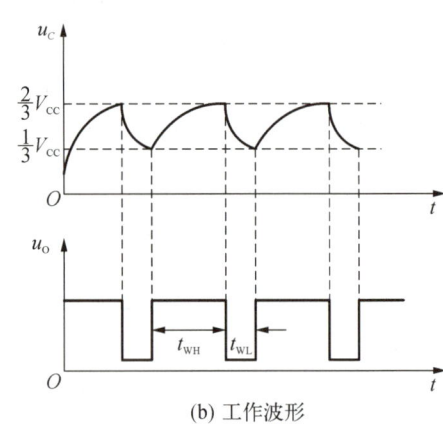
(b) 工作波形

2. 工作原理

假设接通电源前,电容 C 两端没有电压即 $u_C = 0$ V,接通电源后,电容 C 上的电压不能突变,$u_\text{TH} = u_\overline{\text{TR}} = u_C < \dfrac{1}{3}V_\text{CC}$,则电路输出为 **1**,VT 管截止。电

源 V_{CC} 经 R_1、R_2 对电容 C 充电,电容电压逐渐上升,电路处于第一暂稳态。

当 u_C 达到(略大于) $\dfrac{2}{3}V_{CC}$ 时,由于 $u_{TH}=u_{\overline{TR}}=u_C>\dfrac{2}{3}V_{CC}$,电路输出由 **1** 跳变为 **0**,同时 VT 管导通,充电结束,电流从放电端入地,使电容 C 通过 R_2 及 VT 管放电,电容电压逐渐下降,电路处于第二暂稳态。

当 u_C 下降至 $\dfrac{1}{3}V_{CC}$ 时,输出由 **0** 跳变为 **1**,同时 VT 管截止,电容 C 又重新充电。以后重复上述过程,获得如图 6 - 3b 所示的工作波形图。

输出高电平时间 t_{WH},是电容电压由 $\dfrac{1}{3}V_{CC}$ 上升到 $\dfrac{2}{3}V_{CC}$ 所需时间,与电容充电时间常数 $\tau_{充}$ 有关,忽略 VT 管导通电阻,$\tau_{充}=(R_1+R_2)C$,则近似公式为

$$t_{WH}=\ln 2(R_1+R_2)C\approx 0.7(R_1+R_2)C$$

输出低电平时间 t_{WL} 是电容电压由 $\dfrac{2}{3}V_{CC}$ 下降到 $\dfrac{1}{3}V_{CC}$ 所需时间,与电容放电时间常数 $\tau_{放}$ 有关,$\tau_{放}=R_2C$,则近似公式为

$$t_{WL}=\ln 2R_2C\approx 0.7R_2C$$

振荡周期近似公式为

$$T=t_{WH}+t_{WL}\approx 0.7(R_1+2R_2)C$$

振荡频率近似公式为

$$f=\frac{1}{T}\approx\frac{1.43}{(R_1+2R_2)C}$$

占空比近似公式为

$$q=\frac{t_{WH}}{T}\approx\frac{R_1+R_2}{R_1+2R_2}$$

3. 改进电路

图 6 - 3a 所示的电路只能产生占空比大于 50% 的矩形波,而且占空比固定不变。改进电路如图 6 - 4 所示。利用 VD_1、VD_2 管单向导电性,将电路的充电、放电回路分开,充电回路为 $V_{CC}\to R_1\to VD_2\to C\to$ 地,放电回路为 $C\to VD_1\to R_2\to$ 放电开关 $VT\to$ 地,再加上电位器调节,便构成占空比可调的多谐振荡器。在

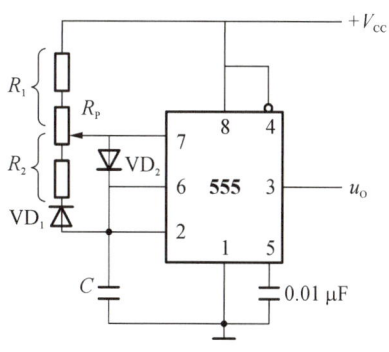

图 6 - 4　改进电路

忽略 VD_1、VD_2 管和放电开关 VT 的导通电阻,输出高、低电平时间分别为

$$t_{WH} \approx 0.7R_1C$$

$$t_{WL} \approx 0.7R_2C$$

周期为

$$T \approx 0.7(R_1 + R_2)C$$

振荡频率为

$$f = \frac{1}{T} \approx \frac{1.43}{(R_1 + R_2)C}$$

占空比为

$$q = \frac{R_1}{R_1 + R_2}$$

调节电位器 R_P,可改变 R_1 和 R_2 的阻值,进而改变输出矩形波的占空比。当 $R_1 = R_2$ 时,占空比 $q = 50\%$,多谐振荡器输出方波。

▎知识拓展▎
石英晶体多谐振荡器

由 555 定时器构成的多谐振荡器,振荡频率不仅取决于时间常数 RC,而且还取决于阈值电平,由于其极易受温度、电源电压等外界条件的影响,因而频率稳定性较差。而石英晶体的品质因数 Q 很高,具有较好的选频特性,用它构成的振荡电路的频率由石英晶体的固有谐振频率 f_0 决定,与电路中其他元器件参数无关,因此要得到频率稳定的信号,多采用石英晶体多谐振荡器。

如图 6-5 所示为典型的 CMOS 石英晶体多谐振荡器。R_F 的作用是使反相器 G_1 工作在线性放大区,R_F 的取值在 $10 \sim 100\ M\Omega$ 之间,C_1、C_2 和晶体 J 构成阻抗选频网络,电路只允许频率为 f_0 的信号通过,但它的输出波形并不理想,须经反相器 G_2 整形后,才能得到较满意的矩形波输出,同时提高了负载能力。

如图 6-6 所示为 TTL 反相器和石英晶体构成的多谐振荡器。R_{F1}、R_{F2} 的作用是确定反相器 G_1 和 G_2 的静态工作点,调整阻值使 G_1 和 G_2 工作在线性放大区,有较大的放大能力,一般取值在 $0.8 \sim 1\ k\Omega$ 之间。

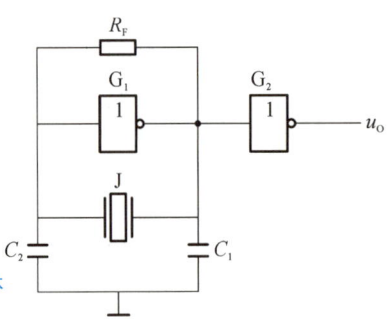

图 6-5
典型的 CMOS 石英晶体
多谐振荡器

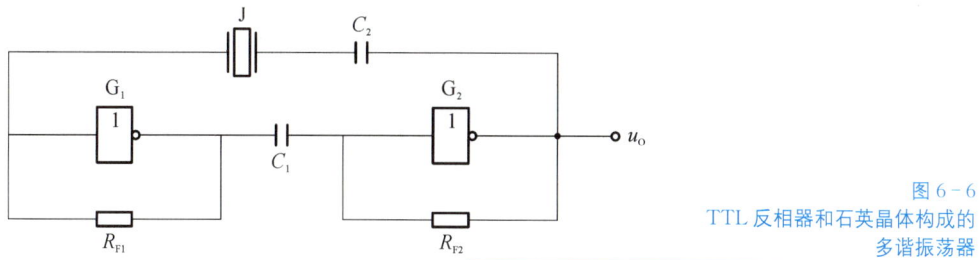

图6-6
TTL反相器和石英晶体构成的
多谐振荡器

▌任务训练▌
555定时器功能测试

1. 训练目的

(1) 进一步理解555定时器的功能及特点。

(2) 掌握由555定时器构成多谐振荡器的方法和功能测试。

2. 训练准备

(1) 数字电子技术实验装置一台,双踪示波器一台,万用表一只。

(2) CC7555定时器一片,二极管、电阻、电容、电位器、导线若干。

3. 训练内容及步骤

(1) 按555定时器功能测试电路进行连接,如图6-7所示。直接复位端(4脚)接逻辑电平开关,输出端(3脚)接逻辑电平指示灯。调节电位器R_{P1}、R_{P2},改变555定时器的高电平触发端(6脚)和低电平触发端(2脚)电压,观察输出状态,并将测试结果记录于表6-2。

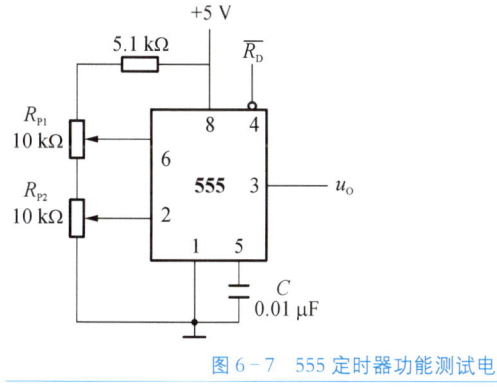

图6-7 555定时器功能测试电路

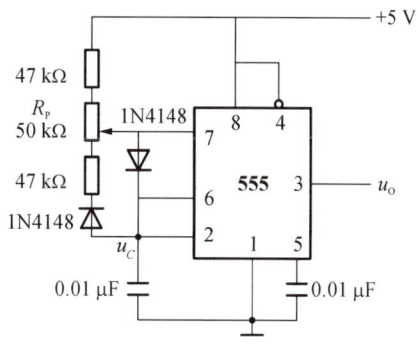

图6-8 多谐振荡器电路

(2) 按如图6-8所示连接多谐振荡器电路,当电位器R_P分别调至最上端和最下端时,用双踪示波器观察u_C和u_O的波形并绘制波形,同时测量输出波形的t_{WH}、t_{WL}、T、f和q。

153

表 6 - 2　555 定时器功能测试表

序号	直接复位端输入($\overline{R_D}$)	高电平触发电压(R_{P1})	低电平触发电压(R_{P2})	输出	放电开关
1	**0**	任意	任意		
2	1	$>\dfrac{2}{3}V_{DD}$	$>\dfrac{1}{3}V_{DD}$		
3	1	$<\dfrac{2}{3}V_{DD}$	$>\dfrac{1}{3}V_{DD}$		
4	1	$<\dfrac{2}{3}V_{DD}$	$<\dfrac{1}{3}V_{DD}$		
5	1	$<\dfrac{2}{3}V_{DD}$	$>\dfrac{1}{3}V_{DD}$		

4. 总结思考

(1) 总结 555 定时器的功能,若电压控制端(5 脚)加控制电压 U_{CO},高电平触发电压、低电平触发电压变为多少?

(2) 多谐振荡器中,调节电位器,振荡周期、占空比将如何变化?

知识链接

6.2　脉冲信号的整形与变换

脉冲信号也可通过整形电路将已有的波形进行整形、变换获得,常用的两类整形电路为单稳态触发器和施密特触发器。

6.2.1　单稳态触发器

单稳态触发器具有一个稳态和一个暂稳态,无外加触发脉冲时,电路处于稳态;在外加触发脉冲作用下,电路由稳态进入暂稳态。暂稳态维持一段时间后,电路又自动返回稳态,其中暂稳态维持时间的长短取决于电路中所用的定时元器件的参数,而与外加触发脉冲无关。

单稳态触发器广泛用于整形、定时、延时电路中。

1. 电路组成

由 555 定时器构成的单稳态触发器电路如图 6 - 9a 所示,555 定时器的高电平触发端(6 脚)和放电端(7 脚)相连,并与定时元件 R、C 相连,低电平触发端(2 脚)接输入触发信号。

2. 工作原理

(1) 稳态阶段

输入端未加负向触发脉冲时,u_I 为高电平 V_{CC},即 $u_{\overline{TR}} > \dfrac{1}{3}V_{CC}$。若电源

微视频：单稳态触发器仿真

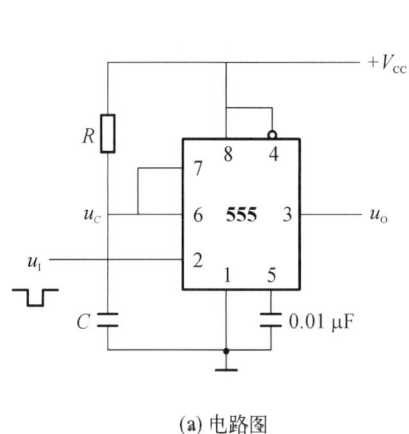

(a) 电路图

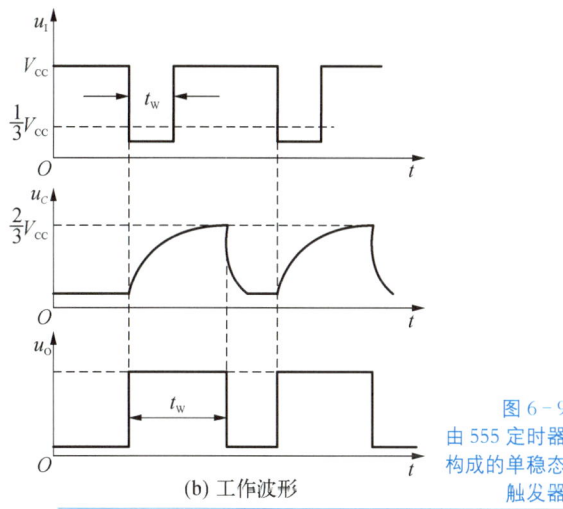

(b) 工作波形

图 6 - 9
由 555 定时器
构成的单稳态
触发器

接通时输出为 **0**,则 VT 管导通,$u_{TH} = u_C = 0 < \dfrac{2}{3}V_{CC}$,输出保持 **0** 不变;若接通电源时输出为 **1**,则 VT 管截止,电源通过电阻 R 对电容 C 充电,当 u_C 上升至 $\dfrac{2}{3}V_{CC}$ 时,输出变为 **0**,VT 管导通,C 又通过其快速放电,即 $u_{TH} = u_C = 0 < \dfrac{2}{3}V_{CC}$,使电路保持原态 **0** 不变。所以接通电源后,电路经过一段过渡时间后,输出稳定在 **0** 态。

(2) 触发翻转阶段

当输入端加入负脉冲 u_I 时,$u_{\overline{TR}} = u_I < \dfrac{1}{3}V_{CC}$,且 $u_{TH} = 0 < \dfrac{2}{3}V_{CC}$,则输出由 **0** 翻转为 **1**,VT 管截止,定时开始。

(3) 暂稳态维持阶段

电路输出翻转为 **1** 后,此时触发脉冲已消失,u_I 恢复为高电平。因 VT 管截止,电源经 R 对 C 充电,$u_{TH} = u_C$ 升高,$u_{TH} = u_C < \dfrac{2}{3}V_{CC}$,维持 **1** 态不变。

(4) 自动返回阶段

当 $u_{TH} = u_C$ 上升到 $\dfrac{2}{3}V_{CC}$ 时,电路由暂稳态 **1** 自动返回稳态 **0**,VT 管由截止变为导通,电容 C 经 VT 管对地快速放电,定时结束,电路由暂稳态重新转入稳态。

下一个触发脉冲到来时,电路重复上述过程。工作波形图如图 6 - 9b 所示。

电路暂稳态持续时间又称输出脉冲宽度 t_W,也就是电容 C 充电的时间,

155

由电路中的过渡公式可得

$$t_W \approx 1.1RC$$

可见,输出脉冲宽度与 R、C 有关,而与输入信号无关,调节 R 和 C 可改变输出脉冲宽度。

当一个触发脉冲使单稳态触发器进入暂稳态以后,t_W 时间内的其他触发脉冲对触发器不起作用,只有当触发器处于稳定状态时,输入的触发脉冲才起作用。

3. 单稳态触发器的应用

(1) 脉冲定时

由于单稳态触发器能产生宽度为 t_W 的可调矩形波,所以利用该脉冲可以构成定时开闭门电路或控制一些电路的动作。在如图 6-10 所示的电路中,只有在 t_W 的时间内,信号 u_A 才能通过与门输出,从而达到定时的目的。

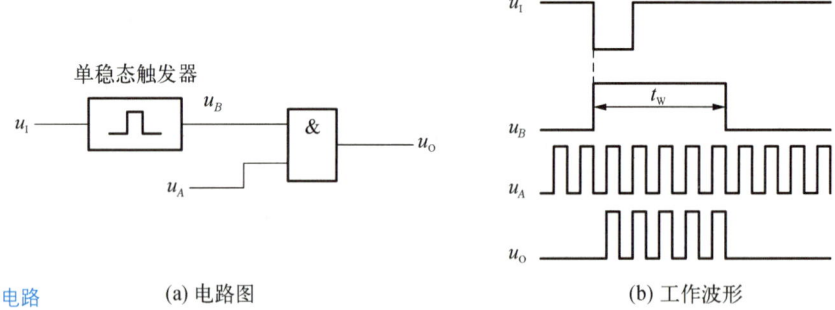

图 6-10
单稳态触发器的脉冲定时电路　　　　　　(a) 电路图　　　　　　(b) 工作波形

(2) 脉冲延时

若单稳态触发器输入触发脉冲为负脉冲,输出为正脉冲,则输出脉冲的下降沿比触发脉冲的下降沿在时间上延迟为 t_W,用输出下降沿去控制其他电路,在时间上就延迟了 t_W。单稳态触发器的脉冲延时如图 6-11 所示。

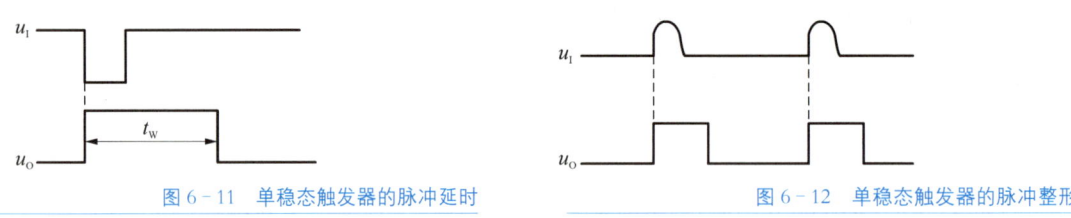

图 6-11　单稳态触发器的脉冲延时　　　　　　图 6-12　单稳态触发器的脉冲整形

(3) 脉冲整形

脉冲信号在传输过程中会受到一些干扰,其边沿会变差,可利用单稳态触发器对脉冲信号进行整形。将外形不规则的脉冲信号作触发脉冲,经单稳态电路输出,可获得规则的脉冲波形输出。单稳态触发器的脉冲整形如图 6-12 所示。

6.2.2　施密特触发器

施密特触发器是数字系统中的常用电路,具有较强的抗干扰能力,主要用于波形转换、整形以及幅度鉴别等。

1. 电压传输特性

施密特触发器具有类似于磁滞回线的电压传输特性,如图 6 – 13a 所示,图 6 – 13b 为其逻辑符号。它有两种电压传输特性,具有下述特点：

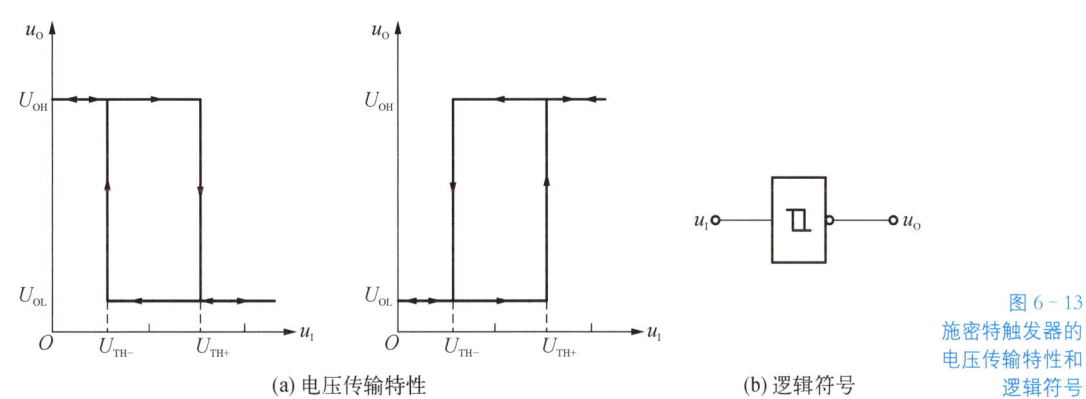

(a) 电压传输特性　　　　　　　　　　(b) 逻辑符号

图 6 – 13 施密特触发器的电压传输特性和逻辑符号

(1) 施密特触发器属于电平触发,具有两个稳定的输出状态,但又不同于一般的双稳态触发器,对于缓慢变化的信号仍适用,当输入信号达到某一电压时,输出电压会发生突变。

(2) 当输入信号由小到大或由大到小时,电路有不同的阈值电压,U_{TH+} 叫正向阈值电压,U_{TH-} 叫负向阈值电压,它们的差值为回差电压 ΔU_{TH},即

$$\Delta U_{TH} = U_{TH+} - U_{TH-}$$

2. 电路组成

由 555 定时器构成的施密特触发器电路如图 6 – 14a 所示,555 定时器的高电平触发端(6 脚)和低电平触发端(2 脚)相连作为信号的输入端。

3. 工作原理

设输入为一初相为 0 的正弦波,其幅值大于 $\dfrac{2}{3}V_{CC}$,波形图如图 6 – 14b 所示。

输入信号 u_I 从 0 V 开始增大,但小于 $\dfrac{1}{3}V_{CC}$,即 $u_{\overline{TR}} = u_I < \dfrac{1}{3}V_{CC}$,$u_{TH} = u_I < \dfrac{2}{3}V_{CC}$,由表 6 – 1 可知,输出为 **1**；$u_I$ 继续增大,但仍小于 $\dfrac{2}{3}V_{CC}$ 时,$u_{\overline{TR}} =$

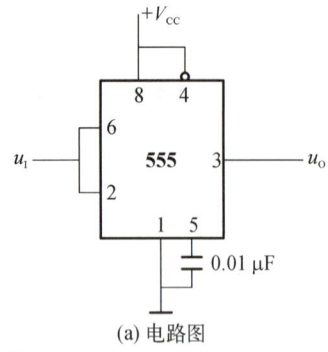

图 6-14
由 555 定时器构成的
施密特触发器

(a) 电路图

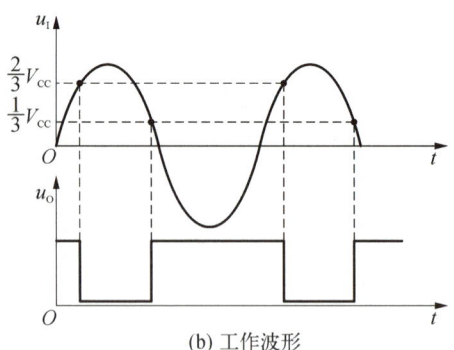

(b) 工作波形

$u_I > \frac{1}{3}V_{CC}$，$u_{TH} = u_I < \frac{2}{3}V_{CC}$，输出保持 **1** 不变；当 u_I 增大到略大于 $\frac{2}{3}V_{CC}$ 时，

$u_{\overline{TR}} = u_I > \frac{1}{3}V_{CC}$，$u_{TH} = u_I > \frac{2}{3}V_{CC}$，电路状态发生翻转，输出由 **1** 变为 **0**，此时对应的 u_I 为正向阈值电压 $U_{TH+} = \frac{2}{3}V_{CC}$。此后 u_I 继续增加，输出维持 **0** 不变。

当输入 u_I 由最大下降到 $\frac{1}{3}V_{CC}$ 之前，电路仍维持原状态 **0** 不变；当 u_I 继续下降到略小于 $\frac{1}{3}V_{CC}$ 时，电路再次发生翻转，输出由 **0** 变为 **1**，此时对应的 u_I 为负向阈值电压 $U_{TH-} = \frac{1}{3}V_{CC}$。此后 u_I 继续下降，输出维持 **1** 不变。

由上述分析可知，施密特触发器的回差电压为

$$\Delta U_{TH} = U_{TH+} - U_{TH-} = \frac{2}{3}V_{CC} - \frac{1}{3}V_{CC} = \frac{1}{3}V_{CC}$$

如果在 CO 端加入控制电压 U_{CO}，则 $U_{TH+} = U_{CO}$，$U_{TH-} = \frac{1}{2}U_{CO}$。通过调节 U_{CO} 大小来调节 U_{TH+}、U_{TH-} 和 ΔU_{TH}，则

$$\Delta U_{TH} = U_{TH+} - U_{TH-} = U_{CO} - \frac{1}{2}U_{CO} = \frac{1}{2}U_{CO}$$

4. 施密特触发器的应用

(1) 波形的变换

由图 6-14b 可知，利用施密特触发器可以将输入的正弦波变换为矩形波，同样，如果输入的是其他波形(如三角波)，只要输入信号的脉冲幅度足够大，就能将其变成矩形波。

（2）波形的整形

矩形波在传输后往往会发生畸变,利用施密特触发器的滞回特性,适当地调整正负阈值电压,就可以获得比较令人满意的矩形波,施密特触发器用于波形整形如图6-15所示。

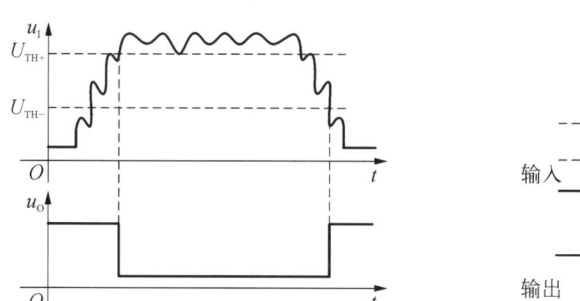

图 6-15 施密特触发器用于波形整形

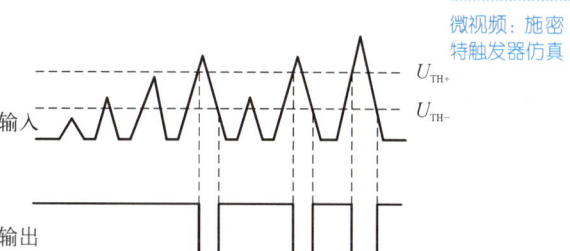

微视频：施密特触发器仿真

图 6-16 施密特触发器用于幅度鉴别

（3）幅度鉴别

输入为一串幅度不同的脉冲,当它们通过施密特触发器时,只有幅度大于U_{TH+}的脉冲才会在输出端产生输出信号,调节U_{TH+}就能鉴别出幅度不同的脉冲,如图6-16所示。

任务训练
555 定时器的应用

1. 训练目的

（1）进一步熟悉555定时器的功能及特点。

（2）掌握用555定时器构成单稳态触发器和施密特触发器的方法和触发器的功能测试。

2. 训练准备

（1）数字电子技术实验装置一台,函数信号发生器一台,双踪示波器一台。

（2）CC7555定时器一片,电阻、电容、导线若干。

3. 主要内容及步骤

（1）按图6-17将555定时器连接成单稳态触发器的实验电路,输入信号u_I频率为2 kHz、电压幅值5 V、输出低电平时间20 μs左右的矩形波。用示波器分别观察u_I、u_C、u_O的波形,并测量单稳态触发器输出脉冲宽度t_W。

（2）按图6-18将555定时器连接成施密特触发器的实验电路,电压控制端(5脚)通过电容0.01 μF接地,输入信号u_I是频率为1 kHz、峰峰值为5 V的正弦波。用示波器观察u_I、u_O的波形,并测试施密特触发器的回差电压ΔU_{TH}。将电压控制端(5脚)接控制电压,观察u_I、u_O的波形。

文本：555 定时器应用举例

互动练习：555 定时器

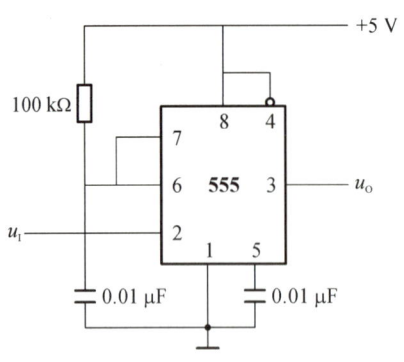

图 6-17　单稳态触发器的实验电路

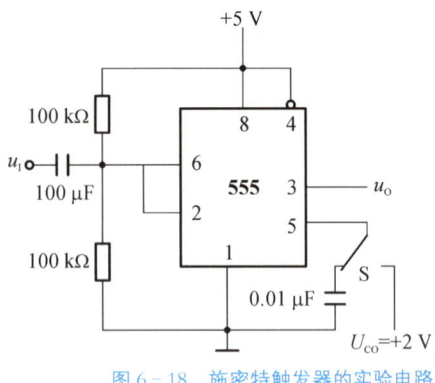

图 6-18　施密特触发器的实验电路

4. 总结思考

(1) 归纳 555 定时器典型应用电路。

(2) 单稳态触发器的输入信号脉宽若大于输出脉冲宽度 t_W，输出波形如何变化？

 项目小结

1. 在数字电路中，最常见的脉冲信号波形是矩形波。获得脉冲波形的方法一般有两种：一种方法是利用脉冲振荡器直接产生所需的脉冲波形，如多谐振荡器；另一种方法是利用已有的周期性变化的脉冲，通过整形电路，变换成所需的脉冲波形，如施密特触发器、单稳态触发器等。

2. 555 定时器主要由电阻分压器、电压比较器、基本 RS 触发器、放电开关和输出缓冲器等电路构成。555 定时器的基本应用形式有三种：施密特触发器、单稳态触发器和多谐振荡器。

3. 多谐振荡器又称无稳态电路，是一种自激振荡电路，不需要外加输入信号，就可以自动地产生出矩形波。多谐振荡器的振荡周期与电路的阻容元件有关。

4. 在单稳态触发器中，电路的状态先从稳态跳变到暂稳态，然后过渡回稳态，输入触发脉冲只决定暂稳态的开始时刻，暂稳态的持续时间，即脉冲宽度也由电路的阻容元件决定。

5. 施密特触发器是一种能够把输入波形整形成为适合于数字电路需要的矩形波的电路。而且由于具有滞回特性，所以抗干扰能力也很强。施密特触发器在脉冲的产生和整形电路中应用很广。

 **自测题**

1. 填空题

(1) 555 定时器内部主要由_____、_____、_____、_____ 和 _____ 等电路组成。

(2) 常见的脉冲产生电路有_____,常见的脉冲整形电路有_____、_____。

(3) 555 定时器中,最后 3 位数字为 555 的是_____产品,为 7555 的是_____产品。

(4) 施密特触发器输出有_____、_____ 两个状态;常用作脉冲波形_____、_____、_____。

(5) 用 555 定时器构成施密特触发器,当电压控制端外接电源 U_{CO},则其 $U_{\text{TH+}} =$ _____,$U_{\text{TH-}} =$ _____;回差电压 $\Delta U_{\text{T}} =$ _____。

2. 选择题

(1) 欲将正弦波变换成周期性的矩形波,可用(　　)。

A. 多谐振荡器　　　　　　　　B. 单稳态触发器

C. 施密特触发器

(2) 施密特触发器是(　　)电路。

A. 无稳态　　　B. 单稳态　　　C. 双稳态

(3) 555 定时器的电压控制端通过 0.01 μF 电容接地,当高电平触发端电平、低电平触发端电平分别大于 $\dfrac{2}{3}V_{\text{CC}}$ 和 $\dfrac{1}{3}V_{\text{CC}}$ 时,定时器的输出状态是(　　)。

A. **0**　　　　　B. **1**　　　　　C. 原状态　　　D. 不定状态

(4) 单稳态施触发器的暂稳态维持时间决定于(　　)。

A. 电源电压　　B. 触发脉冲宽度　C. 外接定时元件

(5) 用 555 定时器组成施密特触发器,当电压控制端外接 10 V 电压时,回差电压为(　　)。

A. 3.33 V　　　B. 5 V　　　C. 6.66 V　　　D. 10 V

(6) 多谐振荡器是(　　)电路。

A. 无稳态　　　B. 单稳态　　　C. 双稳态

(7) 多谐振荡器可产生(　　)。

A. 正弦波　　　B. 矩形波　　　C. 三角波　　　D. 锯齿波

(8) 如要从不同幅度的脉冲信号中选取幅度大于某一数值的脉冲信号时,应采用(　　)。

A. 多谐振荡器   B. 单稳态触发器

C. 施密特触发器

(9) 555 定时器在正常工作时,应将直接复位端 $\overline{R_D}$ （   ）。

A. 接高电平   B. 接地

C. 通过 0.01 μF 的电容接地

3. 判断题

（   ）(1) 单稳态触发器可将输入的模拟信号变换为矩形波脉冲信号。

（   ）(2) 多谐振荡器无须外加触发脉冲就能产生周期性脉冲信号。

（   ）(3) 单稳态触发器的暂稳态维持时间与输入触发脉冲宽度成正比。

（   ）(4) 施密特触发器需外加触发信号来维持其状态的稳定。

（   ）(5) 改变施密特触发器的回差电压而输入信号不变,则触发器输出信号的脉冲宽度也发生变化。

文本:项目6
自测题答案

习　题

6-1　555 定时器组成的电路如图 6-19 所示,试计算输出波形 u_O 的周期 T。

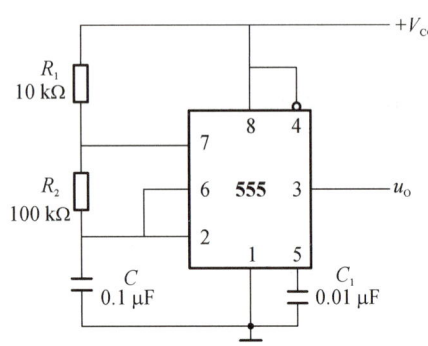

图 6-19　题 6-1 图   图 6-20　题 6-2 图

6-2　用 555 定时器构成的多谐振荡器如图 6-20 所示。当电位器 R_P 滑动臂移至上、下两端时,分别计算振荡频率 f 和相应的占空比 q。

6-3　盗窃报警电路如图 6-21 所示,图中 a、b 两端用一细铜线接通,此铜线置于盗窃者必经之路。当盗窃者将铜线碰断后,扬声器报警。试估算报警声的频率。

6-4　单稳态触发器如图 6-22 所示,已知 $V_{CC} = 10$ V, $R = 20$ kΩ, $C = 0.1$ μF,求输出波形 u_O 的脉冲宽度 t_W。若改变电源电压大小,输出脉冲宽度会发生怎样的变化?若只减小电阻,输出脉冲宽度会发生怎样的变化?

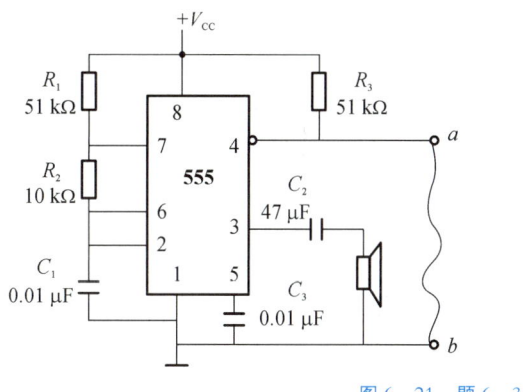

图 6‐21 题 6‐3 图

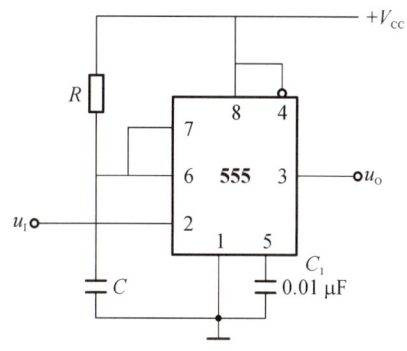

图 6‐22 题 6‐4 图

6‐5 如图 6‐23 所示是一简易触摸开关电路,当用手触摸金属片时,发光二极管点亮,经过一定时间,发光二极管熄灭。试说明其工作原理,计算发光二极管能点亮多长的时间。

6‐6 要求单稳态触发器的输入、输出波形如图 6‐24 所示,已知 $+V_{CC}=5\,V$,给定的电容 $C=0.47\,\mu F$,试画出用 555 定时器构成的电路图,并标明有关参数值。

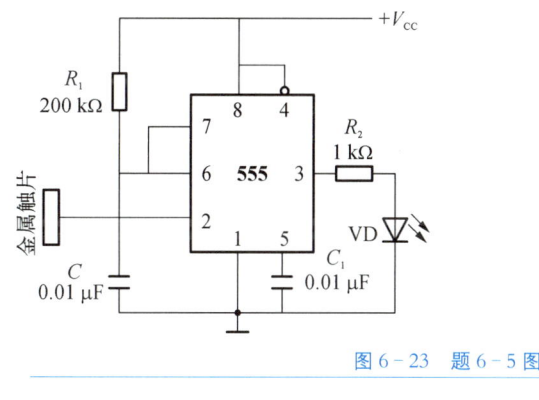

图 6‐23 题 6‐5 图

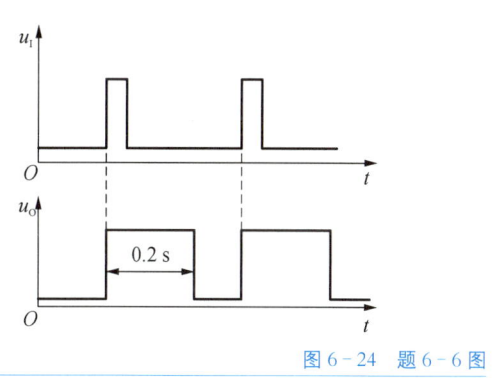

图 6‐24 题 6‐6 图

6‐7 已知 555 定时器构成的施密特触发器其输入信号如图 6‐25 所示,试画出对应的输出波形。

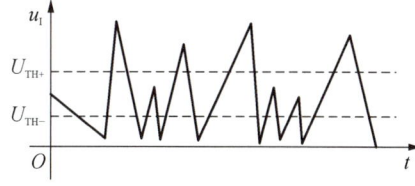

图 6‐25 题 6‐7 图

6‐8 如图 6‐26 所示为由 555 定时器组成的逻辑电平测试仪,u_1 为待测信号。调节控制端 CO 的电压 $U_{CO}=2.5\,V$,试问(1)555 定时器组成的是什么电路？（2）当 $u_1 > 2.5\,\text{V}$ 时，哪个发光二极管被点亮？（3）当 u_1 小于多少伏时，该逻辑电平测试仪表示低电平输入？这时哪个发光二极管被点亮？

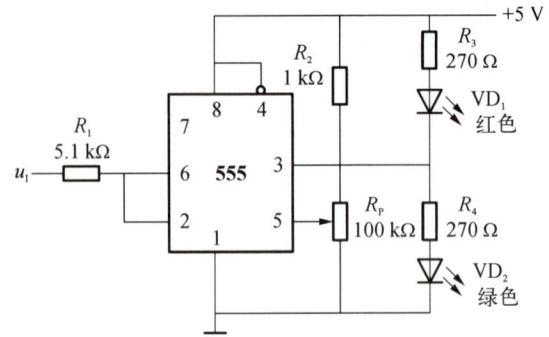

图 6-26 题 6-8 图

6-9 分析如图 6-27 所示应用电路，简述电路的组成及工作原理。试计算扬声器发出的音频频率是多少？连续多长时间？

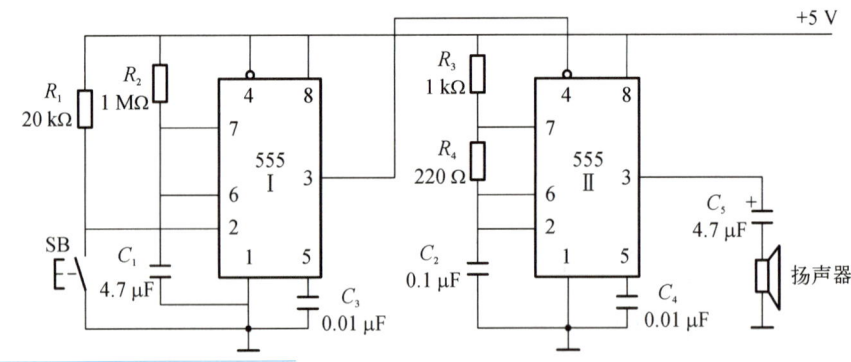

图 6-27 题 6-9 图

 项目 **7** 数字温度仪的制作与测试

【知识目标】

❖ 熟悉数/模转换器、模/数转换器的基本工作原理。

❖ 熟悉数/模转换器、模/数转换器的主要性能指标。

❖ 熟悉集成电路 DAC0832、ADC0809 和 MC14433 的功能和使用。

❖ 熟悉数字温度仪电路的工作原理。

【能力目标】

❖ 会应用集成电路 DAC0832 和 ADC0809 实现数模间的转换。

❖ 能完成数字温度仪电路的安装及测试。

【素养目标】

❖ 通过数字温度仪的制作与测试,强化工程实践能力和创新能力。

❖ 通过项目实践,培养学生利用科学技术改造生活、服务社会的意识。

 项目描述

数字温度仪采用温度传感器检测环境的温度,通过模/数转换器把传感器输出的模拟信号(电压)转换为数字信号,由数字显示器显示温度。数字温度仪的核心是一个间接型模/数转换器,它首先将模拟电压信号变换成易于准确测量的时间信号,然后在这个时间宽度里用计数器计时,计数结果是正比于输入模拟电压信号的数字信号。

1. 电路说明

电路由温度传感器、放大器、模/数转换、译码器、显示驱动、LED 显示模块和电源等部分组成,数字温度仪电路框图如图 7-1 所示,如图 7-2 所示为数字温度仪电路图。

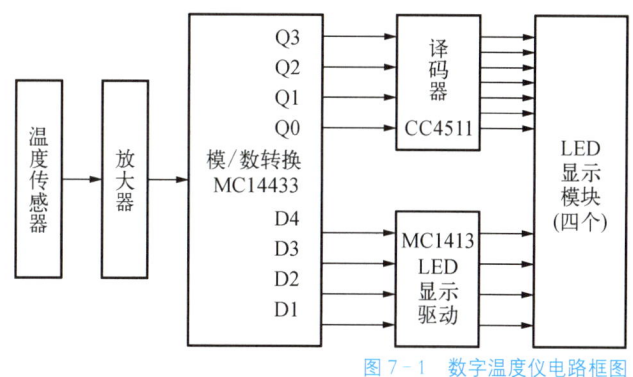

图 7-1 数字温度仪电路框图

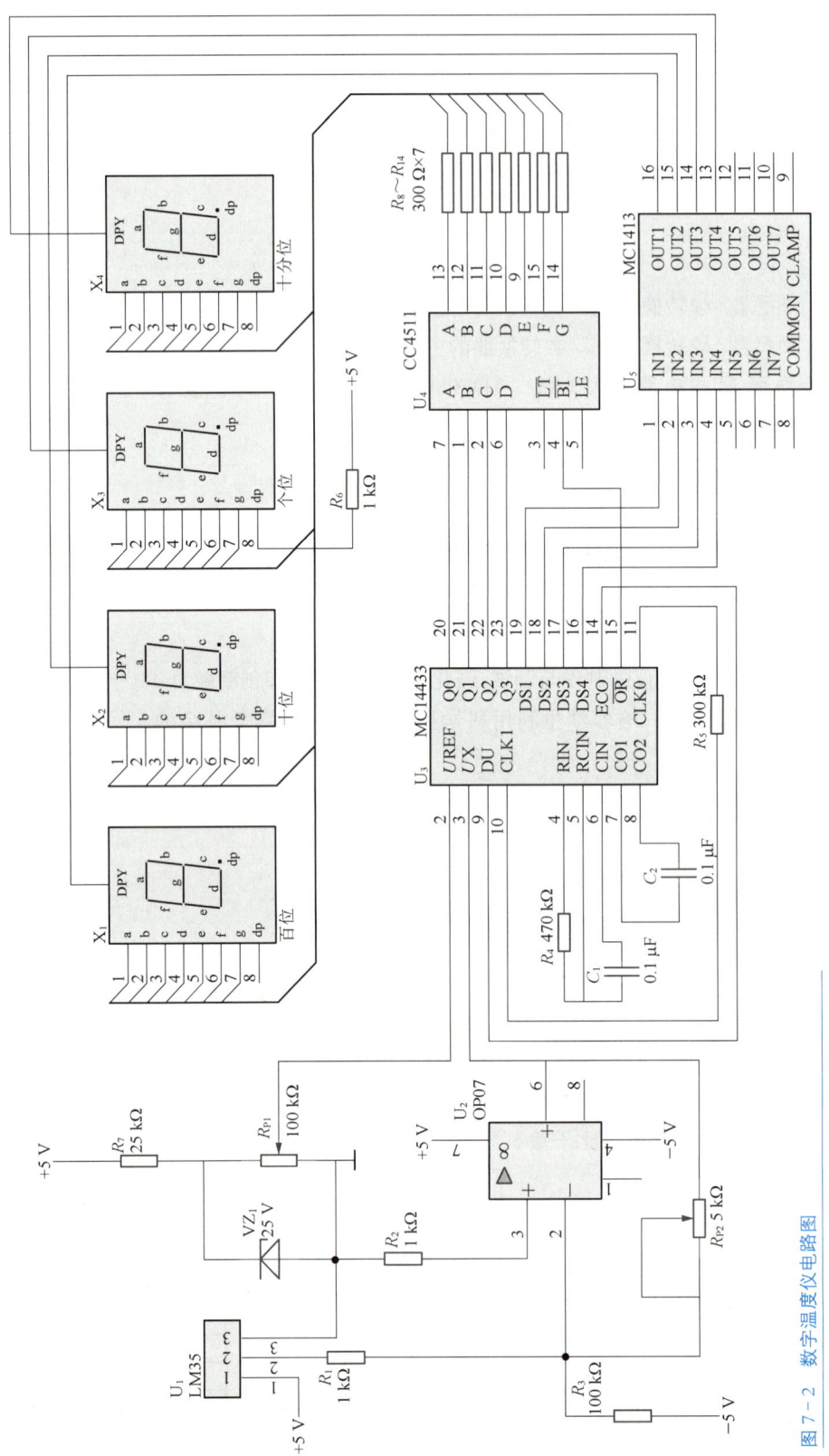

图 7－2　数字温度仪电路图

温度传感器 LM35 将温度变化转换为电信号,温度每升高 1℃,输出电压大约升高 10 mV,在 25℃时,输出电压约为 250 mV,则输出电压公式为

$$U_{out} = kt$$

式中　　k——温度常数,10 mV/℃;

　　　　t——温度,℃。

稳压二极管 VZ_1 提供稳定的 2.5 V 电压,由电位器 R_{P1} 调节电压输出至 MC14433 的外接积分电压输入端 U_{REF},提供可调的、稳定的参考电压。

温度转换的电信号,经集成运放 OP07 放大输出至模/数转换器 MC14433 的被测电压输入端 U_X,作为被测直流电压。被测直流电压经模/数转换后以动态扫描形式输出,输出端 $Q_0 \sim Q_3$ 的 8421BCD 码送至 CC4511 的输入端 $A \sim D$,经译码后送到 4 个数字显示器,4 个数字显示器的 a~g 段并联。MC14433 的位选信号 $DS1$、$DS2$、$DS3$、$DS4$ 通过 MC1413 分别控制千位、百位、十位和个位上的 4 只数字显示器的公共阴极。各个数字显示器依次由 MC1413 驱动,控制数字显示器公共阴极选通,分时点亮相关的数字显示器。由于刷新速率较高,以及人眼的视觉暂留效应,可看到四个数字显示器同时点亮,稳定显示且没有闪烁。

2. 设备与器材

MC14433 模/数转换器一片,CC4511 七段显示译码器一片,MC1413 显示驱动电路一片,LM35 温度传感器一片,OP07 集成运放一片,共阴极数字显示器四个,稳压二极管一个,电位器两个,万能板(亦可选用自制 PCB)一块,电容、电阻、导线若干,双路直流稳压电源一台,万用表一个,示波器一台。

3. 主要步骤

(1) 按图 7‑2 进行接线,在万能板上规划好各个器件的位置及连线,安装焊接电路,或在自制 PCB 上焊接。要求连线尽可能短并贴近底板,避免出现交叉、重叠。注意:CC4511 的 16 脚、3 脚接正电源,8 脚、5 脚接地;MC1413 的 8 脚接地,9 脚接正电源;MC14433 的 24 脚接正电源,13 脚、1 脚接地,12 脚接负电源。为使电路系统工作稳定,可在正电源和地线之间,并联一个几百微法的电解电容。

(2) 检查焊接、连线,确定无误后接通电源。

(3) 假设室温为 25℃,则 LM35 输出直流电压为 0.25 V,调节电位器 R_{P2},使 OP07 放大后的输出电压为 1.25 V;调节电位器 R_{P1},使 MC14433 的外接积分电压输入端 U_{REF} 电压为 2 V。

(4) 用手指捏住温度传感器,观察温度变化。

(5) 用示波器观察 CC4511 译码器的 1、2、6、7 各引脚处的波形,以及 LED 显示驱动器 MC1413 的 1、2、3、4 各引脚处的波形,利用双踪示波器绘出四组波

形的相位关系,观察分时驱动显示。

4. 注意事项

焊接时注意集成电路的引脚排列,注意电解电容的极性,由于采用了CMOS 集成电路,焊接时应注意防止静电破坏。

7.1 数/模转换器

在现代控制、通信等领域,广泛采用了计算机技术,需要将一些物理量转换为数字信号,才能由计算机或数字仪表识别和处理,例如:生产过程中的温度、湿度、压力、流量,通信过程中的语言、图像、文字;经计算机处理后的数字信号也必须再还原成相应的模拟信号,才能实现对模拟系统的控制。计算机对生产过程进行实时控制的原理框图如图 7-3 所示。将模拟信号转换为数字信号的过程称为模/数转换(Analog to Digital),又称 A/D 转换,完成这种转换的电路称模/数转换器,简称 ADC(Analog to Digital Converter);将数字信号转换为模拟信号的过程称为数/模转换,又称 D/A 转换,完成这种转换的电路称数/模转换器,简称 DAC。因此,数/模转换器和模/数转换器是模拟电路和数字电路之间的接口电路,是数字电路的重要组成部分。

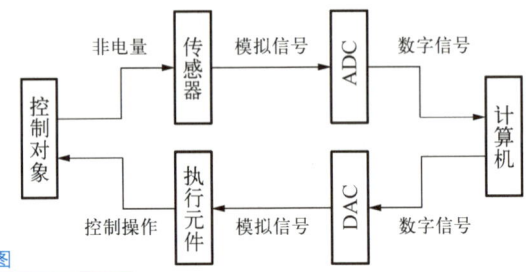

图 7-3
计算机对生产过程进行实时控制的原理框图

7.1.1 数/模转换器的基本原理

数/模转换器(DAC)是用于将输入的二进制数字信号转换输出与该数字信号成正比的电压或电流的电路。

1. 数/模转换器的结构

数/模转换器通常由电阻网络、模拟开关、求和运算放大器和基准电压源这四部分组成,数/模转换器的原理框图如图 7-4 所示。图中基准电压源通过电阻网络形成与各位数字信号成比例的权电流,由高位到低位依次输入相对应的模拟开关,此模拟开关由输入数字信号——对应控制,然后经求和运算放

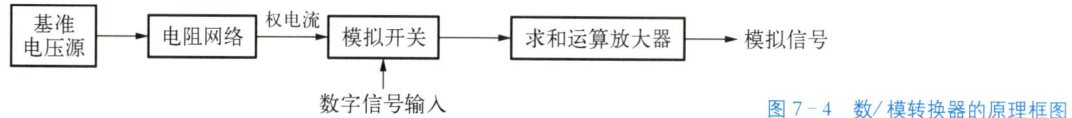

图 7 - 4　数/模转换器的原理框图

大器输出相应的模拟信号,从而实现数字信号到模拟信号的转换。

2. 转换原理

数/模转换器的作用是把输入的数字信号转换为与该数字信号成比例的电压或电流。如输入信号是一个 n 位的二进制数 D,其按权展开式为

$$D = 2^{n-1}D_{n-1} + 2^{n-2}D_{n-2} + \cdots + 2^1 D_1 + 2^0 D_0 = \sum_{i=0}^{n-1} 2^i D_i$$

数/模转换器的输出信号 A(电压或电流)应该是与 D 成正比的模拟信号,即

$$A = KD = K(2^{n-1}D_{n-1} + 2^{n-2}D_{n-2} + \cdots + 2^1 D_1 + 2^0 D_0) = K\sum_{i=0}^{n-1} 2^i D_i$$

上式是数/模转换器的转换关系表达式,式中 K 为电压(或电流)的比例系数。

数/模转换器按电阻网络的不同,可分成权电阻网络型、T 形电阻网络型、倒 T 形电阻网络型和权电流型等。倒 T 形电阻网络型数/模转换器结构简单、速度高、精度高,且不像 T 形电阻网络型数/模转换器那样,会在动态过程中出现尖峰脉冲,倒 T 形电阻网络型数/模转换器是目前转换速度较高且使用较多的一种数/模转换器。

7.1.2　倒 T 形电阻网络型数/模转换器

1. 电路结构

4 位倒 T 形电阻网络型数/模转换器的原理图如图 7 - 5 所示,电路由 R - $2R$ 倒 T 形电阻网络、电子模拟开关 $S_0 \sim S_3$ 和求和运算放大器组成,电路中只有 R 和 $2R$ 两种阻值的电阻,通过一个将电流变换成电压的求和运算放大器,将流过各倒 T 形 $2R$ 电阻支路的电流相加,并转换成与输入数字信号成线性比例的模拟电压信号输出。

2. 工作原理

在图 7 - 5 所示电路中,4 个电子模拟开关 S_3、S_2、S_1、S_0 的状态,分别受输入数字信号 D_3、D_2、D_1、D_0 的取值控制,当输入数字信号 $D_i = 1$ 时,开关 S_i 合向 **1** 端,将相应的倒 T 形 $2R$ 电阻支路与求和运算放大器的反相输入端连接;当输入数字信号 $D_i = 0$ 时,开关 S_i 合向 **0** 端,将相应的倒 T 形 $2R$ 电阻支路与地连接。由图 7 - 5 所示电路还可以看出,由于工作在线性反相输入状态的

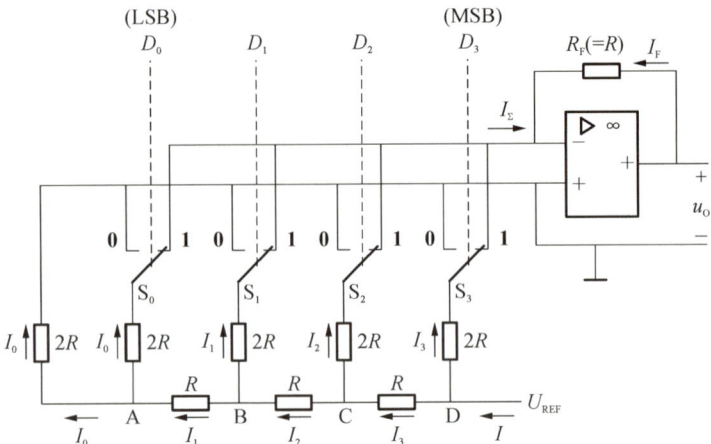

图 7-5
4 位倒 T 形电阻网络型
数/模转换器的原理图

运算放大电器的反相输入端相当于接地(虚地),所以无论电子模拟开关 S_i 位于何种位置,与 S_i 相连的倒 T 形 $2R$ 电阻支路从效果上看总是接"地"的,即流经每条倒 T 形 $2R$ 电阻支路的电流与模拟开关 S_i 的状态无关;从 R-$2R$ 倒 T 形电阻网络的 A、B、C、D 每个节点向左看,每个二端网络的等效电阻均为 R,故从基准电压 U_{REF} 输出的电流恒为 $I = U_{REF}/R$,而流经倒 T 形 $2R$ 电阻支路的电流从高位到低位按 2 的负整数幂递减,从右到左分别为 $I_3 = I/2$, $I_2 = I/4$, $I_1 = I/8$, $I_0 = I/16$。

可得总电流 $I_{\sum}$

$$I_{\sum} = I_3 + I_2 + I_1 + I_0 = \frac{U_{REF}}{R}\left[\frac{1}{2^1}D_3 + \frac{1}{2^2}D_2 + \frac{1}{2^3}D_1 + \frac{1}{2^4}D_0\right]$$

$$= \frac{U_{REF}}{2^4 R}\sum_{i=0}^{3}2^i D_i$$

当输入数字量为 n 位,可得到 n 位倒 T 形电阻网络型数/模转换器,当负反馈电阻取值为 R 时,输出总电流为

$$I_{\sum} = \frac{U_{REF}}{2^n R}\sum_{i=0}^{n-1}2^i D_i$$

输出电压为

$$U_O = -I_{\sum}R_f = -\frac{R_f}{R}\frac{U_{REF}}{2^n}\sum_{i=0}^{n-1}2^i D_i = \frac{U_{REF}}{2^n}\sum_{i=0}^{n-1}2^i D_i$$

上式表明,输出模拟电压 U_O 的大小正比于输入的数字信号 D,从而实现了从数字信号到模拟信号的转换。由于流过倒 T 形 $2R$ 电阻支路的电流恒定不变,故在开关状态变化时,不需建立电流变化时间,所以数/模转换速度高,

在数/模转换器中被广泛采用。

7.1.3　数/模转换器的主要技术指标

1. 分辨率

分辨率表示数/模转换器输出最小电压的能力,它是指最小输出电压(对应输入数字信号中只有最低有效位为 1)与最大输出电压(对应输入数字信号全为 1)之比。对于 n 位 DAC,其分辨率为

$$分辨率 = \frac{1}{2^n - 1}$$

由上式可知,输入位数越多,分辨率数值越小,分辨能力越强。例如一个 10 位的数/模转换器,其分辨率为 $\frac{1}{2^{10} - 1} \approx 0.000\,98$;如果输出模拟电压满量程为 10 V,那么其能分辨的最小电压为 $U_{LSB} = U_m \frac{1}{2^n - 1} = \left(10 \times \frac{1}{2^{10} - 1}\right) V \approx 0.009\,8\ V$。

2. 转换精度

数/模转换器的转换精度是指实际输出电压与理论电压之间的偏移程度,通常是指对应输入数字信号全为 1 时输出模拟电压的实际值和理论值之差,即最大转换绝对误差,一般应低于 $\frac{1}{2}U_{LSB}$。差值越小,电路的转换精度越高。

转换精度是一个综合指标,不仅与数/模转换器中元器件参数的精度有关,而且与环境温度、求和运算放大器的温度漂移以及转换器的位数有关。所以,要获得高精度的数/模转换结果,除了要正确选用数/模转换器的位数,还要选用低温度漂移的求和运算放大器。

3. 转换时间

转换时间是指数/模转换器在输入数字信号至转换输出模拟电压或电流达到稳定值时所需要的时间。它反映的是数/模转换器的工作速度,其值愈小,工作速度愈高。一般产品说明中给出的都是输入从全 0 跳变为全 1(或从全 1 跳变为全 0)时的转换时间,一般为几纳秒到几微秒。

7.1.4　集成数/模转换器

集成数/模转换器通常只集成电阻网络和模拟开关等部分,集成电路中并不包含求和运算放大器、基准电压源等部分。根据数/模转换器的位数、速度不同,集成电路有多种型号,常用的集成数/模转换器的位数有 8 位、10 位、14 位、16 位等。几种常用集成数/模转换器的主要技术指标,见表 7 - 1。

表 7 - 1   几种常用集成数/模转换器的主要技术指标

型 号	位数	输入方式	转换精度	转换时间	电源电压/V	备 注
DAC0832	8	并行	0.3%	1 μs	5~15	两级寄存缓冲
AD7524	8	并行	0.25%	400 ns	5~15	一级寄存缓冲
AD7520	10	并行	0.3%	500 ns	5~15	早期产品
AD7534	14	串行	±0.2%	1.5 μs	11.4~15.75	
AD7546	16	并行	0.012%	10 μs	5~15	高精度、分段

下面以 DAC0832 为例，简单介绍集成数/模转换器的应用。

DAC0832 是采用 CMOS 工艺制成的 8 位数/模转换器，由两个 8 位寄存器（输入寄存器、DAC 寄存器）、8 位数/模转换器组成，使用时需外接运算放大器。它采用两级寄存器，可使 D/A 转换电路在进行 D/A 转换和输出的同时，采集下一组数据，从而提高了转换速度。

1. DAC0832 的引脚和功能

DAC0832 的结构框图和引脚排列图如图 7 - 6 所示，各引脚功能如下。

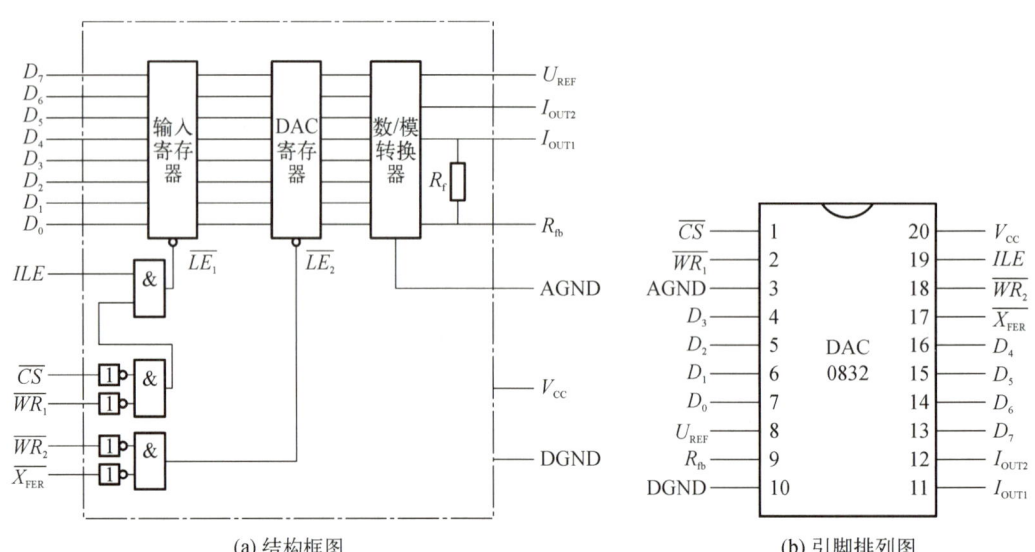

(a) 结构框图   (b) 引脚排列图

图 7 - 6   DAC0832 的结构框图和引脚排列图

$D_0 \sim D_7$：8 位输入数据信号。

I_{OUT1}：模拟电流输出端 1，此输出信号一般作为运算放大器的一个差分输入信号（一般接反相端）。

I_{OUT2}：模拟电流输出端 2，它为运算放大器的另一个差分输入信号（一般接地）。

U_{REF}：基准电压接线端，其电压范围为 -10~ +10 V。

V_{CC}：电源电压，可在 +5~ +15 V 范围内选取。

DGND：数字电路接地端。

AGND：模拟电路接地端。

$\overline{CS}$：片选信号，输入低电平有效。当 $\overline{CS}=1$ 时（即输入寄存器 $\overline{LE_1}=0$），输入寄存器处于锁存状态，输出保持不变；当 $\overline{CS}=0$，且 $ILE=1$、$\overline{WR_1}=0$ 时（即输入寄存器 $\overline{LE_1}=1$），输入寄存器打开，这时它的输出随输入数据的变化而变化。

ILE：输入锁存允许信号，高电平有效，与 $\overline{CS}$、$\overline{WR_1}$ 共同控制来选通输入寄存器。

$\overline{WR_1}$：输入数据选通信号，低电平有效。

$\overline{X_{FER}}$：数据传送控制信号，低电平有效，用来控制 DAC 寄存器，当 $\overline{X_{FER}}=0$，$\overline{WR_2}=0$ 时，DAC 寄存器才处于接收信号、准备锁存状态，这时 DAC 寄存器的输出随输入而变。

$\overline{WR_2}$：数据传送选通信号，低电平有效。

R_{fb}：反馈电阻输入端，反馈电阻在集成电路内部，可与运算放大器的输出端直接相连。

2. DAC0832 的工作方式

DAC0832 由于采用两个寄存器，使它的应用具有很大的灵活性。DAC0832 有三种工作方式：双缓冲方式、单缓冲方式和直通方式。DAC0832 的工作方式如图 7‑7 所示。

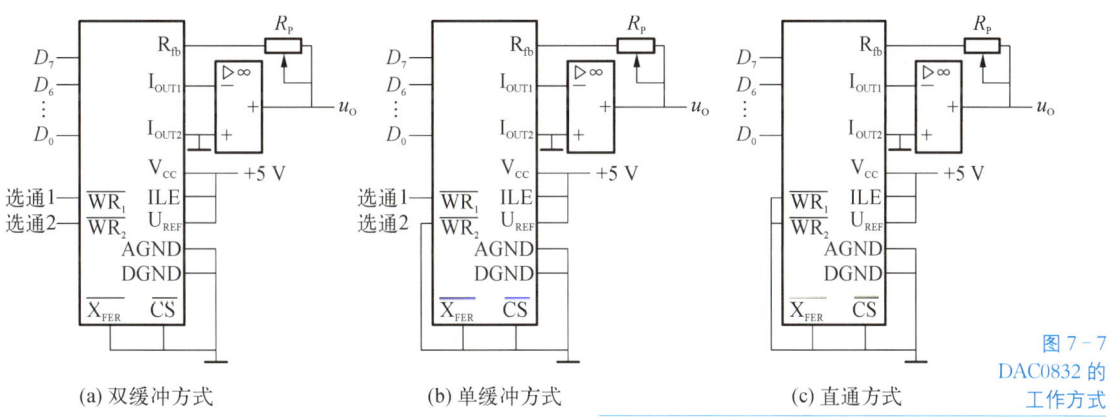

(a) 双缓冲方式　　(b) 单缓冲方式　　(c) 直通方式

图 7‑7
DAC0832 的
工作方式

双缓冲方式，如图 7‑7a 所示。此方式应首先将 $\overline{WR_1}$ 接低电平，将输入数据先锁存在输入寄存器中。当需要数/模转换时，再将 $\overline{WR_2}$ 接低电平，将数据送入 DAC 寄存器中并进行转换，其工作方式为两级缓冲方式。此方式适用于多个数/模转换同步输出的情况。

单缓冲方式，如图 7‑7b 所示。此方式中 DAC 寄存器处于常通状态，当需要数/模转换时，将 $\overline{WR_1}$ 接低电平，使输入数据经输入寄存器直接存入 DAC

寄存器中并进行转换。该工作方式为单缓冲方式,即通过控制一个寄存器的锁存,达到使两个寄存器同时选通及锁存。此方式适用于只有一路模拟信号输出或几路模拟信号异步输出的情况。

直通方式,如图 7-7c 所示。此方式中两个寄存器都处于常通状态,输入数据直接经两个寄存器到达数/模转换器进行转换,故工作方式为直通方式。在实际使用时,必须通过另加 I/O 接口与 CPU 连接,以匹配 CPU 与数/模转换。

▌任务训练▌
数/模转换器功能测试

1. 训练目的

(1) 熟悉数/模转换的基本原理。

(2) 熟悉 DAC0832 的应用电路。

2. 训练准备

(1) 数字电子技术实验装置一台、万用表一只。

(2) DAC0832 数/模转换器一片、OP07 集成运放一片,电阻、电位器、导线若干。

3. 训练内容及步骤

(1) 按图 7-8 接线,并进行测试。

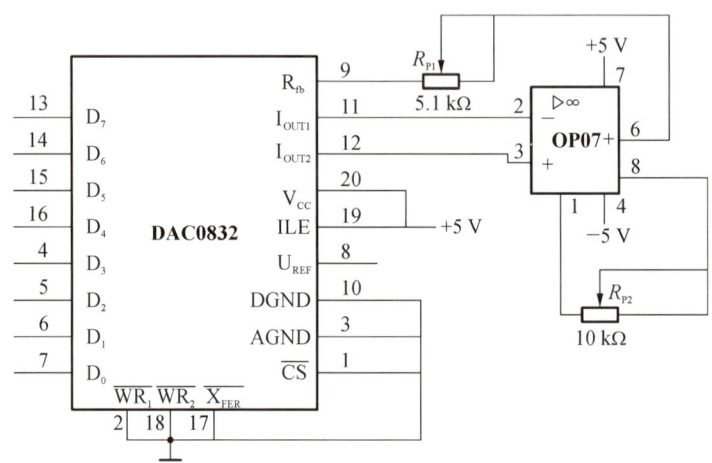

图 7-8 数/模转换器测试电路

① DAC0832 的 V_{CC}、ILE 接 +5 V,U_{REF} 接 1 V,将 $D_0 \sim D_7$ 接逻辑电平开关,集成运放的正、负电源端分别接入 ±5 V 电源。

② 将 $D_0 \sim D_7$ 的电平置全 **0**,检查电路接线无误后接通电源,调节运放调零电位器 R_{P2},使输出电压 u_O(量程置于 2 V 挡)为零。

③ 将 $D_0 \sim D_7$ 的电平置全 **1**，调节运放电位器 R_{P1}，使输出电压 u_O(量程置于 2 V 挡)为 1 V。

④ 按表 7 - 2，设置 $D_0 \sim D_7$ 的电平，并分别测量输出电压 u_O，记录于表 7 - 2。

表 7 - 2　数/模转换器功能测试表

输　　　　入								输　出 u_O/V	
D_7	D_6	D_5	D_4	D_3	D_2	D_1	D_0	$U_{REF} = 1$ V	$U_{REF} = 1.5$ V
0	**0**	**0**	**0**	**0**	**0**	**0**	**0**	0.000	0.000
0	**0**	**0**	**0**	**0**	**0**	**0**	**1**		
0	**0**	**0**	**0**	**0**	**0**	**1**	**0**		
0	**0**	**0**	**0**	**0**	**0**	**1**	**1**		
0	**0**	**0**	**0**	**0**	**1**	**0**	**0**		
0	**0**	**0**	**0**	**0**	**1**	**0**	**1**		
0	**0**	**0**	**0**	**0**	**1**	**1**	**0**		
0	**0**	**0**	**0**	**0**	**1**	**1**	**1**		
0	**0**	**0**	**0**	**1**	**0**	**0**	**0**		
0	**0**	**0**	**0**	**1**	**0**	**0**	**1**		
0	**0**	**0**	**0**	**1**	**0**	**1**	**0**		
0	**0**	**0**	**0**	**1**	**0**	**1**	**1**		
0	**0**	**0**	**0**	**1**	**1**	**0**	**0**		
0	**0**	**0**	**0**	**1**	**1**	**0**	**1**		
0	**0**	**0**	**0**	**1**	**1**	**1**	**0**		
0	**0**	**0**	**0**	**1**	**1**	**1**	**1**		
1	**1**	**1**	**1**	**0**	**0**	**0**	**0**		
1	**1**	**1**	**1**	**1**	**1**	**1**	**1**		

(2) U_{REF} 接 1.5 V，其他条件不变，重复上述步骤，测量输出 u_O，记录于表 7 - 2。

4. 总结思考

(1) 分析理论值和实验实际值的误差。

(2) 指出电路中的 DAC0832 处于何种工作方式?

知识链接

7.2　模/数转换器

模/数转换器(ADC)相当于一个编码器，用于将模拟信号转换为相应的数

字信号,是模拟电路到数字电路的接口电路。

7.2.1 模/数转换器的基本原理

为将时间和幅值上都连续的模拟信号转换为时间和幅值都离散的数字信号,A/D 转换一般要经过采样、保持、量化、编码四个步骤。前两个步骤在采样-保持电路中完成,后两个步骤在模/数转换器中完成。

1. 采样与保持

采样是将连续变化的模拟信号作等间隔的抽样取值,即将时间上连续变化的模拟信号转换为时间上断续的模拟信号。采样原理如图 7-9 所示,它是一个受采样脉冲 u_S 控制的开关,其工作波形如图 7-9b 所示。在 u_S 为高电平时,采样开关闭合,输出端 $u_O = u_I$,当 u_S 为低电平时,采样开关断开,输出电压 $u_O = 0$,所以在输出端得到一种脉冲式的采样信号。显然,采样频率 f_S 越高,所取得的信号与输入信号越接近,转换误差就越小。为不失真地还原模拟信号,采样频率应不小于输入模拟信号频谱中最高频率的两倍,即

$$f_S \geqslant 2f_{imax}$$

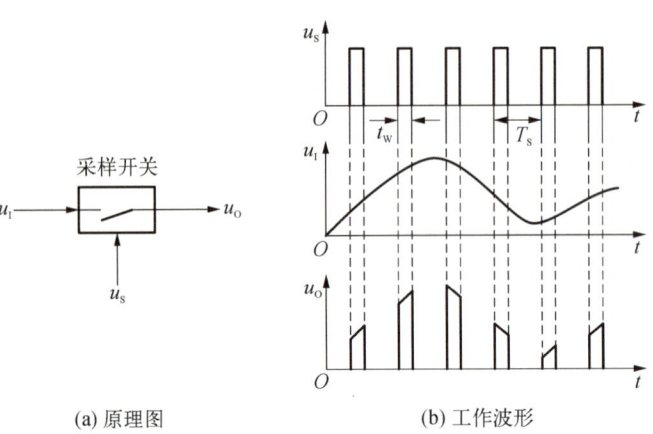

图 7-9 采样原理   (a) 原理图   (b) 工作波形

将采样后的模拟信号转换为数字信号需要一定时间,所以在每次采样后需将采样电压经保持电路保持一段时间,以便进行转换。

最简单的采样-保持电路图如图 7-10a 所示,图中 NMOS 管作为电子开关,受控于采样脉冲 u_S,C 为存储电容。当 u_S 高电平时 NMOS 管导通,u_I 对 C 充电,其充电时间常数 τ 很小,充电很快,使电容上的电压随输入电压变化,在 t_w 期间,$u_O = u_C = u_I$;当 u_S 为低电平时,NMOS 管截止,由于跟随器的输入阻抗很高,可视为开路,电容无放电回路,所以电容 C 上的电压可保持到下一个采样脉冲到来为止。采样-保持电路的工作波形如图 7-10b 所示。

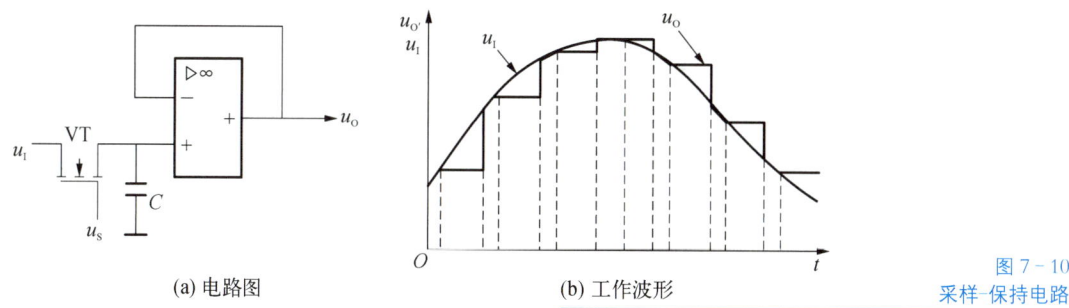

(a) 电路图　　　　　　　　　　(b) 工作波形

图 7 – 10
采样-保持电路

2. 量化与编码

输入模拟信号经采样、保持后得到的是阶梯模拟信号,不是数字信号,还需进行量化。将采样、保持后的电压化为某个规定的最小单位电压整数倍的过程称为量化。在量化过程中不可能正好是整数倍,所以量化前后不可避免存在误差,这个过程称为量化误差。量化过程常用两种方法:只舍不入法和四舍五入法。

将量化后的数值用二进制代码表示的过程,称为编码。经编码后的二进制代码就是模/数转换器的输出数字信号。

模/数转换器的种类很多,按其工作原理可分为直接 ADC 和间接 ADC。直接 ADC 将模拟信号直接转换为数字信号,其转换速度较快,典型电路有逐次逼近型 ADC、并行比较型 ADC。间接 ADC 是先将模拟信号转换成某一中间量(时间或频率),然后再将中间量转换为数字信号,其转换速度较慢,但转换精度较高,抗干扰能力较强,常用在测试仪表中,典型电路有单积分型 ADC、双积分型 ADC。下面简要介绍逐次逼近型 ADC 和双积分型 ADC。

7.2.2　逐次逼近型 ADC

逐次逼近型 ADC 的结构框图如图 7 – 11 所示,它包括四个部分:比较器、DAC、逐次逼近寄存器和控制逻辑电路。

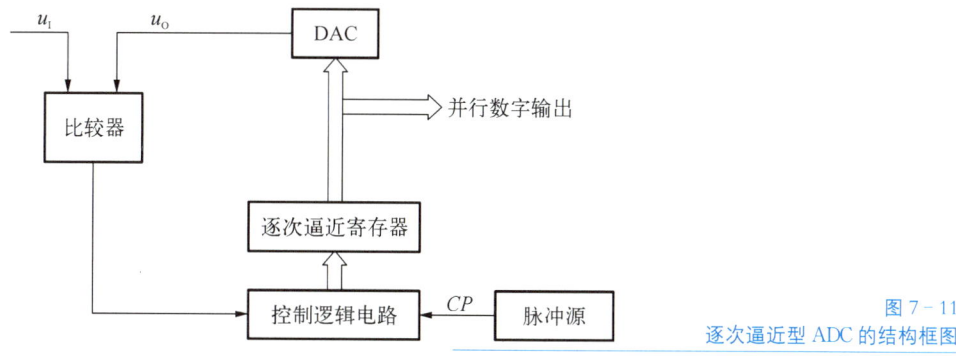

图 7 – 11
逐次逼近型 ADC 的结构框图

逐次逼近型 ADC 是将大小不同的参考电压与输入模拟电压逐步进行比较,比较结果以相应的二进制代码表示。转换前先将寄存器清零。转换开始后,控制逻辑将寄存器的最高位置为 **1**,使其输出为 **100…0**。这个数码被 DAC 转换成相应的模拟电压 u_O,送到比较器与输入 u_I 进行比较。若 $u_O > u_I$,说明寄存器输出数码过大,故将最高位的 **1** 变成 **0**,同时将次高位置 **1**;若 $u_O \leqslant u_I$,说明寄存器输出数码还不够大,则应将这一位的 **1** 保留,依次类推下一位置 **1** 进行比较,直到最低位为止。比较结束后,寄存器中的状态就是转化后的数字信号输出,此比较过程与用天平称量一个物体质量时的操作过程一样,只不过使用的砝码质量依次减半。

🔒 **例 7-1**　一个 4 位逐次逼近型 ADC 电路,输入满量程电压为 5 V,现输入的模拟电压 $U_I = 4.58$ V。求:(1) ADC 输出的数字信号是多少?(2) 误差是多少?

解　(1) 第一步:使寄存器的状态为 **1000**,送入 DAC,由 DAC 转换为输出模拟电压

$$U_O = \frac{U_m}{2} = 2.5 \text{ V}$$

因为 $U_O < U_I$,所以寄存器最高位的 **1** 保留。

第二步:寄存器的状态为 **1100**,由 DAC 转换输出的电压

$$U_O = \left(\frac{1}{2} + \frac{1}{4}\right) U_m = 3.75 \text{ V}$$

因为 $U_O < U_I$,所以寄存器次高位的 **1** 也保留。

第三步:寄存器的状态为 **1110**,由 DAC 转换输出的电压

$$U_O = \left(\frac{1}{2} + \frac{1}{4} + \frac{1}{8}\right) U_m \approx 4.38 \text{ V}$$

因为 $U_O < U_I$,所以寄存器第三位的 **1** 也保留。

第四步:寄存器的状态为 **1111**,由 DAC 转换输出的电压

$$U_O = \left(\frac{1}{2} + \frac{1}{4} + \frac{1}{8} + \frac{1}{16}\right) U_m \approx 4.69 \text{ V}$$

因为 $U_O > U_I$,所以寄存器最低位的 **1** 去掉,只能为 **0**。

所以,ADC 输出数字信号为 **1110**。

(2) 转换误差为

$$(4.58 - 4.38)\text{V} = 0.2 \text{ V}$$

逐次逼近型 ADC 的位数越多,转换结果越精确,但转换时间也越长。这

种电路完成一次转换所需时间为 $(n+2)T_{CP}$。其中，n 为 ADC 的位数，T_{CP} 为时钟脉冲周期。

7.2.3 双积分型 ADC

双积分型 ADC 的原理图如图 7-12 所示。它由积分器、检零比较器、时钟控制门和计数器等部分组成。

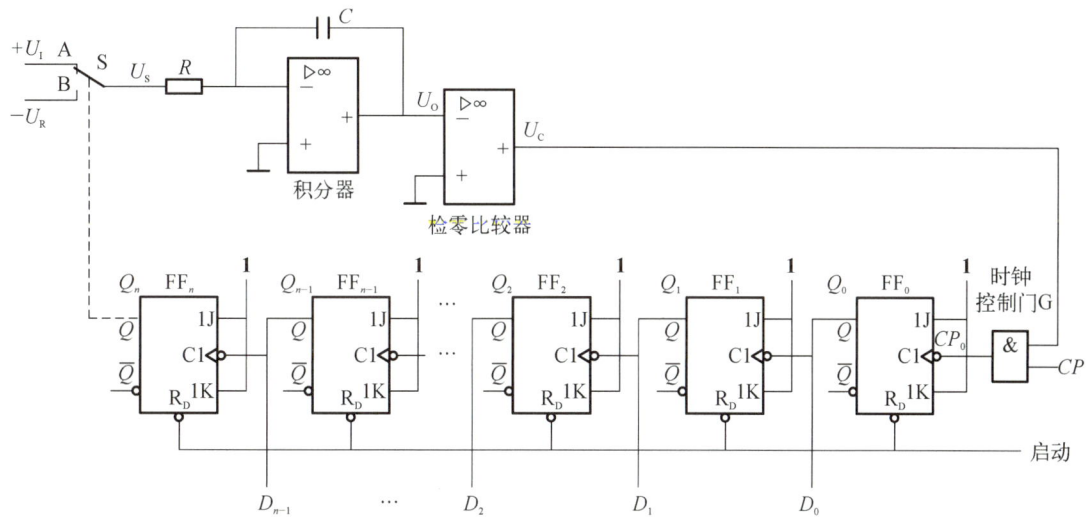

图 7-12 双积分型 ADC 的原理图

转换过程开始时，所有触发器被清零。由于触发器 FF_n 输出 $Q_n=0$，使开关 S 打到 A 点接输入电压 $+U_I$，积分器从原始状态 0 V 开始对 U_I 进行积分。其输出电压 U_O 如下。

$$U_O = -\frac{1}{RC}\int_0^t U_I \mathrm{d}t$$

U_O 以正比于 U_I 的斜率线性下降。

由于 $U_O<0$，检零比较器输出 $U_C=1$，时钟控制门 G 打开，n 位二进制计数器开始计数，一直到 $t=T_1=2^nT_{CP}$（T_{CP} 为时钟脉冲周期）时，n 级计数器被计满溢出，触发器 $FF_{n-1}\cdots FF_0$ 状态回到 $0\cdots 00$，而 FF_n 由 0 翻转为 1。由于 $Q_n=1$，开关由 A 点转向 B 点，即将 $-U_R$ 送积分器进行积分。设到达 T_1 时积分器的输出电压为 U_P，则根据输出电压 U_O 的公式可求得 U_P 为

$$U_P = -\frac{1}{RC}\int_0^{T_1} U_I \mathrm{d}t = -\frac{U_I T_1}{RC} = -\frac{2^n T_{CP}}{RC}U_I$$

开关 S 打到 B 点后，积分器开始对基准电压 $-U_R$ 进行积分。积分器的输出为

$$U_O = U_P - \frac{1}{RC} \int_{T_1}^{t} (-U_R) \mathrm{d}t = -\frac{2^n T_{CP}}{RC} U_I + \frac{U_R}{RC} (t - T_1)$$

只要 $U_O \leqslant 0$，U_C 就为 **1**，时钟控制门 G 打开，计数器从 **0** 开始第二次计数，一直计到 $t = T_1 + T_2$，$U_O > 0$ 时为止。

这时，$U_C = \mathbf{0}$。时钟控制门 G 关闭，计数器停止计数。假设 T_2 区间内计数器记录了 N 个脉冲，则有

$$T_2 = N T_{CP}$$

由积分器的输出公式可得

$$U_O(t) \mid_{t = T_1 + T_2} = -\frac{2^n T_{CP}}{RC} U_I + \frac{U_R}{RC} (T_1 + T_2 - T_1) = 0$$

$$-\frac{2^n T_{CP}}{RC} U_I + \frac{U_R}{RC} \cdot N \cdot T_{CP} = 0$$

所以

$$N = \frac{2^n}{U_R} U_I$$

由上式可见，计数器记录的脉冲数 N 与输入电压 U_I 成正比，从计数器输出就得到了转换结果，实现了模/数转换。图 7－13 为双积分 ADC 各处的波形图。

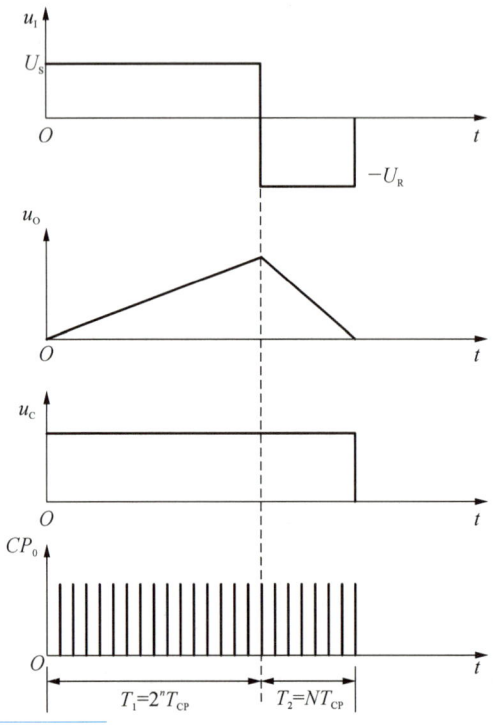

图 7－13　双积分 ADC 各处的波形图

7.2.4　模/数转换器的主要技术指标

1. 分辨率

模/数转换器的分辨率指模/数转换器输出数字量的最低位变化一个数码时,对应输入模拟量的变化量。对于 n 位模/数转换器,其分辨率为

$$分辨率 = \frac{U_m}{2^n}$$

式中,U_m 为输入满量程模拟电压。显然模/数转换器的位数越多,量化误差越小,转换精度越高,能分辨最小模拟电压值越小。例如一个 10 位模/数转换器输入模拟电压满量程为 5 V,则能分辨的最小输入电压为 $5\,V/2^{10} \approx 4.88\,mV$。

2. 转换误差

转换误差通常以输出误差的最大值形式给出,它表示模/数转换器实际输出的数字量与理论上输出的数字量之间的差别,常用最低有效位(LSB)的倍数表示。

3. 转换速度

转换时间指模/数转换器完成一次转换所需的时间,即从接到转换控制信号开始到输出端得到稳定的数字信号所需要的时间。转换时间越短,转换速度越快。并行比较型 ADC 的转换速度最高,逐次逼近型 ADC 的转换速度次之,双积分型 ADC 的转换速度最慢。

7.2.5　集成模/数转换器

ADC0809 是采用 CMOS 工艺制成的 8 位逐次逼近型 ADC,由 8 位模拟开关、地址锁存与译码器、比较器、256RT 形电阻网络、树状电子开关、逐次逼近型寄存器、控制与时序电路、三态输出锁存缓冲器等组成。ADC0809 的结构框图和引脚排列图如图 7–14 所示,各引脚功能如下。

$IN_0 \sim IN_7$:8 路模拟信号输入端。

$ADD\ A$、$ADD\ B$、$ADD\ C$:模拟输入通道的地址输入端。

ALE:地址锁存允许信号,高电平有效。当 $ALE = 1$ 时,地址信号将被有效锁存,并经译码器选中其中一个通道。

$U_{REF(+)}$、$U_{REF(-)}$:基准电压的正、负极输入端。

$START$:启动脉冲信号输入端,信号处于上升沿时将所有的内部寄存器清零,下降沿时开始 A/D 转换过程。

CLK:时钟脉冲输入端,典型值为 640 kHz,此时的转换时间为 100 μs。

$D_0 \sim D_7$:8 位数字信号输出端,D_7 为高位,D_0 为低位。

EOC:转换结束信号,高电平有效。在 $START$ 输入启动脉冲上升沿后,

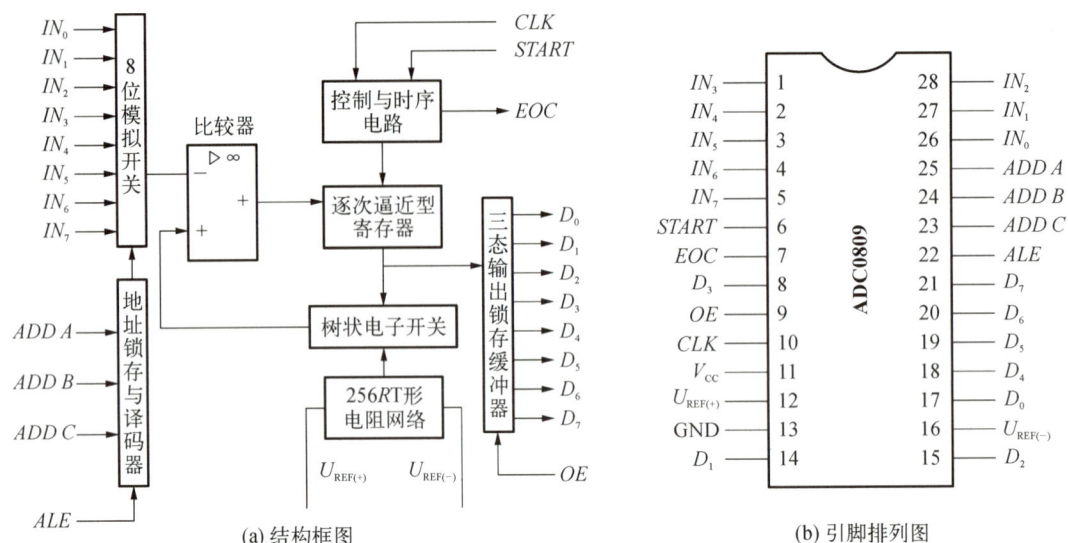

图 7-14　ADC0809 的结构框图和引脚排列图

EOC 信号输出低电平,表示转换器正在进行转换,当转换结束,EOC 变为高电平,作为通知数据接收设备取走转换数据的信号。

OE:输出允许信号,高电平有效。当 $OE = 1$ 时,打开三态输出锁存缓冲器的三态门,将数据送出。

V_{CC}:电路电源电压,可在 $+5 \sim +15$ V 范围内选取。

GND:电路接地端。

┃知识拓展┃
3 位半集成模/数转换器 MC14433

MC14433 是 3 位半的 CMOS 双积分型模/数转换器。具有外接元件少、输入阻抗高、功耗低、电源电压范围宽,精度高等特点,并且具有自动校零和自动极性转换功能,只需外接少量的阻容元件即可构成一个完整的模/数转换器。

所谓 3 位半是指输出的 4 位十进制数,其最高位仅有 0 和 1 两种状态,而低三位有 0~9 十种状态。MC14433 采用字位动态扫描 BCD 码输出方式,即千、百、十、个位 BCD 码分时在 $Q_0 \sim Q_3$ 轮流输出,同时在 $DS_1 \sim DS_4$ 端输出同步字位选通脉冲,可方便地实现在数字显示器上的动态显示。

MC14433 最主要的用途是数字电压表、数字温度计等各类数字化仪表及计算机数据采集系统的 A/D 转换接口。

1. MC14433 的电路框图及引脚功能

MC14433 的电路框图及引脚排列图如图 7-15 所示。

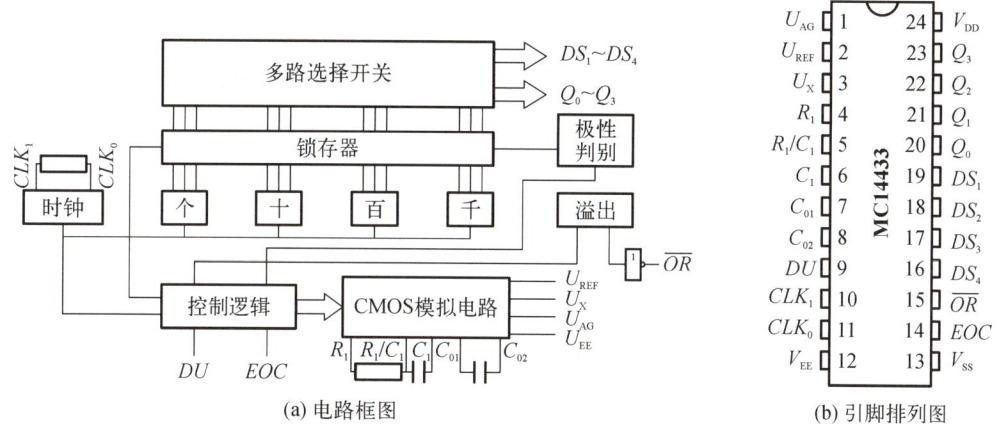

(a) 电路框图   (b) 引脚排列图

图 7-15   MC14433 的电路框图及引脚排列图

U_{AG}：模拟地。为被测电压和基准电压的输入地。

U_{REF}：外接基准电压输入端。MC14433 只要一个正基准电压即可测量正、负极性的电压。

U_X：被测电压的输入端。MC14433 属于双积分型 DAC,因而被测电压与基准电压有以下关系：

$$输出读数 = \frac{U_X}{U_R} \times 1\ 999$$

当满量程选为 1.999 V,U_R 可取 2.000 V,而当满量程为 199.9 mV 时,U_R 取 200.0 mV,在实际的应用电路中,根据需要,U_R 值可在 0.200~2.000 V 之间选取。

R_1、R_1/C_1、C_1：外接积分元件端。外接积分电阻和电容,积分电容一般选 0.1 μF 聚酯薄膜电容,如果需每秒转换 4 次,时钟频率选为 66 kHz,在 2.000 V 满量程时,外接积分电阻 R_1 约为 470 kΩ,而满量程为 200 mV 时,R_1 取 27 kΩ。

C_{01}、C_{02}：外接失调补偿电容端。失调补偿电容一般也选 0.1 μF 聚酯薄膜电容。

DU：实时显示控制输入端。此引脚用来控制转换结果的输出。若不需要保存数据而是直接输出测量数据,可将 DU 与 EOC 直接短接。

CLK_1、CLK_0：时钟外接元件端。MC14433 内置了时钟振荡电路,对时钟频率要求不高的场合,通过选择一个电阻即可设定时钟频率,外接电阻取 300 kΩ,时钟频率为 66 kHz。

V_{EE}：电源负极端。V_{EE} 是整个电路的电压最低点,流经此引脚的电流约为 0.8 mA,驱动电流并不流经此引脚,故对提供此负电压的电源供给电流要求不高。

V_{SS}：电源公共地。通常与模拟地相连。

EOC：转换周期结束标志位。每个转换周期结束时，EOC 将输出一个正脉冲信号。

$\overline{OR}$：过量程标志位。当 $|U_X| > U_{REF}$ 时，$\overline{OR}$ 输出为低电平。

$DS_1 \sim DS_4$：多路选通脉冲输出端。DS_1、DS_2、DS_3 和 DS_4 分别对应千位、百位、十位、个位选通信号。当某一位 DS 信号有效（高电平）时，所对应的数据从 Q_0、Q_1、Q_2 和 Q_3 输出。

$Q_0 \sim Q_3$：BCD 码数据输出端。该模/数转换器以 BCD 码的方式输出，通过多路开关分时选通输出个位、十位、百位和千位的 BCD 码数据。同时在 DS_1 选通脉冲期间输出千位 **0** 和 **1** 及过量程、欠量程和被测电压极性标志信息。

V_{DD}：电源正极端。

2. MC14433 的工作原理

MC14433 是一个低功耗 3 位半双积分式模/数转换器，由积分器、比较器、计数器和控制电路组成。采用电压–时间间隔（U/T）方式，通过先后对被测模拟量电压 U_X 和基准电压 U_{REF} 的两次积分，将输入的被测电压转换成与其平均值成正比的时间间隔，用计数器测出这个时间间隔对应的脉冲数目，即可得到被测电压的数值。从高位到低位逐位输出 BCD 码 $Q_0 \sim Q_3$，并输出相应位的多路选通脉冲标志信号 $DS_1 \sim DS_4$，扫描输出 3 位半数码。

MC14433 内部具有时钟发生器，外接电阻为 360 kΩ 时，振荡频率为 100 kHz；当外接电阻为 470 kΩ 时，振荡频率则为 66 kHz，当外接电阻为 750 kΩ 时，振荡频率为 50 kHz。若采用外接时钟频率，则不要外接电阻，时钟频率信号从 CLK_1 端输入，时钟脉冲信号 CP 可从 CLK_0 处获得。MC14433 内部可实现极性检测，用于显示输入电压 U_X 的正负极性；当输入电压 U_X 超出量程范围时，输出过量程标志 OR 输出低电平。

▎任务训练▎

模/数转换器功能测试

1. 训练目的

(1) 熟悉 A/D 转换的基本原理。

(2) 熟悉 ADC0809 的应用电路。

2. 训练准备

(1) 数字电子技术实验装置一台、万用表一只。

(2) ADC0809 模/数转换器一片，导线、电位器若干。

3. 训练内容及步骤

(1) 调节稳压电源输出 +5.12 V,按图 7-16 接线。

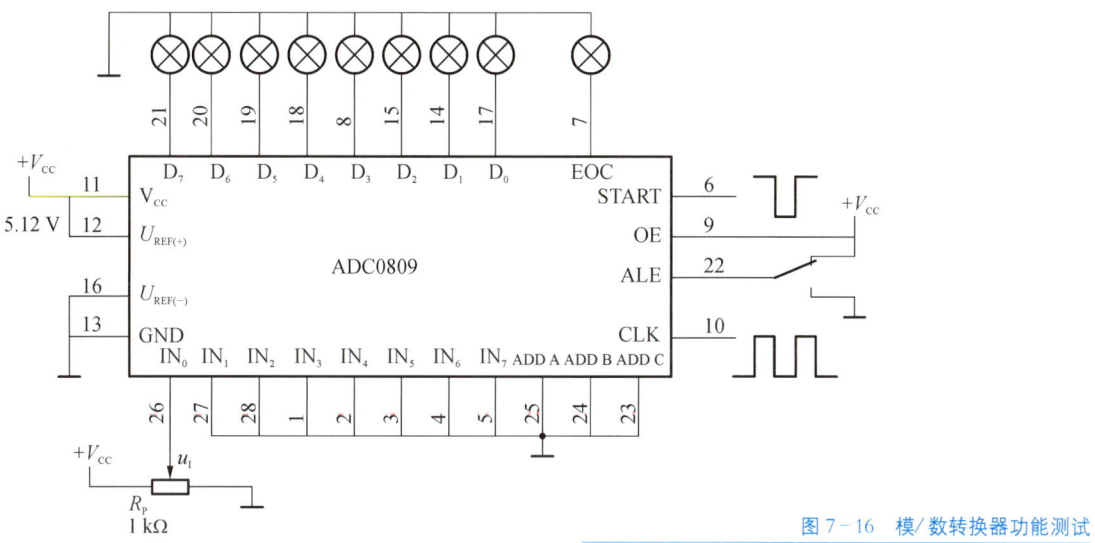

图 7-16　模/数转换器功能测试

　　调节直流稳压电源输出 +5.12 V,按图 7-16 接线。V_{CC} 接 +5.12 V,GND 接地;$U_{REF(+)}$ 接 V_{CC},$V_{REF(-)}$ 接地;CLK 接时钟脉冲,ALE 接开关,OE 接 V_{CC},$START$ 接单次脉冲(负),IN_0 接电位器,由于只有一路模拟量输入,故 $IN_1 \sim IN_7$,$ADD\ A$、$ADD\ B$、$ADD\ C$ 接地;$D_7 \sim D_0$ 接 8 个逻辑电平指示灯。线路接好并检查无误后,打开电源,先将 ALE 接地,然后再接 $+V_{CC}$,按表 7-3 调节 IN_0 处 u_1 的电压,然后按单次脉冲,记录输出状态于表 7-3 中。

表 7-3　模/数转换器功能测试表

u_1/V	D_7	D_6	D_5	D_4	D_3	D_2	D_1	D_0	u_1/V	D_7	D_6	D_5	D_4	D_3	D_2	D_1	D_0
0.02									0.16								
0.04									0.32								
0.06									0.64								
0.08									1.28								
0.10									2.56								
0.12									5.12								
0.14																	

　　(2) 将 $U_{REF(+)}$ 改接电位器,并调节电位器使 $U_{REF(+)} = 2.56$ V,重复步骤 1,请自行设计表格进行记录。

4. 总结思考

(1) 分析理论值和实验实际值的误差。

(2) V_{CC} 为何设定为 +5.12 V 而不是 5 V?

 **项目小结**

1. 数/模转换器的功能是将输入的二进制数字信号转换成相对应的模拟信号输出。数/模转换器按电阻网络的不同,可分成权电阻网络型、T形电阻网络型、倒T形电阻网络型和权电流型等。DAC0832是一种8位倒T形电阻网络型数/模转换器。

2. 模/数转换器的功能是将输入的模拟信号转换成一组多位的二进制数字输出。模/数转换器的种类很多,按其工作原理可分为直接ADC和间接ADC。直接ADC其转换速度较快,典型电路有逐次逼近型ADC、并行比较型ADC。间接ADC其转换速度较慢,但转换精度较高,抗干扰性较强,常用在测试仪表中,典型电路有单积分型ADC、双积分型ADC。ADC0809是一种8通道8位逐次逼近型模/数转换器。MC14433是一个低功耗3位半双积分式模/数转换器。

 **自测题**

1. 填空题

(1) D/A转换是将_____信号转换为_____信号,A/D转换是将_____信号转换为_____信号。

(2) 逐次逼近型ADC的数码位数越多,转换结果越_____,但转换时间越_____。

(3) 将模拟信号转换为数字信号一般有_____、_____、_____、_____四个步骤。

(4) n位DAC的分辨率为_____;DAC的位数越多,其分辨能力越_____;n位ADC电路满值输入电压为10 V,其分辨率为_____。

2. 选择题

(1) 将数字信号转换为模拟信号的器件称为(　　),将模拟信号转换为数字信号的器件称为(　　)。

A. DAC　　　　B. ADC　　　　C. VCD

(2) 将一个时间上连续变化的模拟信号转换为时间上断续(离散)的模拟信号的过程称为(　　)。

A. 采样　　　　B. 量化　　　　C. 保持　　　　D. 编码

3. 判断题

(　　)(1) 数/模转换器的位数越多,能够分辨的最小输出电压变化量就越小。

（　　）（2）与逐次逼近型 ADC 相比，双积分型 ADC 转换速度更慢，精度更高。

文本：项目 7
自测题答案

7 – 1　什么是 A/D 转换？常见的 ADC 有几种？其特点分别是什么？

7 – 2　DAC0832 的三种工作方式是什么？

7 – 3　什么是 D/A 转换？集成数/模转换器由哪几部分组成？

7 – 4　已知 8 位 DAC 的输出模拟电压满量程为 5 V，其分辨率是多少？能分辨的最小电压是多少？当输入数字量为 **10000001** 时，输出电压 u_O 是多少？

7 – 5　某 12 位 ADC 电路满值输入电压为 10 V，其分辨率是多少。

7 – 6　已知某电路最小分辨电压为 4.88 mV，最大满值输出电压为 10 V，试问是几位的 DAC？

【知识目标】

❖ 进一步熟悉门电路、触发器、计数器、译码显示器等电路的工作原理。

❖ 熟悉数字电子钟的组成和工作原理。

❖ 熟悉汽车尾灯控制器的工作原理。

❖ 掌握分析、设计简单数字系统的方法。

【能力目标】

❖ 能查阅资料,读懂集成电路的型号,识别各引脚功能。

❖ 能完成数字电路钟的安装及测试。

❖ 能完成汽车尾灯控制器的设计及制作。

❖ 能对电路故障进行排除。

【素养目标】

❖ 通过项目综合训练,提高将所学理论知识与具体工程实践相结合的能力,培养勇于开拓的创新精神。

❖ 培养自主学习及团队协作意识,提高合作探究并解决问题的能力。

❖ 培养自信自强的品质及严谨求实的思维方式。

 **项目描述**

数字电路一般由集成电路组成,进行电路分析时应遵循从整体到局部、从输入到输出、化整为零、聚零为整的思路。在电路分析时主要搞清楚两部分内容,一是该电路是由哪些元器件所组成的,它们的型号和作用是什么;二是该电路具有哪些逻辑功能及其性能指标。一般步骤为:了解电路的整体功能和主要性能指标;了解各主要集成电路的逻辑功能、作用、性能、特点;化整为零,沿着信号的主要通路,以主要元器件为核心,将电路图分解为若干单元电路,用相应的框图表示,作出电路的总框图,同时简要表述各单元电路之间的相互联系以及总电路的结构和功能;详细分析各单元电路的工作原理,弄清楚其工作原理和各个元器件的作用。

数字电路设计一般遵循的步骤是:分析设计要求,明确功能和性能指标;总体设计,确定电路结构;单元电路设计,完成整体电路设计;选择器材与设备,进行参数计算;安装调试,对电路进行修改;设计总结,编写设计报告。

┃ 综合训练 ┃

8.1　数字电子钟的分析与制作

图 8-1 所示为数字电子钟电路原理图,数字电子钟由振荡器及分频电路、计数器电路、译码显示电路和校时电路等组成,下面具体介绍分析和制作过程。

1. 电路的用途和功能

该数字电子钟是直接显示"时""分""秒"的计时装置,具有校时、整点报时等功能。数字电子钟具有走时准确、显示直观、无机械传动等优点,被广泛应用于自动控制、智能化仪表等领域。

2. 主要集成电路的逻辑功能

数字电子钟主要用到 74LS248、74LS161、CC4060、74LS00、74LS20、74LS04、74LS32、74LS08、74LS74 等集成电路。其中 74LS248 为 BCD 码-七段译码驱动器,74LS161 为 4 位二进制加法计数器,CC4060 为 14 级二进制计数器/分频器,74LS00、74LS20 为与非门,74LS04 为非门、74LS32 为或门,74LS08 为与门,74LS74 为 D 触发器。

3. 划分单元电路

数字电子钟主要由振荡器及分频电路、六十进制的分、秒计数器、二十四进制的时计数器电路、译码显示电路、校时电路和整点报时电路等单元电路组成,数字电子钟的组成框图如图 8-2 所示。

4. 单元电路的分析

(1) 振荡器及分频电路

振荡器是数字电子钟的重要组成部分,主要用来产生标准时间信号,其稳定性及频率精度决定了数字电子钟计时的准确度。此外,振荡器的频率越高,计时精度越高。为了得到频率稳定性很高的脉冲信号,常采用石英晶体振荡器。由于石英晶体振荡器产生的频率很高,要得到秒脉冲,需要用分频电路。CC4060 是 14 级二进制计数器/分频器,它与外接电阻、电容、石英晶体共同组成频率为 $2^{15} = 32\ 768(\text{Hz})$ 的振荡器,并经过 14 级二分频,外加 D 触发器 74LS74 的二分频作用,输出 1 Hz 的秒脉冲信号。同时 CC4060 的 Q_5 输出 5 级二分频 1 024 Hz 的高频信号、Q_6 输出 6 级二分频 512 Hz 的低频信号,用于整点报时电路。振荡器及分频电路如图 8-3 所示。

(2) 时、分、秒计数器

数字钟的分、秒计数器均为六十进制计数器,采用两块 74LS161 构成,六十进制计数器如图 8-4 所示,图中 TE、PE、$\overline{LD}$ 接高电平 **1**。个位采用十进制计数器,十位采用六进制计数器。数字钟的"时"计数器是二十四进制计数器电路,如图 8-5 所示。秒脉冲信号经秒计数器累计达到 60 时,向分计数器送

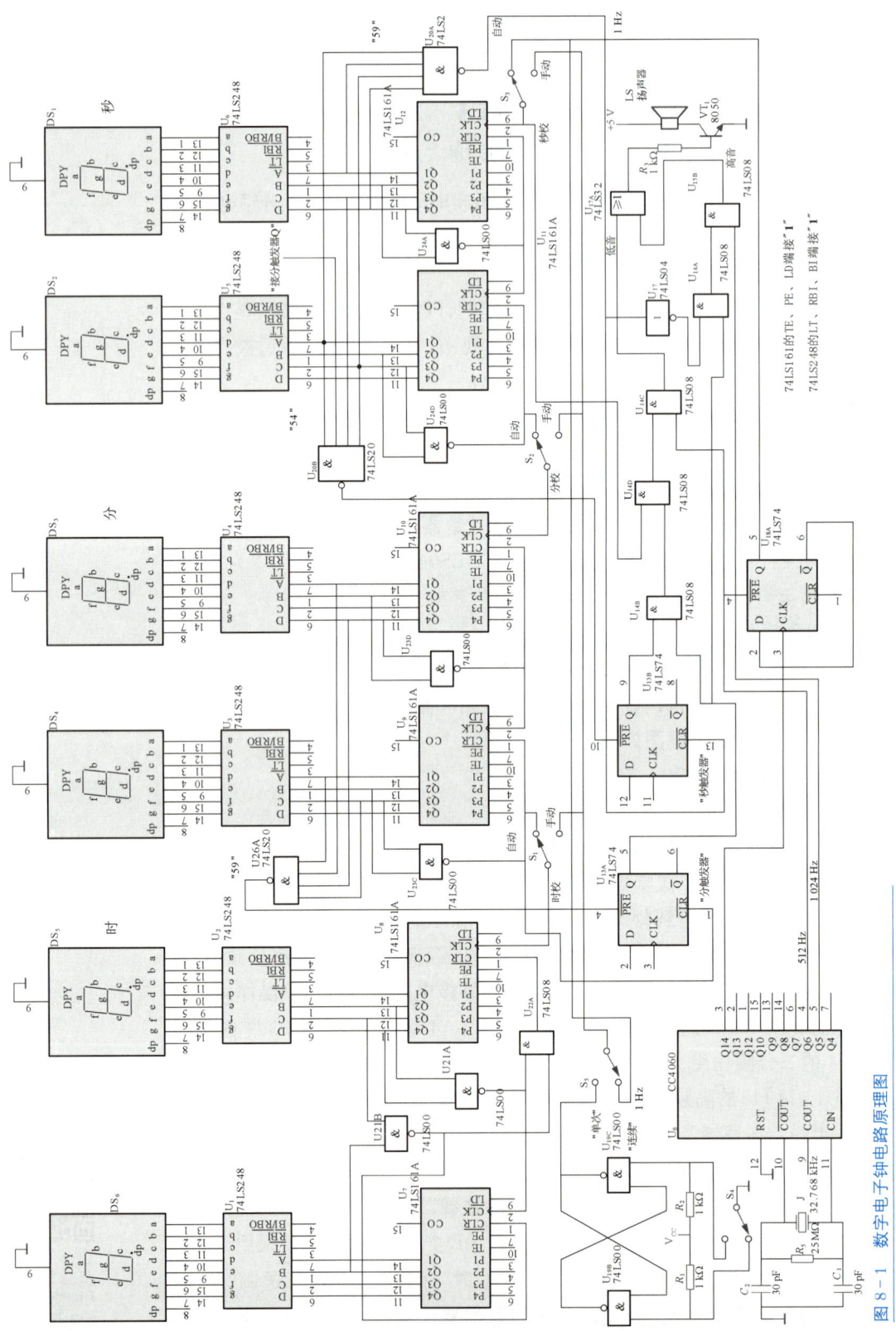

图 8-1　数字电子钟电路原理图

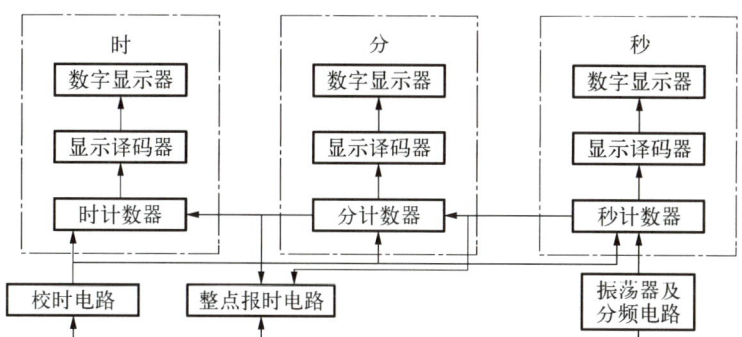

图 8-2　数字电子钟的组成框图

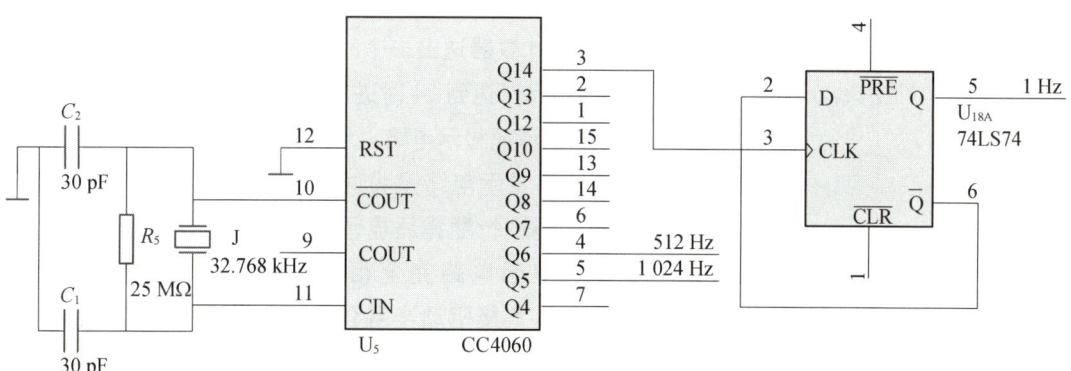

图 8-3　振荡器及分频电路

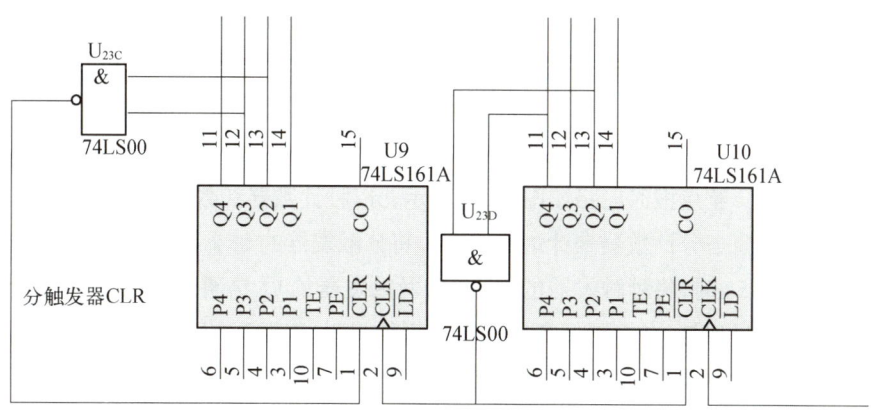

图 8-4　六十进制计数器

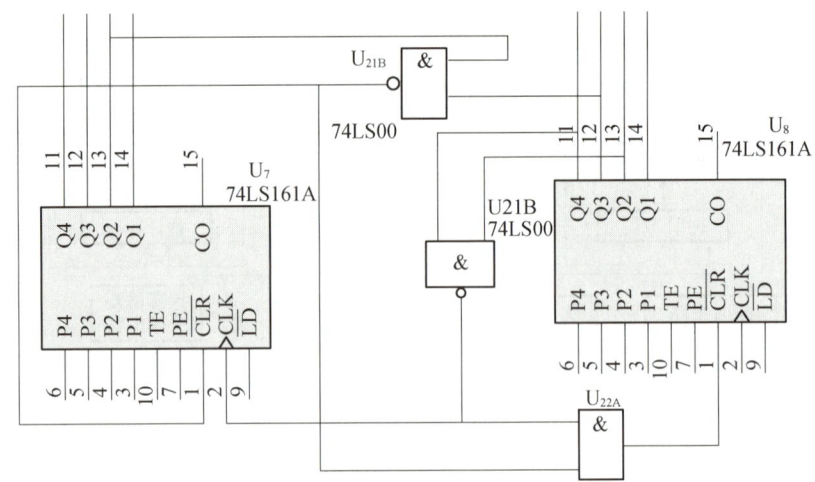

图 8-5
二十四进制
计数器电路

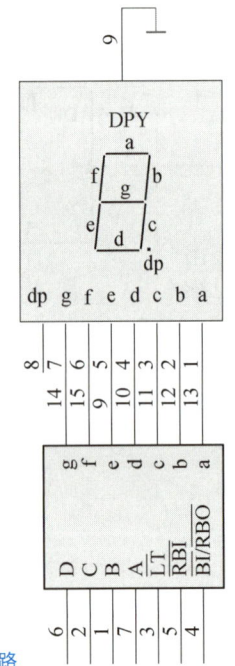

图 8-6 译码显示电路

出一个分脉冲信号;分脉冲信号经分计数器累计达到 60 时,向时计数器送出一个时脉冲信号;时脉冲信号再经时计数器累计,达到 24 时进行复位归零。

（3）译码显示电路

译码显示电路是将时、分、秒计数器输出的 4 位二进制代码进行翻译后显示相应的十进制数。时、分、秒的译码显示电路完全相同,均采用七段显示译码器 74LS248 直接驱动半导体共阴极七段数字显示器,译码显示电路如图 8-6 所示,随时显示时、分、秒的数值。

（4）校时电路

校时电路如图 8-7 所示,校时方式有"单次"和"连续"两种,"连续"是通过开关控制,使计数器对 1 Hz 时脉冲计数;"单次"是用手动产生的单脉冲作校时脉冲。校时时将时、分、秒对应的校准开关 S_1、S_2、S_3 分别接"手动"位,然后选择"单次"或"连续"进行校准。

（5）整点报时电路

整点报时电路如图 8-8 所示,分、秒计数器计数到整点前 6 s,应该准备报时。当分计数器累计达到 59 时,将分触发器的 Q 置 **1**,而等到秒计数器累计达到 54 时,将秒触发器的 Q 置 **1**,两触发器的 Q 端通过**与**门后再和 1 个秒标准信号相与,去控制低音(512 Hz)喇叭鸣叫,直至 59 s 时产生一个复位信号,将秒触发器 Q 清零,停止低音鸣叫;同时 59 s 信号反相后和分触发器 Q 端相与,然后去控制高音(1 024 Hz)喇叭鸣叫,当计时到分、秒从 59∶59→00∶00 时,鸣叫结束,完成整点报时。鸣叫电路由高、低两种音频通过**或**门去驱动三极管,带

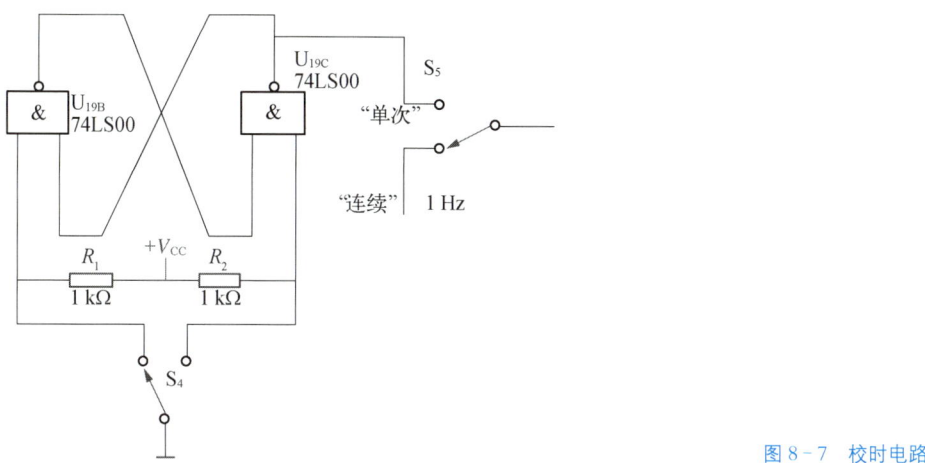

图 8 - 7　校时电路

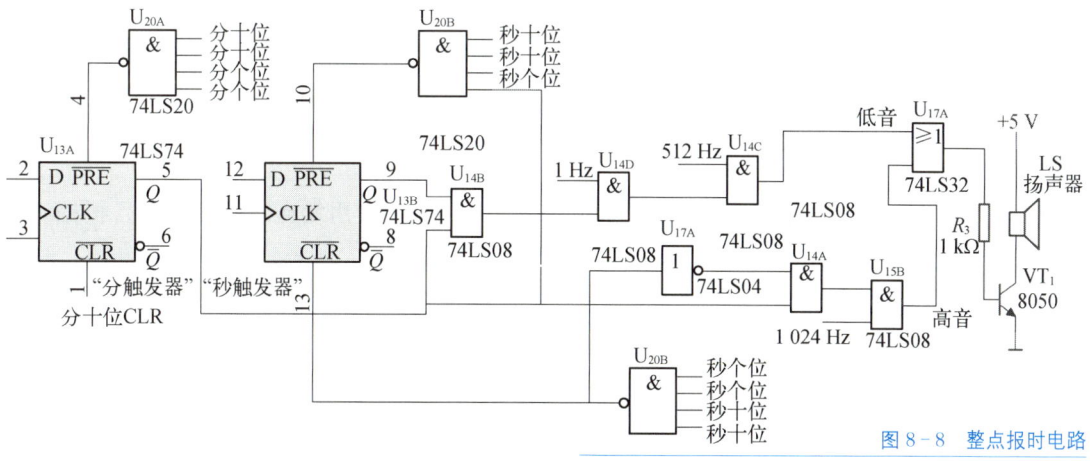

图 8 - 8　整点报时电路

动喇叭鸣叫,高、低音频由 CC4060 的 Q_5、Q_6 分频获得。

5. 电路的制作与调试

(1) 设备与器材

根据图 8 - 1 准备所需设备与器材:74LS248 显示译码器六片,半导体共阴极七段数字显示器六片,74LS161 4 位同步二进制计数器六片,CC4060 14 级二进制计数器/分频器一片,74LS00 四 2 输入**与非门**三片,74LS04 六反相器一片,74LS32 四 2 输入**或门**一片,74LS08 四 2 输入**与门**两片,74LS20 双输入**与非门**两片,74LS74 双 D 触发器一片,石英晶体振荡器(32 768 Hz)一个,电阻、电容、三极管、导线、开关若干,万能板(或面包板、自制 PCB)一块,直流稳压电源、数字频率计、示波器、蜂鸣器、万用表各一个。

(2) 主要步骤

① 将数字电子钟分模块按如图 8 - 1 所示连接和安装,电路可以焊接在万能板或自制 PCB 上,或在面包板上插接。检查无误后进行通电调试。

② 用数字频率计测量分频电路的输出频率,并用示波器观察波形,检查分频电路是否工作正常,若正常,则在分频电路的输出端即可得到"秒"信号。

③ 分别检查时、分、秒计数器电路的计数显示是否正常。

④ 拨动时、分、秒对应的校准开关,检查校时电路是否正常。

⑤ 检查整点报时电路功能是否正常。

⑥ 将"秒"信号输入秒计数器电路,观察数字电子钟是否准确正常工作。

(3) 注意事项

安装前先对所有的元器件进行检查,确保元器件处于良好状态;安装三极管时注意极性;安装集成电路时注意引脚排列;安装 CMOS 集成电路时,注意防静电破坏;焊点应光亮圆滑,严防虚、假、错焊及拖锡短路现象。

▌综合训练 ▌

8.2 汽车尾灯控制器的设计与制作

设计一个汽车尾灯控制器,实现对汽车尾灯显示状态的控制。其设计要求为:

假设汽车尾部左右两侧各有 3 个指示灯(用发光二极管模拟),根据汽车运行情况,指示灯具有 4 种不同的显示模式。

(1) 汽车正常行驶,指示灯全灭。

(2) 汽车右转弯行驶时,右侧 3 个指示灯按右循环顺序点亮,左侧 3 个指示灯灭。

(3) 汽车左转弯行驶时,左侧 3 个指示灯按左循环顺序点亮,右侧 3 个指示灯灭。

(4) 汽车临时刹车时,左右两侧的指示灯同时处于闪烁状态。

1. 分析设计要求

(1) 汽车尾灯显示状态与汽车运行状态的关系

为区分汽车尾灯 4 种不同显示模式,设置 2 个状态控制变量,则汽车尾灯控制器状态表见表 8-1。

表 8-1　汽车尾灯控制器状态表

状态控制变量		显示状态	左尾灯			右尾灯		
S_1	S_0		VD_{L1}	VD_{L2}	VD_{L3}	VD_{R1}	VD_{R2}	VD_{R3}
0	**0**	正常行驶	灯灭			灯灭		
0	**1**	右转弯	灯灭			按 VD_{R1}、VD_{R2}、VD_{R3} 顺序循环点亮		
1	**0**	左转弯	按 VD_{L3}、VD_{L2}、VD_{L1} 顺序循环点亮			灯灭		
1	**1**	临时刹车	所有灯在时钟脉冲 CP 作用下同时闪烁					

（2）功能分析

在汽车左、右转弯行驶时，由于 3 个指示灯被循环点亮，所以用三进制计数器控制译码器电路顺序输出低电平，从而控制尾灯按要求点亮。三进制计数器的状态为 Q_1、Q_0，由此得出每种运行状态下各指示灯与给定条件的关系，并得出汽车尾灯控制器功能表见表 8-2，表中灯亮为 **1**，灯灭为 **0**。

表 8-2　汽车尾灯控制器功能表

模式控制		三进制计数器		汽车尾灯					
S_1	S_0	Q_1	Q_0	VD_{L1}	VD_{L2}	VD_{L3}	VD_{R1}	VD_{R2}	VD_{R3}
0	0	×	×	0	0	0	0	0	0
0	1	0	0	0	0	0	1	0	0
		0	1	0	0	0	0	1	0
		1	0	0	0	0	0	0	1
1	0	0	0	0	0	1	0	0	0
		0	1	0	1	0	0	0	0
		1	0	1	0	0	0	0	0
1	1	×	×	CP	CP	CP	CP	CP	CP

2. 总体设计

根据设计要求及功能分析可得出汽车尾灯控制器的结构框图如图 8-9 所示，电路由模式控制电路、三进制计数器、尾灯电路、尾灯状态显示电路组成。

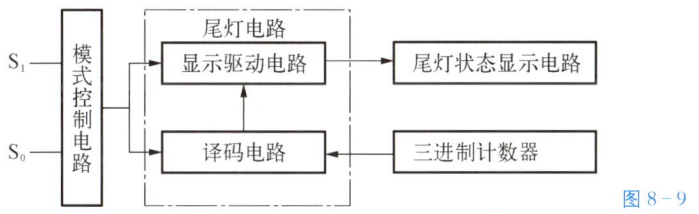

图 8-9　汽车尾灯控制器的结构框图

3. 单元电路设计

（1）模式控制电路的设计

设尾灯电路（译码与显示驱动电路）的使能控制信号为 G 和 F，由开关模式控制电路输出，控制信号 G 和 F 的真值表见表 8-3。G 控制译码电路，与译码器使能输入端相连；F 控制显示驱动电路，与显示驱动电路的**与非门**中的一个输入端相连。由表 8-3 得 G、F 的逻辑函数表达式为

$$G = \overline{S_1}S_0 + S_1\overline{S_0} = S_1 \oplus S_0$$

$$F = \overline{S_1}\,\overline{S_0} + \overline{S_1}S_0 + S_1\overline{S_0} + S_1S_0CP$$

$$= \overline{S_1S_0} + S_1S_0CP$$

$$= \overline{S_1 \overline{S_0}} + CP$$

$$= \overline{S_1 \overline{S_0} \cdot \overline{CP}}$$

表 8-3 控制信号 G 和 F 的真值表

模式控制		CP	使能控制信号		电路工作状态
S_1	S_0		G	F	
0	**0**	×	**0**	**1**	正常行驶
0	**1**	×	**1**	**1**	右转弯
1	**0**	×	**1**	**1**	左转弯
1	**1**	CP	**0**	CP	临时刹车

根据 G、F 的逻辑函数表达式画出模式控制电路,如图 8-10 所示。

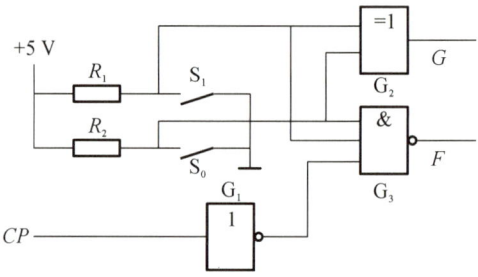

图 8-10 模式控制电路

(2) 三进制计数器的设计

三进制计数器的状态表见表 8-4。选用两个 JK 触发器实现三进制计数器的功能,由表 8-4 可得触发器的状态方程为

$$Q_0^{n+1} = \overline{Q_1^n} \cdot \overline{Q_0^n}$$

$$Q_1^{n+1} = Q_0^n \cdot \overline{Q_1^n}$$

表 8-4 三进制计数器的状态表

Q_1^n	Q_0^n	Q_1^{n+1}	Q_0^{n+1}	Q_1^n	Q_0^n	Q_1^{n+1}	Q_0^{n+1}
0	**0**	**0**	**1**	**1**	**0**	**0**	**0**
0	**1**	**1**	**0**	**1**	**1**	×	×

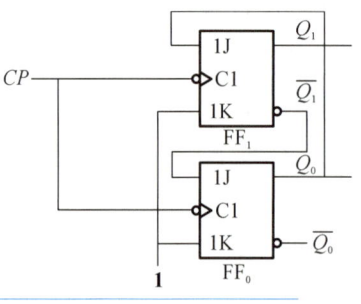

图 8-11
三进制计数器的逻辑图

由状态方程求出 JK 触发器的驱动方程为

$$J_0 = \overline{Q_1^n} \quad K_0 = \mathbf{1}$$

$$J_1 = Q_0^n \quad K_1 = \mathbf{1}$$

根据驱动方程,画出三进制计数器的逻辑图,如图 8-11 所示。

（3）尾灯电路的设计

尾灯电路由译码电路与显示驱动电路构成。在模式控制电路、三进制计数器的作用下，提供 6 个尾灯控制信号，当显示驱动电路输出低电平时，相应的发光二极管被点亮。译码电路由 3 线-8 线译码器 74LS138 和 6 个与非门组成；显示驱动电路由 6 个反相器构成，尾灯电路如图 8 - 12 所示。74LS138 的三个输入端 A_2、A_1、A_0 分别接 S_1、Q_1、Q_0，使能输入端 S_1 接 G，$\overline{S_2}$、$\overline{S_3}$ 接地。当 $S_1 = 0$、$S_0 = 1$，即 $S_1 = 0$、$G = F = 1$ 时，对应计数器状态 $Q_1 Q_0$ 为 **00**、**01**、**10**，译码器对应的输出端 $\overline{Y_0}$、$\overline{Y_1}$、$\overline{Y_2}$ 依次为 **0**，其他输出端均为 **1**，使得对应指示灯 VD_{R1}、VD_{R2}、VD_{R3} 按顺序点亮，示意汽车右转弯；当 $S_1 = 1$、$S_0 = 0$，即 $S_1 = 1$、$G = F = 1$ 时，对应计数器状态 $Q_1 Q_0$ 为 **00**、**01**、**10**，译码器对应的输出端 $\overline{Y_4}$、$\overline{Y_5}$、$\overline{Y_6}$ 依次为 **0**，其他输出端均为 **1**，使得对应指示灯 VD_{L3}、VD_{L2}、VD_{L1} 按顺序点亮，示意汽车左转弯；当 $S_1 = 0$、$S_0 = 0$，即 $S_1 = 0$、$G = 0$、$F = 1$ 时，译码器输出全为 **1**，指示灯全部熄灭；当 $S_1 = 1$、$S_0 = 1$，即 $S_1 = 1$、$G = 0$、$F = CP$ 时，所有指示灯随 CP 的频率闪烁。

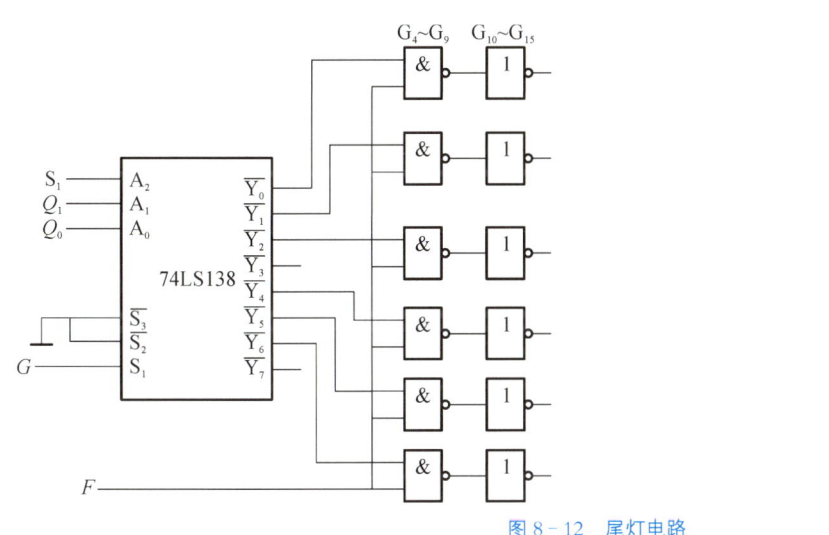

图 8 - 12　尾灯电路

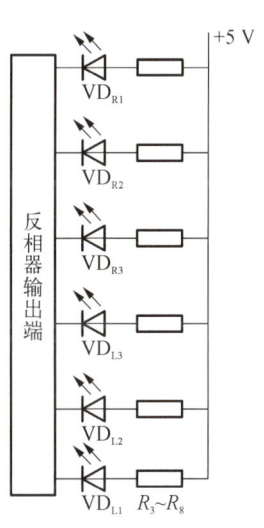

图 8 - 13　尾灯状态显示电路

（4）尾灯状态显示电路的设计

尾灯状态显示电路由 6 个发光二极管和 6 个电阻构成，如图 8 - 13 所示。当反相器输出为低电平时，相应的发光二极管被点亮。

在完成各个单元电路设计后，可得到汽车尾灯控制器的完整电路，汽车尾灯控制器的电路图如图 8 - 14 所示。

4. 选择器材与设备

74LS138 译码器一片，74LS04 六反相器两片，74LS112 双 JK 触发器一片，74LS00 四 2 输入与非门两片，74LS10 三 3 输入与非门一片，74LS86 四 2

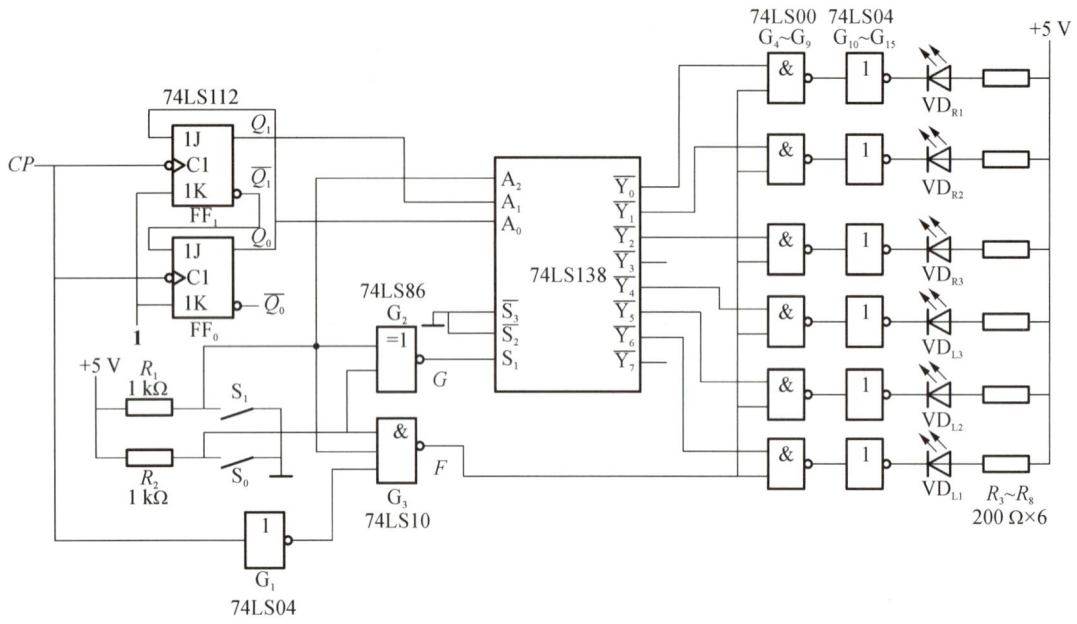

图 8-14　汽车尾灯控制器的电路图

输入**异或**门一片,发光二极管六只,电阻、导线、开关等若干,万能板(或面包板、自制 PCB)一块,直流稳压电源、函数信号发生器、万用表各一只。

5. 安装调试

(1) 检查电路设计无误后,按电路图连接和安装,电路可以焊接在万能板或自制 PCB 上,或在面包板上插接。

(2) 检查电路无误后进行通电,按表 8-1 改变开关状态,检查汽车尾灯显示状态,对电路进行调试,检测电路功能是否符合设计要求。

6. 注意事项

安装前先对所有元器件进行检查,确保元器件处于良好状态;安装发光二极管时注意极性;安装集成电路时注意引脚排列;若采用 CMOS 集成电路,注意防静电破坏;焊点应光亮圆滑,严防虚、假、错焊及拖锡短路现象。

7. 设计总结

编写设计报告,主要内容包含:根据设计要求进行的总体设计;具体的单元电路设计;元器件的选择;分析设计、调试中出现的故障及解决方法等。

微视频:汽车尾灯控制器电路的仿真

 项目小结

1. 在进行数字电路分析时,首先要了解电路的整体功能,找出通路;然后熟悉各元器件的逻辑功能;再次化整为零,划分单元电路,沿着通路,作出电路的总框图;最后详细分析各单元电路的工作原理。

2. 在进行数字电路设计时,遵循步骤:分析设计要求,明确功能和性能指标;总体设计,确定电路结构框图;单元电路设计,完成整体电路设计;选择器材与设置,进行参数计算;安装调试,对电路进行修改;设计总结,编写设计报告。

 **习 题**

8-1 设计一位加法计算器电路,要求(1)能实现两个1位十进制数 A 和 B 相加;(2)运算结果由数字显示器进行显示。

8-2 设计一定时器电路,要求(1)能设定定时时间,范围为 $0 \sim 99$ s;(2)能通过操作开关,控制定时器的清零、启动;(3)定时器的计数器递减计时,时间间隔为 1 s;(4)定时器递减到 0 时,发出报警信号。

附　　录

附录 A　常用门电路的新、旧国标符号与国外流行符号对照表

名　称	新国标符号	旧国标符号	国外流行符号
与门			
或门			
非门			
与非门			
或非门			
与或非门			
异或门			
同或门			

附录 B　常用 74 系列数字集成电路一览表

类　型	功　　能	型　　号
与非门	四 2 输入与非门 四 2 输入与非门（OC 门） 四 2 输入与非门（带施密特触发器） 三 3 输入与非门 三 3 输入与非门（OC 门） 双 4 输入与非门 8 输入与非门	74LS00,74HC00 74LS03,74HC03 74LS132,74HC132 74LS10,74HC10 74LS12,74ALS12 74LS20,74HC20 74LS30,74HC30

类　型	功　　能	型　　号
或非门	四 2 输入**或非**门 双 5 输入**或非**门 双 4 输入**或非**门（带选通端）	74LS02,74HC02 74LS260 74LS25
非门	六反相器 六反相器（OC 门）	74LS04,74HC04 74LS05,74HC05
与门	四 2 输入与门 四 2 输入与门（OC 门） 三 3 输入与门 三 3 输入与门（OC 门） 双 4 输入与门	74LS08,74HC08 74LS09,74HC09 74LS11,74HC11 74LS15,74ALS15 74LS21,74HC21
或门	四 2 输入**或**门	74LS32,74HC32
与或非门	双 2 路 2−2 输入与或非门 4 路 2−3−3−2 输入与或非门 2 路 4−4 输入与或非门	74LS51,74HC51 74LS54 74LS55
异或门	四 2 输入**异或**门 四 2 输入**异或**门（OC 门）	74LS86,74HC86 74LS136,74ALS136
缓冲器	六高压输出反相缓冲器/驱动器（OC 门,最大输出电压 30 V） 六高压输出缓冲器/驱动器（OC 门,最大输出电压 30 V） 四 2 输入**或**缓冲器 四 2 输入**或非**缓冲器（OC 门） 四 2 输入与非缓冲器 四 2 输入与非缓冲器（OC 门） 双 4 输入与非缓冲器	74LS06 74LS07,74HC07 74LS28,74ALS28 74LS33,74ALS33 74LS37,74ALS37 74LS38,74ALS38 74LS40,74ALS40
编码器	8 线−3 线优先编码器 10 线−4 线优先编码器（BCD 码输出） 8 线−3 线优先编码器（三态输出）	74LS148,74HC148 74LS147,74HC147 74LS348
译码器	4 线−10 线译码器（BCD 码输入） 4 线−10 线译码器（余 3 码输入） 4 线−16 线译码器 双 2 线−4 线译码器 4 线−10 线译码器/驱动器（BCD 码输入,OC 门） 4 线−七段译码器/驱动器（BCD 码输入,OC 门,最大输出电压 15 V） 4 线−七段译码器/驱动器（BCD 码输入,上拉电阻） 4 线−七段译码器/驱动器（BCD 码输入,开路输出） 4 线−七段译码器/驱动器（BCD 码输入,OC 门） 3 线−8 线译码器（带地址锁存） 3 线−8 线译码器	74LS42,74HC42 74LS43 74LS154,74HC154 74LS139,74HC139 74LS145 74LS247 74LS48,74LS248 74LS47 74LS49 74LS137 74LS138,74HC138
数据选择器	16 选 1 数据选择器（带选通输入端,反码输出） 8 选 1 数据选择器（带选通输入端,互补输出） 8 选 1 数据选择器（反码输出） 双 4 选 1 数据选择器（带选通输入端） 四 2 选 1 数据选择器（带公共选通输入端） 四 2 选 1 数据选择器（带公共选通输入端,反码输出） 8 选 1 数据选择器（三态、互补输出）	74LS150 74LS151,74HC151 74LS152,74HC152 74LS153,74HC153 74LS157,74HC157 74LS158,74HC158 74LS251,74HC251

续 表

类 型	功 能	型 号
运算器	4 位二进制超前进位全加器	74LS283
触发器	双上升沿 D 触发器(带预置、清除端) 四上升沿 D 触发器(带公共清除端) 八 D 触发器 双上升沿 JK 触发器 双 JK 触发器(带预置、清除端) 双下降沿 JK 触发器(带预置、清除端) 与门输入上升沿 JK 触发器(带预置、清除端) 四 JK 触发器	74LS74,74HC74 74LS175,74HC175 74LS273,74HC273 74LS109 74LS76,74HC76 74LS112 74LS70 74LS276
施密特触发器	双 4 输入与非门施密特触发器 六反相施密特触发器	74LS13 74LS14
计数器	异步二-五-十进制计数器 4 位同步二进制计数器(异步清除) 同步十进制计数器(同步清除) 4 位同步二进制计数器(同步清除) 同步十进制加/减法计数器 同步十进制加/减法计数器(双时钟)	74LS90,74LS290 74LS161,74HC161 74LS162,74HC162 74LS163,74HC163 74LS190,74HC190 74LS192,74HC192
寄存器	4 位双向移位寄存器(并行存取) 4 位并行输入/输出移位寄存器 4 位 D 型寄存器(带清除端) 8 位串入/并出移位寄存器	74LS194,74HC194 74LS95 74LS173 74LS164
锁存器	八 D 锁存器(三态输出、锁存允许数据有回环特性) 4 位双稳态 D 锁存器 RS 锁存器	74LS373,74HC373 74LS75,74HC75 74LS279,74HC279
单稳态触发器	可重触发单稳态触发器(带清除端) 双可重触发单稳态触发器(带清除端) 双单稳态触发器(带施密特触发器)	74LS122 74HC123 74HC221

附录 C　常用 CMOS4000 系列与 4500 系列数字集成电路一览表

类 型	功 能	型 号
与非门	四 2 输入与非门 三 3 输入与非门 双 4 输入与非门 8 输入与门/与非门	CC4011 CC4023 CC4012 CC4068
或非门	四 2 输入或非门 三 3 输入或非门 双 4 输入或非门	CC4001 CC4025 CC4002
非门	六反相器	CC4069

续 表

类 型	功 能	型 号
与门	四 2 输入与门 三 3 输入与门 双 4 输入与门	CC4081 CC4073 CC4082
或门	四 2 输入或门 三 3 输入或门 双 4 输入或门	CC4071 CC4075 CC4072
与或非门	双 2 输入与或非门 四 2 输入可扩展与或非门	CC4085 CC4086
异或门	四 2 输入异或门 四异或门	CC4507 CC4030,CC4070
缓冲器	六缓冲器/电平变换器(反相) 八缓冲器/电平变换器(同相) 六反相缓冲器(三态) 六同相缓冲器(三态) 四同相/反相缓冲器 双 2 输入与非缓冲器/驱动器	CC4009,CC4049 CC4010,CC4050 CC4502 CC4503 CC4041 CC40107
编码器	8 位优先编码器 10 线- 4 线优先编码器	CC4532 CC40147
译码器	4 线- 10 线译码器(BCD 码输入) 4 线- 16 线译码器 4 线-七段译码器/驱动器(BCD 码输入) 4 线-七段译码器(BCD 码输入) 4 线-七段译码器/驱动器(BCD 码输入) 4 线-七段译码器/液晶显示驱动器(BCD 码输入)	CC4028 CC4514 CC4543 CC4558 CC4511 CC4055
数据选择器	8 选 1 数据选择器 双 4 选 1 数据选择器 四与或选择器	CC4512 CC4539 CC4019
运算器	4 位二进制超前进位全加器	CC4008
触发器	双上升沿 D 触发器(带预置、清除端) 四 D 触发器 六 D 触发器 双上升沿 JK 触发器	CC4013 CC40175 CC40174 CC4027
施密特触发器	双施密特触发器 六施密特触发器 六施密特触发器(反相)	CC4583 CC4584 CC40106
计数器	十进制计数器/分配器 12 级二进制计数器/分频器 4 位可预置/可逆计数器 14 级二进制计数器/分频器 双 4 位二进制同步加法计数器 可预置十进制加法计数器 可预置 4 位二进制加法计数器 可预置十进制可逆计数器 可预置 4 位二进制可逆计数器	CC4017 CC4040 CC4029 CC4060 CC4520 CC40160 CC40161 CC40192 CC40193

续　表

类　型	功　　能	型　　号
寄存器	4 位双向通用移位寄存器 四 D 寄存器（三态） 双 4 位串入/并出移位寄存器 8 位串入、并入/串出移位寄存器	CC40194 CC4076 CC4015 CC4021
锁存器	8 位可寻址锁存器 双 4 位 D 锁存器 四 D 锁存器	CC4099,CC4599 CC4508 CC4042
单稳态触发器	双可再触发单稳态触发器	CC4098,CC4528

主要参考文献

［1］阎石.数字电子技术基础［M］.6 版.北京：高等教育出版社,2016.

［2］康华光,张林.电子技术基础：数字部分［M］.7 版.北京：高等教育出版社,2021.

［3］孙津平.数字电子技术［M］.5 版.西安：西安电子科技大学出版社,2022.

［4］尤佳.数字电子技术实验与课程设计［M］.2 版.北京：机械工业出版社,2017.

［5］庄丽娟.电子技术基础［M］.2 版.北京：机械工业出版社,2021.

［6］周润景,李波,王伟.Multisim 14 电子电路设计与仿真实践［M］.北京：化学工业出版社,2022.

［7］邱寄帆.数字电子技术［M］.2 版.北京：高等教育出版社,2021.

［8］贺力克,邱丽芳.数字电子技术项目教程［M］.北京：机械工业出版社,2012.

［9］杨悦梅.数字电子技术项目化教程［M］.杭州：浙江大学出版社,2023.

［10］刘晓阳.数字电子技术项目学做与仿真一体化教程［M］.北京：电子工业出版社,2017.

［11］段艳艳.数字电子技术项目教程［M］.北京：机械工业出版社,2018.